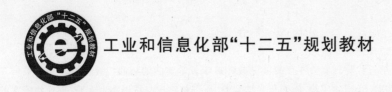 工业和信息化部"十二五"规划教材

近代物理实验

主　编　钱建强　张高龙

参　编　郝维昌　崔益民　唐　芳

　　　　蔡　微　徐则达

北京航空航天大学出版社

内 容 简 介

本教材是北京航空航天大学近代物理实验课程的任课教师多年教学实践的结晶。教材内容划分采用了专题模块的架构,包含磁共振实验、光谱学实验、激光与光学实验、原子核物理与原子物理实验、现代物理实验技术 5 大专题,每个实验包括背景知识介绍、预习要点、实验原理与装置、基本实验、自主扩展实验、研究性实验等内容。此外还增设了一个综合系列实验,旨在通过该实验能让学生掌握多方面的物理知识和实验技能。在教材的编写过程中,注重吸收物理科学和实验技术的一些最新成果,将当代科学热点问题融入近代物理实验教学内容中;将老师科研与实验教学相结合开发的特色实验写入教材中;将自主扩展实验和研究性实验内容写入教材中。

该教材既可作为高等学校物理类本科学生的近代物理实验课程教材,又可作为工科类本科生和研究生基础课程的参考书,也可作为相关科技人员的参考书。

图书在版编目(CIP)数据

近代物理实验 / 钱建强,张高龙主编. -- 北京 :
北京航空航天大学出版社,2015.10
　ISBN 978 - 7 - 5124 - 1898 - 1

　Ⅰ. ①近… Ⅱ. ①钱… ②张… Ⅲ. ①物理学—实验
Ⅳ. ①O41 - 33

中国版本图书馆 CIP 数据核字(2015)第 237052 号

近代物理实验

主　编　钱建强　张高龙

参　编　郝维昌　崔益民　唐　芳　蔡　微　徐则达

责任编辑　董　瑞

*

北京航空航天大学出版社出版发行

北京市海淀区学院路 37 号(邮编 100191)　http://www.buaapress.com.cn
发行部电话:(010)82317024　传真:(010)82328026
读者信箱:goodtextbook@126.com　邮购电话:(010)82316936
北京兴华昌盛印刷有限公司印装　各地书店经销

*

开本:787×1 092　1/16　印张:13.25　字数:339 千字
2016 年 9 月第 1 版　2016 年 9 月第 1 次印刷　印数:2 000 册
ISBN 978 - 7 - 5124 - 1898 - 1　定价:29.00 元

若本书有倒页、脱页、缺页等印装质量问题,请与本社发行部联系调换。联系电话:(010)82317024

前　言

　　近代物理实验是物理类专业高年级学生的一门必修课和相关专业的选修课。在"211 工程"和世行贷款项目的支持下,北京航空航天大学近代物理实验室于 2001 年建成。随后,编写了面向物理类专业的近代物理实验讲义。在选择实验内容时,注重时代性和先进性,并把现代科学研究的基本思想、基本方法和物理内涵融于所选实验内容中。通过近代物理实验课程的学习,不仅可使学生们掌握基本的实验技能,而且还可提高分析问题和解决问题的能力。在近代物理实验讲义的使用过程中,我们每年都会根据学生的反馈和实验内容的增舍修订实验讲义。

　　在北京航空航天大学重点教改项目和精品课程建设项目的支持下,我们建立了专题化、分层次的近代物理实验综合教学平台,近些年取得了可喜的成绩。近代物理实验教学团队 2009 年获"成飞"奖教金二等奖,同年还获北京航空航天大学优秀教学成果一等奖,2012 年近代物理实验校级精品课通过验收,2013 年又获北京航空航天大学优秀教学成果二等奖。2013 年《近代物理实验》一书入选工业和信息化部"十二五"规划教材。

　　这本教材是在多年使用的实验讲义基础上编写的,对部分实验内容进行了适当修改,增加了近年任课教师的教学研究成果及一些自主开发的特色实验和研究性实验。教材采用了专题模块的架构,包含磁共振实验、光谱学实验、激光与光学实验、原子核物理与原子物理实验、现代物理实验技术 5 大专题,每个实验中增加了背景知识介绍、预习要点、自主扩展实验、研究性实验等内容。背景知识介绍部分重点介绍实验的背景资料、前沿发展现状以及应用前景;预习要点部分要求学生在实验前应掌握相关的理论知识,广泛查阅文献,写出实验方案;自主扩展实验部分要求学生在基本实验的基础上,自主扩展新的实验内容;研究性实验部分则要求学生参考研究性实验题目,根据感兴趣的内容,自主选题,在任课教师指导下,自主开展一些实验研究。教材还设有一个综合系列实验,如真空的获得、蒸发镀膜、物理性质表征与电子衍射综合系列实验,通过该实验让学生掌握多方面的物理知识和实验技术。教材还包含了任课教师开发的特色实验内容,如利用磁谱仪研究原子核的 β 衰变、利用分光光度计研究 pH 值对 TiO_2 光催化降解罗丹明 B 的影响、超巨磁阻(CMR)材料的交流磁化率测量、基于 X 射线实验仪的康普顿散射实验,这些实验内容都是任课教师结合自己的科研开发完成的。目前国内高校还没有类似的实验内容,这是本教材的特色之一。

　　近代物理实验课学时为 120 学时,一般安排上下两个学期。上学期的近代物理实验主要是一些基本实验;下学期主要是综合程度高的实验、自主扩展实验或研究性的实验。期终考核以平时实验和期末测试相结合进行综合评定。

本教材的内容随着近代物理实验室的发展而逐渐完善。教材中的部分内容是在早期实验讲义的基础上修订和完善的。早期实验讲义中，王金良编写了快速电子验证动量和动能的相对论关系实验、利用核衰变统计规律实验、扫描隧道显微镜实验，并负责统稿；刘玉萍编写了计算机断层扫描成像(CT)技术实验；沈嵘编写了核磁共振实验；于磊编写了单边 p-n 结杂质分布的锁相检测实验、激光拉曼光谱实验；崔怀洋编写了椭偏光法测量薄膜折射率和厚度实验；王慕冰编写了电子衍射实验；唐芳编写了单色仪实验；陈昌晔编写了光磁共振实验；罗剑兰编写了铁磁共振实验；张颖编写了微波顺磁共振实验。

此次教材的编写由近代物理实验教学团队共同承担。钱建强编写了氦氖激光器模式分析及稳频实验、原子力显微镜实验、激光拉曼光谱实验以及磁共振实验专题和现代物理实验技术专题的引言部分，修订了核磁共振实验、光磁共振实验；张高龙编写了利用核衰变统计规律实验、塞曼效应实验、综合系列实验以及原子核物理与原子物理实验专题的引言部分，修订了快速电子验证动量和动能的相对论关系实验、计算机断层扫描成像(CT)技术实验；郝维昌编写了分光光度计实验以及光谱学实验专题的引言部分，修订了单色仪实验、椭偏光法测量薄膜折射率和厚度实验；唐芳编写了 X 射线实验、光拍法测量光速实验以及激光与光学实验专题的引言部分；崔益民编写了荧光分光光度计实验、超巨磁阻材料的交流磁化率测量实验和微波顺磁共振实验，修订了铁磁共振实验；蔡微编写了光学运算实验、光纤光栅传感实验和扫描隧道显微镜实验，修订了单边 p-n 结杂质分布的锁相检测实验；徐则达编写了二倍频实验和偏振全息实验。全书由钱建强和张高龙负责统稿。

要说明的是，这本教材的一些内容或素材参考了兄弟院校(如北京大学、南开大学)及有关单位的教学成果和实验教材，在此向有关老师和专家表示感谢，并向所有为北京航空航天大学近代物理实验室建设做出贡献的老师表示感谢，向为本教材编写有过贡献的本科生以及研究生表示感谢。由于水平和条件有限，时间仓促，教材的不妥之处恳请广大提出宝贵意见。

北京航空航天大学近代物理实验教学团队

2015 年 6 月

目　录

第1章　磁共振实验专题

1.0　引　言

磁共振指自旋磁共振(Spin Magnetic Resonance),是一种重要的物理现象。磁矩不为零的微观粒子(如电子、质子、原子核、原子等)其磁矩是量子化的,在恒定外磁场的作用下,形成能级的塞曼分裂,产生一系列的分立能级。这些能级与量子力学所允许的电子自旋或核自旋以及与其相联系的磁矩的不同取向相对应。自旋磁矩同电磁辐射的高频交变磁场相互作用,当具有一定方位的高频交变磁场的能量与这些能级差相当时,可发生选择定则所允许的跃迁,产生磁共振现象。磁共振包含核磁共振、电子顺磁共振(或称电子自旋共振)、铁磁共振、反铁磁共振、光磁共振等。

磁共振是在固体微观量子理论和无线电微波电子学技术发展的基础上被发现的。1938年首次观察到核磁共振现象,产生了核磁共振概念。1945年在顺磁性 Mn 盐的水溶液中观测到顺磁共振。1946年分别用吸收和感应的方法在常规物质石蜡和水中发现了质子的核磁共振;用波导谐振腔方法发现了 Fe、Co 和 Ni 薄片的铁磁共振。1950年在室温附近观测到反铁磁共振。1952年发现光磁双共振现象。1953年在半导体硅和锗中观测到电子和空穴的回旋共振。1953年和1955年先后从理论上预言和实验上观测到亚铁磁共振。随后又发现了磁有序系统中高次模式的静磁型共振(1957)和自旋波共振(1958)。

利用磁共振现象可以研究粒子的结构和性质,研究物质内部不同层次的结构。由于磁共振不破坏物质原来的状态和结构,在许多领域得到广泛应用,如物理、化学、生物等基础学科和微波技术、量子电子学等新技术领域,具体来说有顺磁固体量子放大器,各种铁氧体微波器件,核磁共振谱分析技术和核磁共振成像技术,以及利用磁共振方法对顺磁晶体的晶场和能级结构、半导体的能带结构和生物分子结构等开展研究。原子核和基本粒子的自旋、磁矩参数的测定也是以各种磁共振原理为基础发展起来的。磁共振成像技术由于其无辐射、分辨率高等优点已被广泛应用于医学临床诊断。

本专题共安排四个实验。实验一"核磁共振",介绍核磁共振的基本原理和实验方法,观察水样品中质子和聚四氟乙烯样品中氟核的共振信号,要求学会用核磁共振法测量磁场以及测量表征核磁矩大小的 g 因子。实验二"微波顺磁共振",通过观测微波波段电子顺磁共振现象,学习测量 DPPH(二苯基苦酸联氨)中一个未偶电子的 g 因子的方法,并了解、掌握微波仪器和器件的应用。实验三"微波铁磁共振",通过观测铁磁共振现象,掌握用谐振腔法测量共振线宽及朗德因子。实验四"光磁共振",学习掌握光抽运、磁共振的光电检测原理和实验方法,理解超精细结构等概念,加深对光跃迁、磁共振两个动态过程的理解。

这四个实验是磁共振的系列实验,它们有着共同的共振理论基础,以及观测共振现象的相似的实验方法和手段,但它们又有着明显的不同,核磁共振的研究对象是自旋不为零的原子核;电子顺磁共振或电子自旋共振的研究对象是电子;光磁共振的研究对象是原子核和外层电子的耦合作用形成的超精细结构。由于产生的分离能级间距的大小有着数量级的差别,对应交变磁场的频率大小也有着明显的不同:核磁共振在射频波段,电子顺磁共振在微波波段。另外,通过电子顺磁共振和微波铁磁共振两个实验还可以了解并掌握微波原理、微波技术及微波器件的应用。

1.1 核磁共振

1938 年,美国物理学家拉比(Isidor Isaac Rabi)在利用原子束和不均匀磁场研究原子核磁矩时观察到核磁共振成像,并首次提出了核磁共振概念,他因此获得 1944 年诺贝尔物理学奖。1946 年,美国物理学家布洛赫(Felix Bloch)和伯塞尔(Edward Mills Purcell)分别用不同方法在常规物质中观察到核磁共振现象,两人因此获得 1952 年诺贝尔物理学奖,他们的实验方法也成为现代核磁共振技术的基础。1966 年发展起来的脉冲傅里叶变换核磁共振技术,使信号采集区域由频域变为时域,大大提高了检测灵敏度。1971 年,琴纳(E. Jeener)提出了具有两个独立时间变量的二维核磁共振概念,随后 1974 年,恩斯特(R. Ernst)等首次成功地进行了二维核磁共振实验,获得了 1991 年的诺贝尔化学奖。利用核磁共振原理,通过外加梯度磁场检测所发射出的电磁波,再进行数字图像处理可以绘制物体内部的结构图像,这种成像方法被称为核磁共振成像技术,在医学上为人类健康做出了巨大贡献,为此,对该成像技术发展做出重要贡献的美国科学家保罗·劳特布尔(Paul Lauterbur)和英国科学家彼得·曼斯菲尔德(Peter Mansfield)共同获得了 2003 年诺贝尔生理学或医学奖。

核磁共振(Nuclear Magnetic Resonance,NMR)是指磁矩不为零的原子核,在外磁场作用下自旋能级发生塞曼分裂,共振吸收某一定频率的射频辐射的物理过程。核磁共振能反映物质内部信息而不破坏物质结构,具有较高的灵敏度和分辨本领,是测定原子的核磁矩和研究核结构的直接而准确的方法,也是精确测量磁场的重要方法之一。核磁共振在物理、化学、生物、医学临床诊断、石油分析与勘探等方面获得了广泛应用。

本实验主要是观察核磁共振现象,掌握核磁共振实验的基本原理和方法。

一、实验要求与预习要点

1. 实验要求

① 掌握核磁共振的基本原理和实验方法。

② 观察水样品中质子的共振信号,学会用 NMR 法测量磁场。

③ 观察聚四氟乙烯样品中氟核的共振信号,测量氟核的 g 因子。

2. 预习要点

① 原子核的磁矩和角动量之间有什么关系?是否所有的原子核都存在磁矩?

② 观察核磁共振的必要实验条件是什么?为什么射频场必须和恒定磁场垂直?

③ 扫场在本实验中起什么作用?磁场的均匀性对共振信号有什么影响?

④ 热平衡时原子核在各个能级上如何分布?上下能级的粒子差数是多少?与什么因素有关?

二、实验原理

1. 核磁共振理论

自旋角动量 P 不为零的原子核具有相应的磁矩 $\boldsymbol{\mu}$，其关系为

$$\boldsymbol{\mu} = \gamma \boldsymbol{P} \qquad\qquad (1.1-1)$$

其中，γ 称为原子核的旋磁比，是表征原子核性质的重要物理量之一，可以用实验方法测出。通常情况下，定义

$$\gamma = \frac{\boldsymbol{\mu}}{\boldsymbol{P}} = g\,\frac{q}{2m} \qquad\qquad (1.1-2)$$

其中，q、m 分别为原子核的电荷和质量，g 为朗德因子。在表征原子核磁矩性质方面，g 和 γ 是等效的。对于质子来说，对应于玻尔磁子可以引入核磁子 μ_N，原子核的朗德因子 g 与旋磁比的关系为

$$\gamma = g\,\frac{\mu_N}{\hbar}, \qquad \mu_N = 3.152\,451\,5 \times 10^{-14} \text{ MeVT}^{-1} \qquad (1.1-3)$$

核磁共振理论有经典理论和量子理论两种，它们都能说明核磁共振现象的本质。

2. 核磁共振的宏观理论

从经典力学观点看，具有磁矩 $\boldsymbol{\mu}$ 和角动量 P 的粒子，在外磁场中受到一个力矩 $\boldsymbol{L}$ 的作用：$\boldsymbol{L} = \boldsymbol{\mu} \times \boldsymbol{B}_0$，其运动方程为：$\dfrac{\mathrm{d}\boldsymbol{P}}{\mathrm{d}t} = \boldsymbol{L}$，考虑到 $\gamma = \dfrac{\boldsymbol{\mu}}{\boldsymbol{P}}$，有

$$\frac{\mathrm{d}\boldsymbol{\mu}}{\mathrm{d}t} = \gamma \boldsymbol{\mu} \times \boldsymbol{B}_0 \qquad\qquad (1.1-4)$$

这是微观磁矩在外场中的运动方程。

设外加磁场 $\boldsymbol{B}_0$ 恒定且方向沿 z 轴。求解方程 $(1.1-1)$ 得

$$\begin{cases} \mu_x = \mu_0 \sin(\omega_0 t + \delta) \\ \mu_y = \mu_0 \cos(\omega_0 t + \delta) \\ \mu_z = C \end{cases} \qquad\qquad (1.1-5)$$

由式 $(1.1-5)$ 可见，在外加稳恒磁场作用下，总磁矩 $\boldsymbol{\mu}$ 绕磁场 $\boldsymbol{B}_0$ 进动，如图 $1.1-1(a)$ 所示。进动角频率为 $\omega_0 = \gamma B_0$。磁矩 $\boldsymbol{\mu}$ 的进动角频率 ω_0 与 $\boldsymbol{\mu}$ 和外磁场之间的夹角 θ 无关。

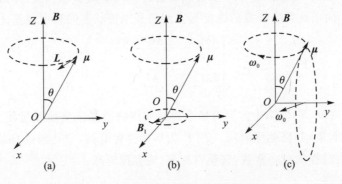

图 1.1-1　磁矩在外磁场中进动示意图

如果外加磁场除了稳恒磁场外,在 x-y 平面再加一旋转磁场,其角频率仍为 ω_0,旋转方向与 $\boldsymbol{\mu}$ 进动方向一致,如图 1.1-1(b)所示,这时对 $\boldsymbol{\mu}$ 进的影响似一恒定磁场,因此磁矩 $\boldsymbol{\mu}$ 在力矩 $\boldsymbol{\mu}\times\boldsymbol{B}_1$ 的作用下也将会绕 $\boldsymbol{B}_1$ 进动,使 $\boldsymbol{\mu}$ 和 $\boldsymbol{B}_0$ 之间夹角加大,如图 1.1-1(c)所示。由于 $\boldsymbol{\mu}$ 与 $\boldsymbol{B}_0$ 的相互作用能为

$$E = -\boldsymbol{\mu}\cdot\boldsymbol{B}_0 = -\mu\cdot B_0\cos\theta \tag{1.1-6}$$

因此 θ 增大,意味着系统的能量增加,粒子从 $\boldsymbol{B}_1$ 中获得能量。这就是核磁共振的经典观点,系统的这个能量变化可借助于外电路进行探测。

实际研究的样品不是单个磁矩,而是由这些磁矩构成的磁化矢量;另外,研究的系统不是孤立的,而是与周围物质有一定的相互作用。只有考虑了这些问题,才能建立起完善的核磁共振的理论。

(1) 磁化强度矢量

磁化强度矢量 $\boldsymbol{M}$ 定义为单位体积内元磁矩的矢量和,即

$$\boldsymbol{M} = \sum_i \boldsymbol{\mu}_i \tag{1.1-7}$$

在外磁场中,$\boldsymbol{M}$ 受到力矩的作用,则

$$\frac{\mathrm{d}\boldsymbol{M}}{\mathrm{d}t} = \gamma\boldsymbol{M}\times\boldsymbol{B}_0 \tag{1.1-8}$$

以角频率 $\omega_0 = \gamma B_0$ 绕进动。

(2) 弛豫过程规律与弛豫时间

考虑到系统与周围环境的相互作用,处于恒定外磁场内的粒子,其元磁矩 $\boldsymbol{\mu}_i$ 都绕 $\boldsymbol{B}_0$ 进动,但它们进动的初始相位是随机的,因而由式(1.1-5)可得

$$\begin{cases} M_x = \sum_i \mu_{ix} = 0 \\ M_y = \sum_i \mu_{iy} = 0 \\ M_z = \sum_i \mu_{iz} = M_0 \end{cases} \tag{1.1-9}$$

即磁化矢量只有纵向分量,横向分量相互抵消。当 x-y 平面内加 $\boldsymbol{B}_1$ 时,各 $\boldsymbol{\mu}_i$ 也绕 $\boldsymbol{B}_1$ 进动,使 $M_x\neq 0$,$M_y\neq 0$,$M_z\neq M_0$。这种不平衡状态会自动向平衡状态恢复,称为弛豫过程。

设 M_{xy} 和 M_z 向平衡状态恢复的速度与它们离开平衡状态的程度成正比,则

$$\begin{cases} \dfrac{\mathrm{d}M_z}{\mathrm{d}t} = -\dfrac{M_z - M_0}{T_1} \\ \dfrac{\mathrm{d}M_{xy}}{\mathrm{d}t} = -\dfrac{M_{xy}}{T_2} \end{cases} \tag{1.1-10}$$

T_1 称为纵向弛豫时间,它是描述自旋粒子系统与周围物质晶格交换能量使 M_z 恢复平衡状态的时间常数,又称自旋-晶格弛豫时间。T_2 称为横向弛豫时间,它是描述自旋粒子系统内部能量交换使 M_{xy} 消失过程的时间常数,又称自旋-自旋弛豫时间。

(3) 布洛赫方程

式(1.1-8)和式(1.1-10)表示,核磁共振发生时,存在两种独立发生的作用,互不影响,故可把两式相加,得到描述核磁共振现象的基本运动方程,即布洛赫方程:

$$\frac{\mathrm{d}\boldsymbol{M}}{\mathrm{d}t} = \gamma \boldsymbol{M} \times \boldsymbol{B} - \frac{1}{T_1}(M_z - M_0)\boldsymbol{k} - \frac{1}{T_2}(M_x\boldsymbol{i} + M_y\boldsymbol{j}) \tag{1.1-11}$$

在进行核磁共振实验时,外加磁场为 z 方向的恒定场 $\boldsymbol{B}_0$ 及 $x\text{-}y$ 平面上沿 x 或 y 方向的线偏振场 $\boldsymbol{B}_1$。$\boldsymbol{B}_1$ 可看作是两个圆偏振的叠加,$\boldsymbol{B}_1 = B_1(\boldsymbol{i}\cos\omega t - \boldsymbol{j}\sin\omega t)$,代入式(1.1-11)得

$$\begin{cases} \dfrac{\mathrm{d}M_x}{\mathrm{d}t} = \gamma(M_y B_0 + M_z B_1 \sin\omega t) - \dfrac{M_x}{T_2} \\[2mm] \dfrac{\mathrm{d}M_y}{\mathrm{d}t} = \gamma(M_z B_1 \cos\omega t - M_x B_0) - \dfrac{M_y}{T_2} \\[2mm] \dfrac{\mathrm{d}M_z}{\mathrm{d}t} = -\gamma(M_x B_1 \sin\omega t + M_y B_1 \cos\omega t) - \dfrac{M_z - M_0}{T_1} \end{cases} \tag{1.1-12}$$

在各种条件下求解该方程组,可以解释各种磁共振现象。

进行坐标变换,建立一个新坐标系 (x', y', z'),z' 轴与原来的 z 轴重合,x' 轴始终与 $\boldsymbol{B}_1$ 一致,y' 轴垂直于 $\boldsymbol{B}_1$,即新坐标系以角速度 ω 绕 z 轴旋转。在新坐标系中 $\boldsymbol{B}_1$ 是静止的,M_{xy} 在 x'、y' 上的投影为 u、v,如图 1.1-2 所示,则有

$$\begin{cases} M_x = u\cos\omega t - v\sin\omega t \\ M_y = -v\cos\omega t - u\sin\omega t \\ M_z = M_z \end{cases} \tag{1.1-13}$$

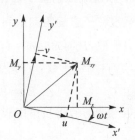

图 1.1-2　M 在两种坐标系的转换

代入式(1.1-12)得

$$\begin{cases} \dfrac{\mathrm{d}u}{\mathrm{d}t} = -(\omega_0 - \omega)v - \dfrac{u}{T_2} \\[2mm] \dfrac{\mathrm{d}v}{\mathrm{d}t} = (\omega_0 - \omega)u - \dfrac{v}{T_2} - \gamma B_1 M_z \\[2mm] \dfrac{\mathrm{d}M_z}{\mathrm{d}t} = \dfrac{M_0 - M_z}{T_1} + \gamma B_1 v \end{cases} \tag{1.1-14}$$

上式最后一项表明 M_z 是 v 的函数。M_z 的变化表示系统能量的变化,v 的变化反映了该系统能量的变化。

实验时,通常采用扫场或扫频的方法,令磁场或频率缓慢变化,则可以认为 u、v、M_z 不随时间变化,即 $\dfrac{\mathrm{d}u}{\mathrm{d}t} = \dfrac{\mathrm{d}v}{\mathrm{d}t} = \dfrac{\mathrm{d}M_z}{\mathrm{d}t} = 0$,则方程的稳态解为

$$\begin{cases} u = \dfrac{\gamma B_1 T_2^2 (\omega_0 - \omega) M_0}{1 + T_2^2 (\omega_0 - \omega)^2 + \gamma^2 B_1^2 T_1 T_2} \\[3mm] v = \dfrac{-\gamma B_1 M_0 T_2}{1 + T_2^2 (\omega_0 - \omega)^2 + \gamma^2 B_1^2 T_1 T_2} \\[3mm] M_z = \dfrac{[1 + T_2^2 (\omega_0 - \omega)]M_0}{1 + T_2^2 (\omega_0 - \omega)^2 + \gamma^2 B_1^2 T_1 T_2} \end{cases} \tag{1.1-15}$$

实验中,只要扫场很缓慢地通过共振区,即可满足上面所设的条件。u、v 分别称为色散信号和吸收信号,如图 1.1-3 所示,u 反映 $\boldsymbol{B}_1$ 对样品所发生的 $\boldsymbol{M}$ 的度量,v 描述样品从 $\boldsymbol{B}_1$ 中吸收能量的过程。当外加磁场 $\boldsymbol{B}_1$ 的频率 ω 等于 $\boldsymbol{M}$ 在磁场 $\boldsymbol{B}_0$ 中的进动频率 ω_0 时,吸收信号最强,即出现共振吸收。在核磁共振波谱仪中,按照接收电路或电路调节方式的不同,可以获得 u 信号或 v 信号。

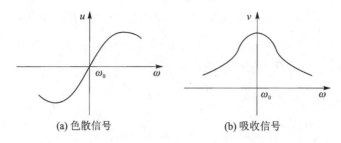

| (a) 色散信号 | (b) 吸收信号 |

图 1.1 - 3 扫场过程中 M_{xy} 在新坐标系中的投影信号

3. 核磁共振的量子理论

微观粒子自旋角动量和自旋磁矩在空间的取向是量子化的,$\boldsymbol{P}$ 在外磁场方向(z 方向)的分量只能取:$P_z = m\hbar, m = I, I-1, \cdots, -I+1, -I$ 等 $2I+1$ 个值。

I 为自旋量子数,m 称为磁量子数。在外磁场 $\boldsymbol{B}_0$ 中,磁矩 $\boldsymbol{\mu}$ 与 $\boldsymbol{B}_0$ 的相互作用能为

$$E = -\boldsymbol{\mu} \cdot \boldsymbol{B}_0 = -\mu_z \cdot B_0 = -\gamma P_z B_0 = -\gamma m\hbar B_0 \qquad (1.1-16)$$

即磁矩与外场的相互作用能也是不连续的,形成分立的能级。两相邻能级间的能量差是

$$\Delta E = \gamma \hbar B_0 = \omega_0 \hbar \qquad (1.1-17)$$

在垂直于恒定磁场 $\boldsymbol{B}_0$ 的平面上施加 一个高频交变电磁场,当其频率满足 $h\nu = \hbar\omega = \Delta E$ 时,将发生粒子对电磁场能量的吸收(或辐射),引起粒子在能级间的跃迁,即发生核磁共振现象。

(1)粒子差数与玻耳兹曼分布

热平衡时,上、下能级的粒子数遵从玻耳兹曼分布

$$\frac{N_{20}}{N_{10}} = e^{-\Delta E/(kT)} \qquad (1.1-18)$$

N_{20}, N_{10} 分别是上、下能级粒子数。一般情况下,$\Delta E \ll kT$,近似有

$$\frac{N_{20}}{N_{10}} = 1 - \frac{\Delta E}{kT} \qquad (1.1-19)$$

这个数值接近于 1,例如氢核,在室温下,当磁场为 1 T 时,$\Delta E/(kT) \approx 7 \times 10^{-6}$,$N_{20}/N_{10} = 0.999\,993$。

这一差数提供了观察核磁共振的可能性。磁场 B_0 越强,粒子差数越大,对观察核磁共振信号越有利;而温度越高,粒子差数越小,对观察核磁共振信号越不利。

(2)核磁共振吸收与弛豫问题

下面讨论发生共振吸收时,上、下能级粒子数之差 $n = N_1 - N_2$ 的变化规律。根据爱因斯坦电磁辐射理论,设受激辐射与受激吸收的跃迁概率为 P,则有

$$\begin{cases} \mathrm{d}N_1 = -PN_1\mathrm{d}t + PN_2\mathrm{d}t \\ \mathrm{d}N_2 = -PN_2\mathrm{d}t + PN_1\mathrm{d}t \end{cases} \qquad (1.1-20)$$

两式相减,并积分得

$$n = n_0 e^{-2Pt} \qquad (1.1-21)$$

其中,$n_0 = N_{10} - N_{20}$。

可见粒子差数随时间 t 按指数规律减少。如果电磁辐射持续起作用,则最后 $n \to 0$。由于吸收信号强弱与粒子差数 n 成正比,这时就不再有吸收现象,即样品饱和了。实际上,同时还

存在另一个过程,即粒子由上能级无辐射地跃迁到下能级,这种跃迁称热弛豫跃迁。设由下往上的热弛豫跃迁概率是 W_{12},由上往下的热弛豫跃迁概率是 W_{21},在热平衡时,当不存在射频场 $\boldsymbol{B}_1$,同一时间由上向下和由下向上跃迁的粒子数应相等,即

$$N_{10}W_{12} = N_{20}W_{21} \tag{1.1-22}$$

可得

$$\frac{W_{12}}{W_{21}} = \frac{N_{20}}{N_{10}} = \mathrm{e}^{\frac{\Delta E}{kT}} \approx 1 - \frac{\Delta E}{kT} \tag{1.1-23}$$

由式(1.1-23)可以看出,由下往上的热弛豫跃迁概率略小于由上往下的跃迁概率,进而有

$$-\frac{\mathrm{d}n}{\mathrm{d}t} = \frac{-\mathrm{d}(N_1 - N_2)}{\mathrm{d}t} = 2(W_{12}N_1 - W_{21}N_2) \tag{1.1-24}$$

式(1.1-24)的系数 2 是因为每发生一次跃迁使上、下能级粒子的差数变化 2。将上式略加变换,并考虑 $N_1 - N_{10}$ 和 $N_{20} - N_2$ 均等于 $(n - n_0)$ 的一半,可得

$$-\frac{\mathrm{d}n}{\mathrm{d}t} = 2\left(W_{12}\frac{n-n_0}{2} + W_{21}\frac{n-n_0}{2}\right) = (W_{12} + W_{21})(n - n_0) \tag{1.1-25}$$

令 W_{12} 和 W_{21} 的平均值为 $\overline{W}$,则有

$$-\frac{\mathrm{d}n}{\mathrm{d}t} = 2\overline{W}(n - n_0) \tag{1.1-26}$$

进而有

$$(n - n_0)_t = (n - n_0)_{t=0}\,\mathrm{e}^{-t/T_1} \tag{1.1-27}$$

其中,$T_1 = 1/(2\overline{W})$。

式(1.1-27)表示,粒子差数 n 相对于热平衡值 n_0 的偏离大小随时间 t 的增加将按时间常数 T_1 的指数规律趋于零(亦即恢复到热平衡状态)。T_1 即是在宏观理论中讨论过的纵向弛豫时间。

(3) 共振吸收信号的饱和问题

发生核磁共振时,有两个过程同时起作用:一是受激跃迁,核磁矩系统吸收电磁波能量,其效果是使上、下能级的粒子数趋于相等;二是热弛豫过程,核磁矩系统把能量传给晶格,其效果是使粒子数趋向于热平衡分布。这两个过程将达到动态平衡,于是粒子差数将稳定在某一新的数值上,即可以连续地观察到稳定的吸收。由于射频共振场的作用,根据式(1.1-21),粒子数的变化率为

$$-\left(\frac{\mathrm{d}n}{\mathrm{d}t}\right)_{\text{共振}} = 2nP \tag{1.1-28}$$

而由于弛豫作用,有

$$-\left(\frac{\mathrm{d}n}{\mathrm{d}t}\right)_{\text{弛豫}} = \frac{1}{T_1}(n - n_0) \tag{1.1-29}$$

当这两个过程达到动态平衡时,总的 $\mathrm{d}n/\mathrm{d}t = 0$,即

$$\left(\frac{\mathrm{d}n}{\mathrm{d}t}\right)_{\text{共振}} + \left(\frac{\mathrm{d}n}{\mathrm{d}t}\right)_{\text{弛豫}} = 0 \tag{1.1-30}$$

也即

$$2n_{\mathrm{s}}P + \frac{1}{T_1}(n_{\mathrm{s}} - n_0) = 0 \tag{1.1-31}$$

式(1.1-31)中 n_{s} 为动态平衡时上、下能级的粒子差数。进而有

$$n_s = \frac{n_0}{1 + 2PT_1} \tag{1.1-32}$$

上式表明 n_s 比 n_0 小，把 $1/(1+2PT_1)$ 称作饱和因子，用 z 表示，即 $n_s = z \cdot n_0$。系统吸收的电磁波的能量是与粒子差数 n_s 成正比的，当 $PT_1 \ll 1$ 时，$z \approx 1$，$n = n_0$，完全没有饱和现象，而在 $PT_1 \gg 1$ 和 $z \to 0$ 时将完全饱和，看不到吸收现象。因此为了观察到比较强的共振吸收信号，就要求跃迁概率 P 和自旋-晶格弛豫时间 T_1 小，而跃迁概率 P 是与 B_1^2 成正比的，所以要求射频场 B_1 小。

(4) 横向弛豫时间 T_2 和共振吸收线宽

实际样品中，每一个核磁矩由于近邻处其他核磁矩，或所加顺磁物质的磁矩所造成的局部场略有不同，它们的进动频率也不完全一样。如果借助于某种方法，使在 $t=0$ 时所有核磁矩在 $x-y$ 平面上的投影位置相间，由于不同的进动频率，经过时间 T_2 后，这些核磁矩在 $x-y$ 平面上的投影位置将均匀分布，完全无规。T_2 称为横向弛豫时间，因为它给出了磁矩 M 在 x, y 方向上的分量变到零时所需的时间。T_2 起源于自旋粒子与邻近的自旋粒子之间的相互作用，这一过程又称作自旋-自旋弛豫过程。

实际的核磁共振吸收不是只发生在由式(1.1-12)所决定的单一频率上，而是发生在一定的频率范围，即谱线有一定的宽度，能级也有一定宽度。考虑测不准关系，可得由此产生的谱线宽度 $\delta\omega$ 为

$$\delta\omega = \frac{\delta E}{\hbar} \approx \frac{1}{\tau} \tag{1.1-33}$$

式中，δE 为能级的宽度，τ 为能级的寿命。谱线宽度实质上归结为粒子在能级上的平均寿命。

在液体样品的核磁共振实验中，自旋-晶格弛豫过程、自旋-自旋相互作用都使粒子处于某一状态的时间有一定的限制。设 W' 为自旋-自旋相互作用跃迁概率，$\overline{W}$ 为自旋-晶格弛豫跃迁概率，这两个过程结合在一起构成总的弛豫作用，其跃迁概率 $W = W' + \overline{W}$。可以证明当射频场 B_1 很弱，以及不考虑外场不均匀引起的谱线增宽时，有

$$\frac{1}{T_2} = W = W' + \overline{W} = \frac{1}{T_2'} + \frac{1}{2T_1} \tag{1.1-34}$$

式中，T_2' 代表与跃迁概率 W' 相应的平均寿命。实际实验中，射频场 B_1 越大，粒子受激跃迁的概率越大，使粒子处于某一能级的寿命减少，这也会使共振吸收谱线变宽。此外，外加磁场的不均匀使磁场中不同位置处粒子的进动频率不同，也会使谱线增宽。

4. 核磁共振现象

观察研究核磁共振有两种方法：一是连续波法或称稳态方法，是用连续的射频场（即旋转磁场 B_1）作用到核系统上，观察核对频率的响应信号；另一种是脉冲法，用射频脉冲作用在核系统上，观察核对时间的响应信号。脉冲法有较高的灵敏度，测量速度快，但需要进行快速傅里叶变换。本实验用连续波吸收法中的稳态法核磁共振来观察核磁共振现象。

进行核磁共振实验，需要有一个稳恒的外磁场 B_0 和一个与 B_0 和 M 所组成的平面垂直的旋转磁场 B_1。当 B_1 的角频率满足 $\omega_0 = \gamma B_0$ 时，发生核磁共振。

观察核磁共振信号可以有两种方法。一是固定 B_0，让 B_1 的频率 ω 连续变化并通过共振区，当 $\omega = \omega_0 = \gamma B_0$ 时，即出现共振信号，此为扫频法。二是使 B_1 的频率不变，让 B_0 连续变化扫过共振区，则为扫场法。在实际实验中，为了在示波器上能够稳定观察到核磁共振现象，常

采用在稳恒磁场 B_0 上迭加一交变低频调制磁场 $\tilde{B}(\tilde{B}=B'\sin 2\pi f t)$ 的方法,使样品所在的实际磁场为 $B_0+\tilde{B}$,如图 1.1-4(a) 所示,相应的进动频率 $\omega_0=\gamma(B_0+\tilde{B})$ 也周期性变化,如果射频场的角频率 ω 是在 ω_0 的变化范围内,则当 $\tilde{B}$ 变化使 $B_0+\tilde{B}$ 扫过 ω 所对应的共振磁场 $\frac{\omega}{\gamma}$ 时,则发生共振,从示波器上观察到共振信号如图 1.1-4(b) 所示。

改变 B_0 或 ω 都会使信号位置发生移动。当共振信号间距相等且重复频率为 $4\pi f$ 时,表示共振发生在 $2\pi f t=0,\pi,2\pi,\cdots$ 等处,如图 1.1-5 所示,此时 $B_0+\tilde{B}=B_0=\dfrac{\omega}{\gamma}=\dfrac{2\pi\nu}{\gamma}$。若已知样品的 γ,测出此时对应的射频场频率 ν,即可计算出 B_0;反之测出 B_0 可算出 γ 和 g 因子。

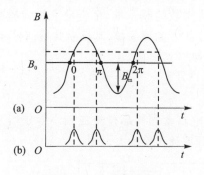

图 1.1-4　核磁共振　　　　　图 1.1-5　等间距共振

根据布洛赫方程稳定解条件,磁场变化(扫场)通过共振区所需的时间要远大于弛豫时间 T_1,T_2,这时得到的是图 1.1-6(a) 所示的稳态共振吸收信号。如果扫场速度太快,不能保证稳态条件,就将观察到不稳定的瞬态现象。不同的实验条件观察到的瞬态现象不同。通常观察到如图 1.1-6(b) 所示的尾波现象。

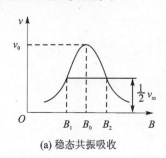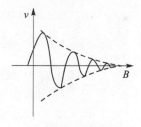

(a) 稳态共振吸收　　　　　(b) 瞬时共振吸收

图 1.1-6　扫场速度不同时的共振吸收信号

本实验的扫场参数是频率 50 Hz,对固体样品聚四氟乙烯来说,这是一个变化很缓慢的磁场,其吸收信号如图 1.1-7(a) 所示。而对液态水样品来说却是一个变化较快的磁场,其观察到的不再是单纯的吸收信号,将会产生拖尾现象,如图 1.1-7(b) 所示。磁场越均匀,尾波中振荡次数越多。

5. 产生核磁共振的元素

根据量子力学原理,原子核与电子一样,具有自旋角动量,其自旋角动量的具体数值由原子核的自旋量子数决定,实验结果显示,不同类型的原子核自旋量子数也不同:质量数和质子

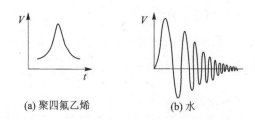

(a) 聚四氟乙烯   (b) 水

图 1.1-7   不同样品的共振信号

数均为偶数的原子核,自旋量子数为 0,即 $I=0$,如 ^{12}C、^{16}O、^{32}S 等,这类原子核没有自旋现象,称为非磁性核;质量数为奇数的原子核,自旋量子数为半整数,如 ^1H、^{19}F、^{13}C 等,其自旋量子数不为 0,称为磁性核;质量数为偶数,质子数为奇数的原子核,自旋量子数为整数,这样的核也是磁性核。但迄今为止,只有自旋量子数等于 1/2 的原子核,其核磁共振信号才能够被人们利用,经常为人们所利用的原子核有:^1H、^{11}B、^{13}C、^{17}O、^{19}F、^{31}P。

三、实验装置

实验装置由永久磁铁、扫场线圈、探头(由电路盒和样品盒组成)、小变压器及木座组成。图 1.1-8 是它们与配套使用的示波器和数字频率计连接的方框图。

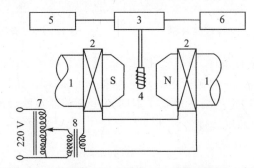

1—永久磁铁;2—扫场线圈;3—电路盒;4—线圈及样品;5—频率计;
6—示波器;7—0~220V可调变压器;8—220V/6V变压器

图 1.1-8   核磁共振实验装置方框图

1. 永久磁铁

磁场 B_0 由永久磁铁产生。外观如图 1.1-9 所示。永久磁体采用 O 形结构,外壳用软铁材料做成,外壳开有一小口使样品盒能插入磁隙中。永久磁铁安放在木座上,并开口朝上。

2. 扫场及扫场电源

扫场信号由安装在磁铁内部并固定在两个磁极上的扫场线圈产生。扫场线圈由 50 Hz 的市电经 0~220 V 可调变压器和一个 220V/6V 的小变压器隔离、降压后供电,利用可调变压器改变扫场的幅度。扫场线圈的引线与 220V/6V 小变压器的低压输出端连接在一起。小变压器固定安装在木座内部,位于永久磁铁下方。木座下方一侧

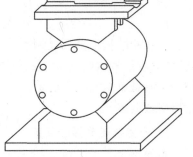

图 1.1-9   永久磁铁的外观

备有"交流 0～220 V 输入"引线和备用的"扫场输出"Q_9插座。

3．探　头

探头是实验装置的核心部分,其外形如图 1.1 - 10 所示。探头由电路盒及下方的样品盒 7 组成。电路盒与样品盒通过铜管连接固定在一起。样品盒内绕在样品上的线圈既是射频场的发射线圈,又是共振信号探测线圈;电路盒前面板除电源开关 3 外,还有两个电位器 1 和 2,分别用来调节射频场的频率和幅度;电路盒的后面板上的频率测试端 4 用来与数字频率计的输入端连接,由数字频率计显示射频场的频率,后面板上的检波输出端 5 与示波器的输入端连接,用来观察共振信号。使用时把电路盒安放在木座上方并使下端的样品盒插入磁铁的开口处,木座上有标尺用来指示电路盒在木座上的左右位置。本装置提供两个探头,样品分别为液态的水(掺有三氯化铁)和固态的聚四氟乙烯。

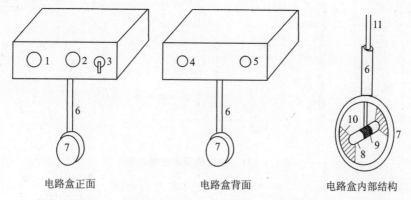

电路盒正面　　　　　电路盒背面　　　　　电路盒内部结构

1—频率调节旋钮;2—幅度调节旋钮;3—电源开关;4—频率测试端;5—检波输出端;
6—连接杆;7—样品盒;8—样品;9—线圈;10—固定物料;11—同轴电缆

图 1.1 - 10　探头外形图

在电路盒中,有对信号进行检测的核心部分——边限振荡器,它由 LC 为负载的调谐放大器和适当深度的正反馈构成。电路中的 L5 是插有样品并置于磁场中的射频线圈。D1 是一个变容二极管,改变加在它上面的反向偏压即可改变变容二极管的电容,进而改变边限振荡器的振荡频率。由于边限振荡器工作在刚好起振的临界状态,当样品吸收的能量不同(亦即线圈 Q 值变化)时,振荡器的振幅将有较大的变化。当共振时,样品吸收射频场的能量,使 LC 的 Q 值下降,导致振荡变弱,振幅下降,再经检波、放大,就可把共振吸收信号的变化以振荡器振幅大小的形式反映在示波器上。边限振荡器的电路如图 1.1 - 11 所示。

4．主要技术特性

(1)永久磁铁

磁场强度:≥0.5 T;均匀性:中心位置(5 mm×5 mm×5 mm)范围内优于 10^{-5};稳定性:5 年内变化<0.05％;磁极直径:65 mm;磁隙宽度:大约 13 mm。

(2)扫　场

扫场线圈阻抗:$R=4\ \Omega$,$L=35$ mH,工作电压≤6 V,工作功率≤10 W;小变压器:220 V/6 V,10W。

(3)探　头

中心频率:调节在由配用的磁铁和样品决定的数值附近;频率调节范围:大于中心频率×

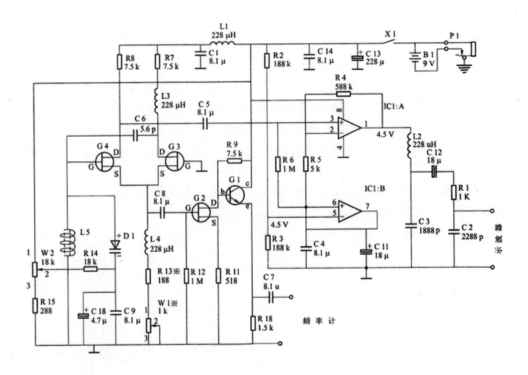

图 1.1-11 边限振荡器的电路图

(1±10%)；频率稳定性：衰减<10^{-5}/min(用机内电池)；电源：工作电压 9 V,工作电流约 10 mA。

（4）配套仪器

数字频率计：输入阻抗≥1 MΩ,频率范围≥50 MHz,灵敏度优于 20 mV_{rms}。

可调变压器：输入 220 V,输出 0~240 V,功率≥50 W。

四、实验内容与实验步骤

1. 观察掺有三氯化铁的水样品中质子的共振信号,标定永久磁铁的磁场强度

（1）观察共振信号,测量永久磁铁的磁场强度 B_0

实验中总磁场强度为 $B = B_0 + B' \cos \omega t$,其中,$B'$ 为扫场幅度,ω 为扫场的圆频率。由于市电的周期为 20 ms,因此当共振发生在扫场 B' 为零时,共振信号均匀排列且间隔为 10 ms,这时频率计的读数 ν_H 可用于计算 B_0。

为减小 B_0 的测量误差,在找到共振信号后应尽可能减小扫场幅度。利用 $B_0 = \dfrac{\nu_H}{(\gamma/2\pi)_H}$ 计算永久磁铁的磁场强度,式中 $(\gamma/2\pi)_H$ 可采用 25 ℃球形容器中水样品中质子的数值作为近似值,即

$$(\gamma/2\pi)_H = 42.576\,375\,\text{MHz/T}$$

（2）B_0 误差的定量估计

调节频率,使共振先后发生在扫场的波峰和波谷,相邻的共振信号间隔变为 20 ms,记下对应的共振频率 ν_H' 和 ν_H'',利用公式求出扫场幅度 B',取 B' 的 1/10 作为 B_0 的估计误差,即取

$$\Delta B_0 = \frac{B'}{10} = \frac{(\nu'_H - \nu''_H)/20}{(\gamma/2\pi)_H}$$

B_0 的测量结果表示为：$B_0 =$ 测量值 $\pm \Delta B_0$（保留一位有效数字）。

具体步骤如下：

① 将样品为水的探头下端的样品盒通过磁铁上方的开口插入磁隙中，电路盒安放在木座上面，左右移动使之大致处于中间位置。

② 电路盒后面板的"频率测试"端与数字频率计连接；"检波输出"端与示波器的纵轴信号输入端连接，示波器的扫描速度旋钮可调节在 5 ms/格 的位置，纵向放大旋钮调节在 0.1 V/格 或 0.2 V/格 的位置。

③ 可调变压器的输出端与木座下方一侧"交流 0～220 V 输入"端的连接线连接在一起，接通可调变压器的电源并把输出电压调到 100 V 左右。

④ 打开电路盒开关，调节"幅度调节"旋钮及"频率调节"旋钮寻找共振信号。出现质子的共振信号后，在木座上左右移动电路盒，寻找使共振信号幅度最大、尾波中振荡次数最多的位置，使样品处于磁场中最均匀的地方。保持这时电路盒的左右位置并记下电路盒一侧边缘在木座上标尺上的读数。

⑤ 逐步减小扫场幅度，直至扫场幅度已尽可能减小，并出现清晰共振信号为止。

⑥ 共振信号保持间隔为 10 ms 均匀排列时，记下频率计的读数，这个读数就是与样品所在位置的磁场对应的质子的共振频率。

⑦ 在扫场幅度已足够小的前提下，保持扫场幅度不变，调节频率，使共振先后发生在扫场的波峰和波谷，在这过程中，从示波器上观察到两个相邻的峰逐渐靠拢并成一个峰，相邻的共振信号间隔变为 20 ms，记下共振发生在扫场的波峰和波谷的共振频率 ν'_H 和 ν''_H。

重复步骤⑥、⑦，记下 5 组数据。

2. 利用样品为水的探头，测量磁场边缘的磁场强度并与中心的磁场强度比较

主要实验步骤如下：

① 在木座上左右移动水样品的电路盒，使其移到木座上面最左（或右）边，并寻找共振信号。

② 逐步减小扫场幅度，直至扫场幅度已尽可能减小，并出现清晰共振信号为止。

③ 共振信号保持间隔为 10 ms 均匀排列时，记下频率计的读数，这个读数就是与边缘磁场对应的共振频率。

3. 观察聚四氟乙烯（固态）样品中氟核的共振信号，并测量氟核的 g 因子

在扫场足够小的条件下，调节频率使共振信号均匀分布，间隔为 10 ms，这时的频率为氟核与 B_0 对应的共振频率 ν_F，根据前面求的 B_0，利用公式 $g = \dfrac{\nu_F/B_0}{\mu_N/h}$ 求出氟核的 g 因子，$\mu_N/h = 7.622\,591\,4 \text{MHz/T}$。g 因子的相对误差可利用公式

$$\frac{\Delta g}{g} = \sqrt{\left(\frac{\Delta \nu_F}{\nu_F}\right)^2 + \left(\frac{\Delta B_0}{B_0}\right)^2}$$

求出，其中，B_0 和 ΔB_0 为标定磁场强度时得到的结果。与上述估计 ΔB_0 的方法类似，可取 $\Delta \nu_F = (\nu'_F - \nu''_F)/2$ 作为 ν_F 估计误差。

实验步骤如下：

① 用样品为固态聚四氟乙烯的探头代替样品为水的探头,并使电路盒放在同样位置。

② 由于此样品信号较弱,可把示波器的纵向放大旋钮放在 20 mV/格或 50 mV/格的位置,把可调变压器的输出电压调节在 100 V 的位置。

③ 打开电路盒并调节频率,找到共振信号。逐步减小扫场幅度,直至扫场幅度已尽可能减小,并出现清晰共振信号为止。

④ 共振信号保持间隔为 10 ms 均匀排列时,记下频率计的读数。

⑤ 在扫场幅度已足够小的前提下,保持扫场幅度不变,调节频率,使共振先后发生在扫场的波峰和波谷,在该过程中,从示波器上观察到两个相邻的峰逐渐靠拢合并成一个峰,相邻的共振信号间隔变为 20 ms,记下共振发生在扫场的波峰和波谷的共振频率 ν'_F 和 ν''_F。

⑥ 重复步骤④、⑤,记下 5 组数据。

4. 调试及注意事项

① 为减少干扰和方便使用,本机通常使用机内 9 V 集成电池作为电源,其容量较小,因此探头不使用时应立即关闭电源以免电池损耗。由于机内电池容量小,使用过程中端电压会缓慢下降;此外,由于频率计读数精度高,因此即使"频率调节"旋钮位置固定不动,电池端电压的下降也会使频率计读数最后一两位缓慢减小,因此当调节频率使示波器上共振信号均匀排列时应立即读数。

② 当发现信号幅度明显减小或频率偏低达不到调节要求时应检查电池。电池端电压小于 8.5 V 时应及时更换。

③ 样品封装在样品盒内,请勿打开或挤压样品盒以免损坏两侧的屏蔽铜片。

④ 频率调节应缓慢旋转,若速度太快,核磁共振信号会在瞬间消失。

⑤ 当正好处于共振频率时,不论扫场幅度加大或减小,共振信号都不会移动,记录此时的频率,该频率就是准确的共振频率。

五、思考题

1. 观察核磁共振信号为什么要扫场? 它与旋转磁场本质上是否相同?

2. 如何确定对应于磁场为 B_0 时核磁共振的共振频率? B_0、B_1、$\tilde{B}$ 的作用是什么? 如何产生? 它们之间有什么区别?

3. 在医院的核磁共振成像宣传资料中,常常把拥有强磁场(1~1.5 T)作为一个宣传的亮点。请问磁场的强弱对探测质量有什么影响吗? 为什么?

六、扩展实验

估测固态聚四氟乙烯样品中氟核的弛豫时间。

提示:示波器改用 X - Y 输入方式,把木座下方一侧标有"扫场输出"的信号输入到 X 端,"检波输出"信号输入到 Y 端。调节扫场幅度,从示波器上观察到的将是重叠而又相互错开了的两个共振峰。利用示波器上的网格估测其中一个共振峰的半宽度 ΔB 与扫场范围 $2B'$ 的比值,然后固定扫场的幅度不变,把示波器改回正常的接法,测出共振发生在正弦波的峰顶和谷底时的共振频率之差,求出这时扫场的峰-峰值 $2B'$,进而求出氟核共振峰的半宽度 ΔB,利用公式:

$$1/T_2 = \pi \Delta B (\gamma/(2\pi))_F$$

估算出固态聚四氟乙烯中氟核的弛豫时间。

七、研究实验

1.利用本实验装置,研究"水"样品中三氯化铁浓度对共振信号的影响。

2.自制一种样品,利用该装置观察其核磁共振信号。

参考文献

[1] 吴思诚,王祖铨. 近代物理实验[M]. 北京:高等教育出版社,2005.

[2] 杨福家. 原子物理学[M]. 上海:复旦大学出版社,2008.

1.2 微波顺磁共振

泡利(W. Pauli)在 1924 年提出电子自旋的概念,可以解释碱金属光谱的精细结构。电子顺磁共振(Electron Paramagnetic Resonance,EPR)或称电子自旋共振(Electron Spin Resonance,ESR)是由苏联物理学家扎沃伊斯基(Zavoisky)于 1944 年从 $MnCl_2$、$CuCl_2$ 等顺磁性盐类发现的,其本质是,当电子自旋的塞曼能级之间发生跃迁时,物质对电磁辐射能的共振吸收。电子自旋共振是探测物质中的未偶电子以及它们与周围原子相互作用的最重要办法,主要研究对象是化学上的自由基,过渡金属离子和稀土元素离子及其化合物,固体中的杂质和缺陷等。微波顺磁共振是指在微波波段中的电子自旋共振,与射频波段的电子自旋共振本质完全一样,只是用微波磁场取代射频磁场,因而磁共振灵敏度和分辨率都较高。目前,微波顺磁共振被广泛用于物理、化学、生物等领域的研究中。物理学家最初用这种技术研究某些复杂原子的电子结构、晶体结构、偶极矩及分子结构等问题。

一、实验要求和预习要点

1. 实验要求

(1) 研究、了解微波波段电子顺磁共振现象。

(2) 测量 DPPH(二苯基–苦基肼基)中一个未偶电子的 g 因子。

(3) 了解、掌握微波仪器和器件的应用。

(4) 进一步理解矩形谐振腔中驻波形成的情况,确定波导波长。

2. 预习要点

(1) 了解电子的轨道磁矩与自旋磁矩。

(2) 理解什么是电子顺磁共振?

(3) 什么是扫场法?如何应用扫场法观察共振信号?

(4) 什么是驻波?了解驻波形成的情况。如何确定波导波长?

二、实验原理

1. 原理简述

电子是具有一定质量和带负电荷的一种基本粒子,它能进行两种运动:一种是在围绕原子核的轨道上运动,另一种是对通过其中心的轴所做的自旋。由于电子的运动产生力矩,在运动中产生电流和磁矩。在外加恒磁场 H 中,电子磁矩的作用如同细小的磁棒或磁针,由于电子的自旋量子数为 1/2,故电子在外磁场中只有两种取向:与 H 平行,对应于低能级,能量为 $-\frac{1}{2}g\beta H$;与 H 逆平行,对应于高能级,能量为 $+\frac{1}{2}g\beta H$,两能级之间的能量差为 $g\beta H$。若在垂直于 H 的方向加上频率为 ν 的电磁波使恰能满足 $h\nu = g\beta H$ 这一条件时,低能级的电子即吸收电磁波能量而跃迁到高能级,此即电子顺磁共振。在上述产生电子顺磁共振的基本条件中,h 为普朗克常数,g 为波谱分裂因子(简称 g 因子或 g 值),β 为电子磁矩的自然单位,称为玻尔磁子。

2. 扫场法观察共振信号

本实验系统采用扫场法进行微波顺磁共振实验,即在固定的磁场 B_0 上叠加一交变低频的交变调制磁场 $B_m \sin\omega' t$,当外磁场与微波频率之间符合 $B = \frac{\hbar\omega}{g\mu_B}$ 时,将发生微波磁场的能量被吸收的顺磁共振现象。

3. 实验样品

实验样品可分为两大类:

(1) 在分子轨道中出现不配对电子(或称单电子)的物质,如自由基(含有一个单电子的分子)、双基及多基(含有两个及两个以上单电子的分子)、三重态分子(在分子轨道中亦具有两个单电子,但它们相距很近,彼此间有很强的磁的相互作用,与双基不同)等。

(2) 在原子轨道中出现单电子的物质,如碱金属的原子、过渡金属离子(包括铁族、钯族、铂族离子,它们依次具有未充满的 $3d$,$4d$,$5d$ 壳层)、稀土金属离子(具有未充满的 $4f$ 壳层)等。

对自由基而言,轨道磁矩几乎不起作用,总磁矩的绝大部分(99%以上)的贡献来自电子自旋。本实验用的顺磁物质为 DPPH(二苯基-苦基肼基)。其分子式为 $(C_6H_5)_2N-NC_6H_2(NO_2)_3$,结构式如图 1.2-1 所示。它的一个氮原子上有一个未成对的电子,构成有机自由基。实验表明,化学上的自由基其 g 值十分接近自由电子的 g 值。

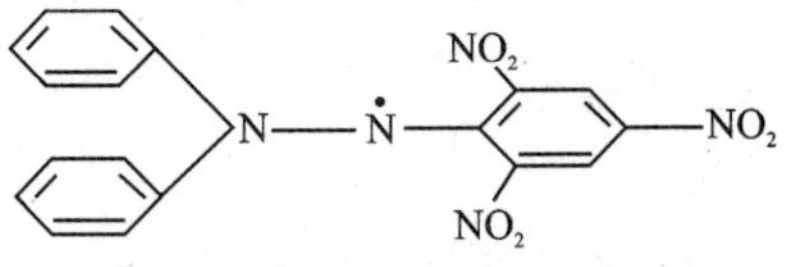

图 1.2-1 二苯基-苦基肼基

三、实验装置

1. 系统工作原理

本实验系统是在三厘米频段(频段 9 370 MHz 附近)进行的。实验系统方框图见图 1.2 - 2。图中信号发生器为系统提供频率约为 9 370 MHz 的微波信号,信号经过隔离器、衰减器、波长计到魔 T 的 H 臂,魔 T 将信号平分后分别进入相邻两臂。

可调矩形样品谐振腔通过输入端的耦合片可使微波能量进入微波谐振腔,矩形谐振腔的末端是可移动的活塞,用来改变谐振腔的长度。在谐振腔的宽边正中开了一条狭缝,通过机械传动装置可使实验样品处于谐振腔中的任何位置,并可从贴在窄边上的刻度直接读出。样品为密封于一段细玻璃管中的有机自由基 DPPH。

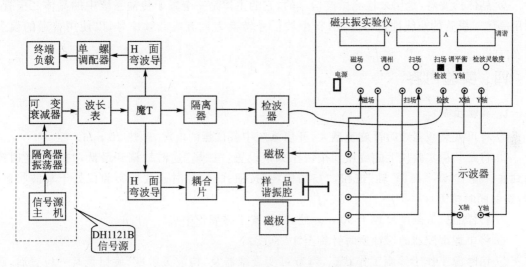

图 1.2 - 2　微波顺磁共振实验系统连接图

系统中,磁共振实验仪的"X 轴"输出为示波器提供同步信号,调节"调相"旋钮可使正弦波的负半周扫描的共振吸收峰与正半周的共振吸收峰重合。当用示波器观察时,扫描信号为磁共振实验仪的 X 轴输出的 50 Hz 正弦波信号,Y 轴为检波器检出的微波信号。

2. 微波元件

① 信号源:DH1121 型三厘米固态信号发生器是能输出等幅信号及方波调制信号的微波信号源。

② 隔离器:是一种不可逆的微波衰减器,它是利用铁氧体的旋磁性制成的微波铁氧体器件。它对正方向通过的电磁波能量几乎不衰减,而在反方向上却衰减很大,电磁波几乎不能通过。

③ 可变衰减器:作用是使通过它的微波产生一定量的衰减,常用来调节微波功率电平。

④ 波长计:本实验系统采用吸收式谐振腔波长计(只有一个输入端与能量传输线路相接)测量信号频率。使用方法是:调节波长计,在某一位置附近,调谐电表指示减小,(其他位置电表指示不变),在该小范围内仔细调节,使电表指示减到尽可能小,读出此时波长计读数,查表得出相应的振荡频率 f_0。测定完频率后,将波长计旋开谐振点。

⑤ 魔 T:是一种将微波一分为二的四通微波器件。

⑥ 波导管:引导微波传播的空心金属管。电磁波在波导管内有限空间传播的情况与在自由空间传播的情况不同,它不能传播横电磁波。

⑦ 单螺调配器:从波导宽臂中心插入一个螺钉,调节其插入深度和位置,可改变由它引入的特性阻抗,使系统达到匹配,在它的后面接有终端负载(即匹配负载)。

⑧ 谐振腔:是具有储能与选频特性的微波谐振元件。常用的谐振腔是一个封闭的金属导体空腔。当微波进入腔内时,便在腔内连续反射,若波型和频率合适,即产生驻波,也就是说发生了谐振。本实验采用反射式可调矩形谐振腔。它由一段波导管做成,在一个端面上开一个小孔,电磁波从该孔输入,其另一个端面是可调的反射活塞,使谐振腔长度任意调节,而样品DPPH 可借助于沿开槽线滑动的装置改变它在腔内的位置。

⑨ 晶体检波器:是用来检测微波信号的,它的主体是一个置于传输系统中的晶体二极管,利用晶体二极管的非线性进行检波,将微波信号转换为直流或低频信号,以使用普通的仪表指示。

四、实验内容

1. 实验步骤

① 将可变衰减器顺时针旋至最大,开启系统中各仪器的电源,预热 20 min。

② 将磁共振实验仪上的旋钮和按钮作如下设置:"磁场"逆时针调到最低,"扫场"逆时针调到底。按下"调平衡/Y 轴"按钮,"扫场检波"按钮弹起,此时磁共振实验仪处于检波状态。注:切勿同时按下。

③ 将样品位置刻度尺置于 90 mm 处,样品置于磁场正中央。

④ 将单螺调配器的探针逆时针旋至"0"刻度。

⑤ 信号源工作于等幅工作状态,调节可变衰减器及"检波灵敏度"旋钮至某一位置后,磁共振实验仪的调谐电表指针开始偏转,使电表指示占满刻度的 2/3 以上。

⑥ 用波长表测定微波信号的频率,具体操作为:调节波长表,在某一位置附近,调谐电表指示减小,其他位置电表指示不变,在该小范围内仔细调节,使电表指示减到尽可能小,读出此时波长表读数,查表得出相应的振荡频率 f_0。测定完频率后,将波长表旋开谐振点。振荡频率应该在 9 370 MHz 左右,如相差较大,应调节信号源的振荡频率,使其接近 9 370 MHz,振荡功率尽量大一些。

⑦ 为使样品谐振腔对微波信号谐振,调节样品谐振腔的可调终端活塞,使调谐电表指示最小。此时,样品谐振腔中的驻波如图 1.2-3 所示。

⑧ 为了提高系统的灵敏度,减小可变衰减器的衰减量,使刚才显示过的调谐电表最小值尽可能提高。然后,调节魔 T 两支臂中所接的样品谐振腔上的活塞和单螺调配器,使谐振电表尽量向小的方向变化。

⑨ 按下"扫场"按钮,这时调谐电表指示为扫场电流的相对指示,调节"扫场"旋钮使电表指示在满刻度的一半左右。

⑩ 由小到大调节恒磁场电流(调"磁场"旋钮),当电流达到 1.8～1.9 A 时,示波器上即可出现如图 1.2-4 所示的电子共振信号。若 1.9 A 时仍未出现共振,则可试着将电流加到 2.0 A。

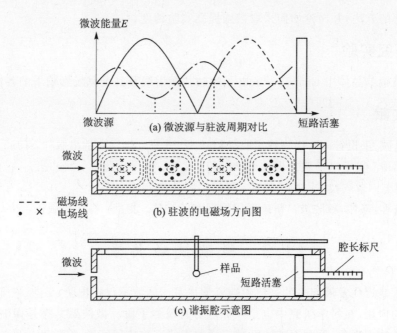

图 1.2 - 3　谐振腔中的驻波分布图

⑪ 若共振波形峰值较小,或示波器图形显示欠佳,可采取下列三种方式调整:

(a) 将可变衰减器逆时针旋转,减小衰减量。

(b) 调节"扫场"旋钮,可改变扫场电流的大小。

(c) 调节示波器的灵敏度。

⑫ 若振荡波形左右不对称,调节单螺调配器的深度及左右位置,可使共振波形成图 1.2 - 4 所示的波形。

⑬ 调节"调相"旋钮即可使双共振峰处于合适的位置。

2. 数据记录及处理

① 调试出现理想共振峰后,用高斯计测得外磁场 B,根据共振条件计算 DPPH 自由基中的 g 值(g 因子一般在 $1.95 \sim 2.05$ 之间)。

② 左右调节样品,记下先后两次发生共振时样品的位置,两者之差即为 $\lambda_g/2$,算出腔体的波导波长 λ_g。

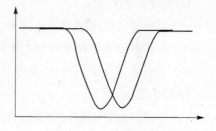

图 1.2 - 4　共振波形

五、思考题

1. 简述 ESR 的基本原理?

2. 实验中不加扫场,能否观察到 ESR 信号?为什么?

3. 样品 DPPH 应放在谐振腔的什么位置?为什么?

六、扩展实验

自学利用谐振腔微扰法测量介质介电常数和磁导率的实验原理,探索测量微波介质介电常数和磁导率的方法,并讨论如何采取措施提高实验精度。

七、研究实验

观测硫酸铜单晶体中 Cu^{2+} 离子的电子顺磁共振谱线及其受晶场影响下的各向异性。

参考文献

[1] 吴思诚,王祖铨. 近代物理实验[M]. 2 版. 北京:北京大学出版社,1995.
[2] 徐元植. 实用电子磁共振波谱学[M]. 北京:科学出版社,2008.
[3] 顾继慧. 微波技术[M]. 北京:科学出版社,2008.
[4] 王魁香,韩炜,杜晓波. 新编近代物理实验[M]. 北京:科学出版社,2007.

1.3 微波铁磁共振

微波技术是近代发展起来的一门尖端科学技术。微波不仅在国防、工业、农业和通讯等方面有着广泛的应用,在科学研究中也是一种重要的观测手段。微波磁共振是微波与物质相互作用所发生的物理现象,磁共振方法已被广泛用来研究物质的特性、结构和驰豫过程。铁磁共振具有磁共振的一般特性,而且效果显著,容易观察。铁磁共振(Ferromagnetic Resonance,FMR)在磁学及固体物理学研究中占有重要地位。它能测量微波铁氧体的许多重要参数,如共振线宽、张量磁化率、有效线宽、饱和磁化强度、居里点、亚铁磁体的抵消点等。它和顺磁共振、核磁共振一样,是研究物质结构的重要实验手段。

一、实验要求和预习要点

1. 实验要求

(1)了解铁磁共振的基本原理和实验方法,观测铁磁共振现象。

(2)掌握用谐振腔法测量共振线宽及朗德因子。

(3)了解微波基本知识,了解有关的微波测量技术。

2. 预习要点

(1)了解传输式谐振腔的谐振特性。

(2)说明用谐振腔法观测 FMR 的基本物理思想。

二、实验原理

在恒磁场中,磁性材料的磁导率可用简单的实数来表示,但在交变磁场作用下,由于有阻尼作用,磁性材料的磁感应强度的变化落后于交变磁场强度的变化,这时磁导率要用复数 $\mu = \mu' + i\mu''$ 来描述。其实部 μ' 相当于恒磁场中的磁导率,它决定磁性材料中贮存的磁能。虚部 μ'' 则反映铁磁体的磁损耗。

实验表明,微波铁氧体在恒磁场 H_0 和微波磁场 H 同时作用下,当微波频率固定不变时,μ'' 随 H_0 的变化规律如图 1.3-1 所示。可见 $\mu'' - H_0$ 的关系曲线上出现共振峰,即产生了铁磁共振现象。从经典观点看,铁磁共振点对应于铁磁体的磁损耗呈现极大值。从量子观点看,铁磁体在恒磁场作用下,产生能级分裂,当外来微波电磁场量子(hf)等于能级间隔时,将发生对这种量子的共振吸收。

通常将与 $\mu''_{\max}$ 相对应的磁场 H_r 称为共振磁场。对于球形样品,H_r 与角频率 ω 的关系为

$$H_r = \omega / \gamma \tag{1.3-1}$$

式中,$\gamma = g\mu_B/\hbar$,称为回磁比;g 为光谱分裂因子——朗德因子;μ_B 为玻尔磁子;$\hbar$ 为约化普朗克常量。

而使 μ'' 降到其最大值一半时相对应的两个磁场值之差的绝对值 $|H_2 - H_1|$ 称为铁磁共振线宽。这是一个非常重要的物理量,它是铁氧体内部能量转换微观机制的宏观表现,其大小标志着磁损耗的大小。

测量铁磁共振线宽一般采用谐振腔法。根据谐振腔的微扰理论,把铁氧体小球样品放到腔内微波磁场最大处,将会引起谐振腔的谐振频率 f_0 的变化(由 μ' 引起谐振腔的谐振频散效应)和品质因数 Q 的变化(由 μ'' 引起的能量损耗)。这样 μ'' 的变化可通过测量 Q 值的变化来确定,而 Q 的改变影响到谐振腔输出功率 $P_{出}$ 的变化。因此,可以在保证谐振腔输入功率 $P_{入}$ 不变和微扰的条件下,通过测量 $P_{出}$ 的变化来测量 μ'' 的变化。即可将图 1.3-2 所示的 P-H_0 关系曲线翻为图 1.3-1 中的 μ''-H_0 共振曲线,并用来测量共振线宽 ΔH。

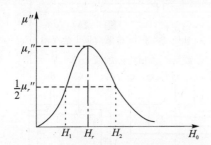

图 1.3-1　张量磁化率对角组元的虚部 μ''
与外加恒磁场的关系曲线

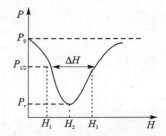

图 1.3-2　输出功率与外加恒磁场的关系

本实验是采用传输式谐振腔测量铁磁共振线宽。测量时采用非逐点调谐法,只在无共振吸收时调谐一次,这对于窄共振线宽的情况是完全可行的。但应该注意,此时为考虑频散修正,可用如下公式(修正公式)从测量的 P-H 曲线上定出 ΔH:

$$P_{1/2} = \frac{2P_0 P_r}{P_0 + P_r} \tag{1.3-2}$$

式中,P_0 为远离铁磁共振区时谐振腔的输出功率,P_r 为出现铁磁共振时谐振腔的输出功率,此时对应的外磁场为共振磁场 H_r,而相应的张量磁导率对角元虚部 $\mu'' = \mu''_{\max}$,$P_{1/2}$ 为与 $\mu'' = \frac{1}{2}\mu''_{\max}$(半共振点)相对应的半功率输出值,根据 $P_{1/2}$ 的大小再从图 1.3-2 中找出相对应的两个磁场值 H_1、H_2,则 $\Delta H = H_1 - H_2$。

因为本系统信号较小,晶体检波器的检波律符合平方律,即检波电流与输出功率成正比($I \propto P$),故传输式谐振腔的输出功率可用晶体检波器的检波电流作相对指示。微安表可以检测谐振腔的输出功率。且由 $P_{1/2}$ 计算式知,对检波电流同样有

$$I_{1/2} = \frac{2I_0 I_r}{I_0 + I_r} \tag{1.3-3}$$

三、实验装置

(1) 本实验系统采用"扫场法"进行微波铁磁材料的共振实验,即保持微波频率不变,连续改变外磁场,当外磁场与微波频率之间符合一定关系时,将发生微波磁场的能量被吸收的铁磁共振现象。

(2) 铁磁共振实验系统是在三厘米微波频段做铁磁共振实验。信号源输出的微波信号经隔离器、衰减器、波长表等进入谐振腔。谐振腔由两端带耦合片的一段矩形直波导构成。

(3) 图1.3-3所示是系统装置示意图,系统中,磁共振实验仪的"X轴"输出为示波器提供同步信号,可使正弦波的负半周扫描的共振吸收峰与正半周扫描的共振吸收峰重合。当用示波器观察时,扫描信号为磁共振实验仪的"X轴"输出的50 Hz正弦波信号,Y轴为检波器检出的微波信号。按下磁共振实验仪的"调平衡/Y轴"按钮时,"扫场/检波"按钮弹起,此时磁共振实验仪处于检波状态;而按下磁共振实验仪的"扫场/检波"按钮时,"调平衡/Y轴"按钮弹起,此时磁共振实验仪处于扫场状态(样品谐振腔加上了扫场),调谐电表指示为扫场电流的相对指示。注意:切勿同时按下磁共振实验仪的"调平衡/Y轴"按钮和"扫场/检波"按钮。

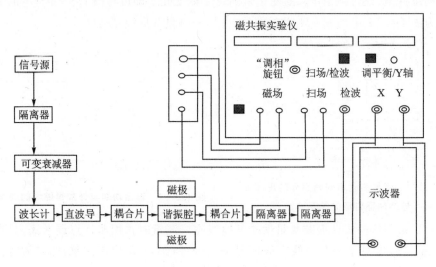

图1.3-3 装置图

(4) 信号源:DH1121型三厘米固态信号发生器是能输出等幅信号及方波调制信号的微波信号源。开机前,先不要将连线插头插入"输出插孔",按下电源按键,此时发光二极管发亮,指示电表应升至10 V左右(电表满刻度指示为15 V),再按下电流指示,指针应指示在零,此时证明电源是正常的。本仪器在出厂时,已被调节在最大输出功率的频率上,调节杆的螺母已锁紧。如实验中需要改变频率,可松开锁紧的螺母,然后调整调节杆至所需频率。

(5) 隔离器是一种不可逆的微波衰减器,它是利用铁氧体的旋磁性制成的微波铁氧体器件。正方向通过隔离器的电磁波能量几乎不衰减,而在反方向上却衰减很大,电磁波几乎不能通过。在微波发生器后加上隔离器可以避免负载反射波对信号源的影响,使信号源工作稳定。

(6) 可变衰减器的作用是使通过它的微波产生一定量的衰减,常用来调节微波功率电平。

(7) 本实验系统采用吸收式谐振腔波长计(只有一个输入端与能量传输线路相接)测量信号频率。使用方法是:调节波长计,在某一位置附近,调谐电表指示减小(其他位置电表指示不变），在该小范围内仔细调节，使电表指示减到尽可能小，读出此时波长计读数，查表得出相应的振荡频率 f_0。测定完频率后，将波长计旋开谐振点。

（8）引导微波传播的空心金属管称为波导管。电磁波在波导管内有限空间传播的情况与在自由空间传播的情况不同。它不能传播横电磁波。

（9）晶体检波器是用来检测微波信号的，它的主体是一个置于传输系统中的晶体二极管，利用它的非线性进行检波，将微波信号转换为直流或低频信号，以使用普通的仪表指示。晶体二极管是从波导宽边中心插入，对两宽壁间的感应电压进行检波。如果加与晶体二极管上的电压较小，符合平方律检波，则晶体二极管检波电流与接受的微波功率成正比。因此可由输出检波电流的大小检测微波功率的强弱。检波电流达到最大时，检波灵敏度最高。

（10）谐振腔是具有储能与选频特性的微波谐振元件。常用的谐振腔是一个封闭的金属导体空腔。当微波进入腔内，便在腔内连续反射，若波型和频率合适，即产生驻波，也就是说发生了谐振。若谐振腔的损耗可以忽略，则腔内振荡将持续下去。

重要参数：谐振频率满足 $l=n(\lambda/2)$，这就是谐振条件，即矩形谐振腔的长度 l 等于半波导波长 λ 的整数倍时，进入腔内的波可在腔内发生谐振。

四、实验内容与操作步骤

1. 实验内容

（1）用示波器观察单晶的共振曲线，理解铁磁共振现象。

（2）测量多晶的共振线宽及朗德因子。

2. 操作步骤

（1）将可变衰减器的衰减量置于最大，将磁共振实验仪的磁场调节钮逆时针转到底（不加磁场），不加样品。打开三厘米固态信号发生器及磁共振实验仪的电源开关，预热 20 min。

（2）晶体检波器输出接磁共振实验仪检波输入。按下磁共振实验仪的"调平衡/Y 轴"按钮，并适当减小可变衰减器的衰减量，使调谐电表有适当的指示，用波长计测试此时的信号频率。

（3）用扫场法观察样品的铁磁共振信号：打开示波器，并选到"Y 轴"输入方式。将单晶球样品（装在白色壳内）放入谐振腔，按下磁共振实验仪的"扫场/检波"按钮，使其置于扫场状态，这时，调谐电表指示为扫场电流的相对指示。将"扫场"旋钮右旋至最大，调节磁场至恰当强度，在示波器上观察单晶的铁磁共振曲线，并调相至理想图形，描绘下来。

若共振波形峰值较小或图形不够理想，可采用下列方法调整：

① 将可变衰减器反时针旋转，减小衰减量；

② 调节"扫场"旋钮，可改变扫场电流的大小；

③ 调节示波器的灵敏度；

④ 调节"相位"旋钮，可使两个共振信号处于合适的位置；

⑤ 适当调整样品位置。

（4）将多晶球样品（装在半透明壳内）放入谐振腔，并将谐振腔放到磁场中心位置。将"扫场"旋钮逆时针旋到底（不加扫场），调磁场至 0，衰减值调至最大，按下磁共振实验仪的"调平衡/Y 轴"按钮，使其处于检波状态，晶体检波器输出接微安表。逐渐减小衰减，使微安表上有理想读数,然后保持衰减不变,缓缓顺时针转动磁共振仪的磁场调节钮,加大磁场电流,观察微安表的读数变化,测得 I_0(最大读数)、I_r(最小读数,即铁磁共振吸收点),并用高斯计测得此时的共振磁场 H_r。

将 I_0、I_r 代入式(1.3-3)求出 $I_{1/2}$,再继续调节磁场,当微安表读数为 $I_{1/2}$ 时,用高斯计测量出相应于两个半功率点的磁场强度值 H_1 和 H_2,并计算出共振线宽:

$$\Delta H = \mid H_1 - H_2 \mid$$

及朗德因子

$$g = \frac{2m\omega}{e\mu_0 H_r}$$

式中,e 为电子电量。

五、思考题

1. 为什么说 I-H_0 曲线能反映铁磁共振吸收曲线?
2. 如何用经典与量子的观点解释铁磁共振现象?
3. 测量 ΔH 时要保证哪些实验条件?为什么?

六、扩展实验

观测多晶铁氧体的铁磁共振曲线,并用实验分析如何提高谐振腔的输出信号。

七、研究实验

观测钇铁石榴石 $Y_2Fe_5O_{12}$(Yttrium Iron Garnet,YIG)单晶铁磁共振现象,并自制多晶 YIG,研究分析单晶和多晶共振的异同。

参考文献

[1]吴思诚,王祖铨. 近代物理实验[M]. 2版.北京:北京大学出版社,1995.
[2]徐元植. 实用电子磁共振波谱学[M]. 北京:科学出版社,2008.
[3]顾继慧. 微波技术[M]. 北京:科学出版社,2008.
[4]王魁香,韩炜,杜晓波. 新编近代物理实验[M]. 北京:科学出版社,2007.

1.4 光磁共振

光磁共振是指原子、分子的光学频率的共振与射频频率的磁共振同时发生的双共振现象。对于原子或分子激发态的磁共振,由于激发态的粒子数非常少,所以不可能直接观察到这些激发态的磁共振现象,但若用光频率的共振把这些原子或分子抽运到所要研究的激发态上,只要抽运光足够强,就可产生足够多的处于激发态的粒子布居数,再观察激发态的磁共振,就可获得很强的共振信号。

光磁共振是研究原子物理的一种重要的实验方法,它大大地丰富了我们对原子能级精细结构和超精细结构、能级寿命、塞曼分裂和斯塔克分裂、原子磁矩和 g 因子、原子与原子间以及原子与其他物质间相互作用的了解。利用光磁共振原理可以制成测量微弱磁场的磁强计,也可以制成高稳定度的原子频标。

一、实验要求和预习要点

1. 实验要求

(1) 掌握光抽运和光检测的原理和实验方法。

(2) 加深对原子超精细结构、光跃迁及磁共振的理解。

(3) 测定 ^{87}Rb 及 ^{85}Rb 的 g 因子。

(4) 测定地磁场垂直和水平分量。

2. 预习要点

(1) 掌握铷原子的超精细结构。

(2) 了解光抽运、驰豫、光电探测的基本物理原理。

(3) 了解实验装置和基本实验内容。

二、实验原理

光磁共振技术巧妙地将光抽运、核磁共振和光探测技术综合起来,用以研究气态原子的精细和超精细结构,克服了用普通的方法对气态样品观测时共振信号非常微弱的困难,用这种方法可以使磁共振分辨率提高到 10^{-11} T。

实验以 ^{87}Rb 和 ^{85}Rb 为样品,核外电子状态为 $1s^2 2s^2 2p^6 3s^2 3p^6 3d^{10} 4s^2 4p^6 5s^1$。外加磁场使原子能级分裂,光照使原子从基态跃迁至激发态,特别是从 $5^2S_{1/2}$ 态向 $5^2P_{1/2}$ 态跃迁,跃迁过程吸收光子,因而检测到的光信号减弱,当偏极化饱和时跃迁吸收停止,检测到的光信号又增强到光源的光强。

1. 铷(Rb)原子基态及最低激发态的能级

实验研究对象是铷的气态自由原子,铷是碱金属,它和所有的碱金属原子 Li、Na、K 一样,在紧紧束缚的满壳层外只有一个电子。铷的价电子处于第五壳层,主量子数 $n=5$,主量子数为 n 的电子,其轨道量子数 $L=0,1,\cdots,n-1$,其中基态的 $L=0$,最低激发态的 $L=1$,同时电子还具有自旋,自旋量子数 $S=1/2$。

由于电子的自旋与轨道运动的相互作用(即 L-S 耦合)而发生的能级分裂,称为精细结构,如图 1.4-1(a)所示。轨道角动量 $\boldsymbol{P}_L$ 与自旋角动量 $\boldsymbol{P}_S$ 耦合成总角动量 $\boldsymbol{P}_J = \boldsymbol{P}_L + \boldsymbol{P}_S$,原子的精细结构用总角动量量子数 J 来标记,$J = L+S, L+S-1, \cdots, |L-S|$。对于基态,有 $L=0, S=1/2$,因此铷原子基态只有 $J=1/2$,标记为 $5^2S_{1/2}$。铷原子最低激发态是 $5^2P_{1/2}$ 及 $5^2P_{3/2}$ 双重态,此时轨道量子数 $L=1$,自旋量子数 $S=1/2$。5P 与 5S 能级之间产生的跃迁是铷原子主线系的第一条线,为双线,它在铷灯光谱中强度是很大的,其中,$5^2P_{1/2} \rightarrow 5^2S_{1/2}$ 跃迁产生波长为 7947.6Å 的 D_1 谱线,$5^2P_{3/2} \rightarrow 5^2S_{1/2}$ 跃迁产生波长 7800Å 的 D_2 谱线。

原子的价电子在 LS 耦合中,总角动量 $\boldsymbol{P}_J$ 与原子的电子总磁矩 $\boldsymbol{\mu}_J$ 的关系为

$$\boldsymbol{\mu}_J = g_J \frac{e}{2m} \boldsymbol{P}_J \tag{1.4-1}$$

$$g_J = 1 + \frac{J(J+1) - L(L+1) + S(S+1)}{2J(J+1)} \tag{1.4-2}$$

其中,g_J 是朗德因子,J、L 和 S 是量子数。

原子核具有自旋和磁矩,核磁矩与上述电子总磁矩之间相互作用造成能级的附加分裂,称为超精细结构,如图 1.4-1(b)所示。铷元素在自然界中主要有两种同位素,^{87}Rb 占 27.85%,^{85}Rb 占 72.15%,两种同位素核的自旋量子数 I 是不同的。核自旋角动量 $\boldsymbol{P}_I$ 与电子总角动量 $\boldsymbol{P}_J$ 耦合成 $\boldsymbol{P}_F$,有 $\boldsymbol{P}_F = \boldsymbol{P}_I + \boldsymbol{P}_J$,J-I 耦合形成超精细结构能级,由 F 量子数标记,$F = I+J, \cdots, |I-J|$。^{87}Rb 的 $I = 3/2$,它的基态 $J = 1/2$,具有 $F=2$ 和 $F=1$ 两个状态。^{85}Rb 的 $I=5/2$,它的基态 $J=1/2$,具有 $F=3$ 和 $F=2$ 两个状态。

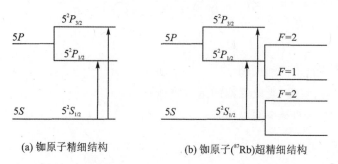

(a) 铷原子精细结构   (b) 铷原子(^{87}Rb)超精细结构

图 1.4-1　铷原子精细结构与超精细结构示意图

整个原子的总角动量 $\boldsymbol{P}_F$ 与总磁矩 $\boldsymbol{\mu}_F$ 之间的关系可写为

$$\boldsymbol{\mu}_F = g_F \frac{e}{2m} \boldsymbol{P}_F \qquad (1.4-3)$$

其中,g_F 因子可按类似于求 g_J 因子的方法算出,考虑到核磁矩比电子磁矩小约 3 个数量级,$\boldsymbol{\mu}_F$ 实际上为 $\boldsymbol{\mu}_J$ 在 $\boldsymbol{P}_F$ 方向的投影,从而得

$$g_F = g_J \frac{F(F+1)+J(J+1)-I(I+1)}{2F(F+1)} \qquad (1.4-4)$$

g_F 是对应于 $\boldsymbol{\mu}_F$ 与 $\boldsymbol{P}_F$ 关系的朗德因子。

以上所述都是没有外磁场条件下的情况,如果处在外磁场 $\boldsymbol{B}$ 中,由于总磁矩 $\boldsymbol{\mu}_F$ 与磁场 $\boldsymbol{B}$ 的相互作用,超精细结构中的各能级进一步发生塞曼分裂形成塞曼子能级,用磁量子数 M_F 来表示,则 $M_F = F, F-1, \cdots, -F$,即分裂成 2F+1 个子能级,其间距相等。$\boldsymbol{\mu}_F$ 与 $\boldsymbol{B}$ 的相互作用能量为

$$E = -\boldsymbol{\mu}_F \cdot \boldsymbol{B} = g_F \frac{e}{2m} \boldsymbol{P}_F \cdot \boldsymbol{B} = g_F \frac{e}{2m} M_F hB = g_F M_F \mu_B B \qquad (1.4-5)$$

式中,μ_B 为玻尔磁子。^{87}Rb 塞曼子能级如图 1.4-2 所示。各相邻塞曼子能级的能量差为

$$\Delta E = g_F \mu_B B \qquad (1.4-6)$$

可以看出 ΔE 与 B 成正比,当外磁场为零时,各塞曼子能级将重新简并为原来能级。

2. 增大粒子布居数之差以产生粒子数偏极化

气态 ^{87}Rb 原子受 $D_1\sigma^+$ 左旋偏振光照射时,遵守光跃迁选择定则:

$$\Delta F = 0, \pm 1, \quad \Delta M_F = +1$$

在由 $5^2S_{1/2}$ 能级到 $5^2P_{1/2}$ 能级的激发跃迁中,由于 σ^+ 光子的角动量为 $+h$,只能产生 $\Delta M_F = +1$ 的跃迁。基态 $M_F = +2$ 子能级上原子若吸收光子就将跃迁到 $M_F = +3$ 的状态,但 $5^2P_{1/2}$ 各子能级最高为 $M_F = +2$。因此,基态中 $M_F = +2$ 子能级上的粒子就不能跃迁,换言

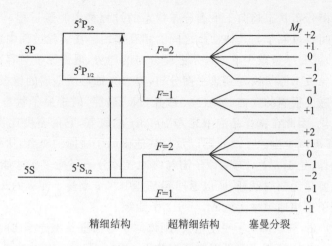

精细结构　　超精细结构　　塞曼分裂

图 1.4 - 2　^{87}Rb 塞曼子能级图

之,其跃迁几率为零,如图 1.4 - 3 所示。由 $5^2P_{1/2}$ 到 $5^2S_{1/2}$ 的向下跃迁(发射光子)中,$\Delta M_F =$ 0,+1 的各跃迁都是可能的。

经过多次上下跃迁,基态中 $M_F = +2$ 子能级上的子粒子数只增不减,这样就增加了粒子布居数的差别,这种非平衡分布称为粒子数偏极化。类似地,也可以用右旋圆偏振光照射样品,最后都布居在基态 $F = 2$,且 $M_F = -2$ 的子能级上。原子受光激发,在上下跃迁过程中使某个子能级上粒子布居数改变称之为光抽运,光抽运的目的就是要造成基态能级中的偏极化,实现了偏极化就可以在子能级之间进行磁共振跃迁实验。

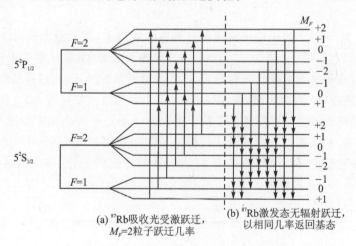

(a) ^{87}Rb吸收光受激跃迁,
$M_F=2$粒子跃迁几率

(b) ^{87}Rb激发态无辐射跃迁,
以相同几率返回基态

图 1.4 - 3　^{87}Rb 受激跃迁示意图

3. 驰豫时间

在热平衡条件下,任意两个能级 E_1 和 E_2 上的粒子数之比都服从玻尔兹曼分布:

$$N_2/N_1 = e^{-\Delta E/(kT)} \tag{1.4 - 7}$$

式中,$\Delta E = E_2 - E_1$ 是两个能级之差,N_1、N_2 分别是两个能级 E_1、E_2 上的原子数目,k 是玻尔兹曼常数。由于能量差极小,可近似地认为两个子能级上的粒子数是相等的,光抽运增大了粒子布居数的差别,使系统处于非热平衡分布状态。

系统由非热平衡分布状态趋向于平衡分布状态的过程称为驰豫过程,促使系统趋向平衡的机制就是原子之间以及原子与其他物质之间的相互作用。在实验过程中要保持原子分布有较大的偏极化程度,就要尽量减少返回玻尔兹曼分布的趋势,但铷原子与容器壁的碰撞以及铷原子之间的碰撞都导致铷原子恢复到热平衡分布,失去光抽运所造成的偏极化,不利于实验的进行。而铷原子与磁性很弱的气体如氮(N_2)或氖(Ne)碰撞,对铷原子状态的扰动极小,不影响原子分布的偏极化,因此在铷样品泡中充入 10Torr 的氮气,它的密度比铷蒸气原子的密度大 6 个数量级,这样可减少铷原子与容器以及与其他铷原子碰撞的机会,从而保持铷原子分布的高度偏极化。此外,处于 $5^2P_{1/2}$ 态的原子需与缓冲气体分子碰撞多次才能发生能量转移,由于所发生的过程主要是无辐射跃迁,所以返回到基态中八个塞曼子能级的几率均等,因此缓冲气体分子还利于粒子更快地被抽运到 $M_F = +2$ 子能级。

铷样品泡温度升高,气态铷原子密度增大,则铷原子与器壁及铷原子之间的碰撞都要增加,使原子分布的偏极化减小,而温度过低时铷蒸汽的原子数不足,也使信号幅度变小,40~60 ℃是比较适合的温度范围。

4. 塞曼子能级之间的磁共振

因光抽运而使 ^{87}Rb 原子分布偏极化达到饱和以后,铷蒸汽不再吸收 $D_1\sigma^+$ 光,从而使透过铷样品泡的 $D_1\sigma^+$ 光增强,这时,在垂直于产生塞曼分裂的磁场 **B** 的方向加一频率为 ν 的射频磁场,当满足如下磁共振条件时,塞曼子能级之间产生感应跃迁,称为磁共振:

$$h\nu = g_F \mu_B B \tag{1.4-8}$$

跃迁遵守选择定则:

$$\Delta F = 0, \qquad \Delta M_F = \pm 1$$

铷原子将从 $M_F = +2$ 的子能级向下跃迁到各子能级上,即大量原子由 $M_F = +2$ 的能级跃迁到 $M_F = +1$,以后又跃迁到 $M_F = 0, -1, -2$ 等各子能级上,这样磁共振破坏了原子分布的偏极化,而同时原子又继续吸收入射的 $D_1\sigma^+$ 光而进行新的抽运,透过样品泡的光就变弱了。随着抽运过程的进行,粒子又从 $M_F = -2, -1, 0, +1$ 各能级被抽运到 $M_F = +2$ 的子能级上,透射再次变强,最终光抽运与感应磁共振跃迁达到一个动态平衡。光跃迁速率比磁共振跃迁速率大几个数量级,磁共振过程中塞曼子能级粒子数的变化如图 1.4-4 所示。^{85}Rb 也有类似的情况,只是 $D_1\sigma^+$ 光将 ^{85}Rb 抽运到基态 $M_F = +3$ 的子能级上,在磁共振时又跳回到 $M_F = +2, +1, 0, -1, -2, -3$ 等能级上。

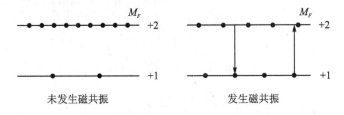

图 1.4-4　磁共振过程塞曼子能级粒子数的变化

射频(场)频率 ν 和外磁场(产生塞曼分裂的磁场)**B** 两者可以固定一个,改变另一个以满足磁共振条件,即式(1.4-8)。只改变频率称为扫频法,只改变磁场称为扫场法,本实验装置采用扫场法。

5．光探测

投射到铷样品泡上的 $D_1\sigma^+$ 光，一方面起光抽运作用，另一方面，透射光的强弱变化反映样品物质的光抽运过程和核磁共振过程的信息，因此又可以兼做探测光，用以观察光抽运和磁共振。这样，当存在着使铷原子产生塞曼分裂的磁场时，对铷样品加一射频场，用 $D_1\sigma^+$ 光照射铷样品泡，并探测透过样品泡的光强，就实现了光抽运-磁共振-光探测。在探测过程中射频（10^6 Hz）光子的信息转换成了频率高的光频（10^{14} Hz）光子的信息，这就使信号功率提高了 8 个数量级。

样品中 ^{85}Rb 和 ^{87}Rb 都存在，都能被 $D_1\sigma^+$ 光抽运而产生磁共振。为了分辨是 ^{85}Rb 还是 ^{87}Rb 参与磁共振，可以根据它们与偏极化有关能态的 g_F 因子不同加以区分。对于 ^{85}Rb，$\nu_0/B_0=4.67$ GHz/T；对于 ^{87}Rb，$\nu_0/B_0=7.0$ GHz/T。

三、实验装置

实验系统由主体单元、电源、辅助源、射频信号发生器及示波器五部分组成，如图 1.4-5 所示。

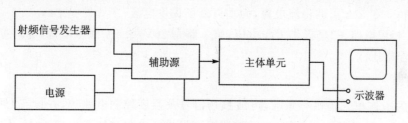

图 1.4-5　光磁共振实验装置方框图

1．主体单元

主体单元是该实验装置的核心，如图 1.4-6 所示，由铷光谱灯、准直透镜、吸收池、聚光镜、光电探测器及亥姆霍兹线圈组成。

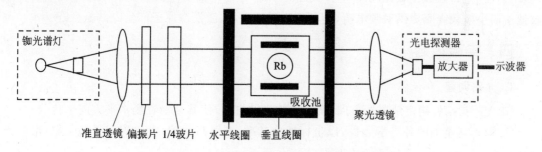

图 1.4-6　光磁共振实验装置主体单元示意图

天然铷和惰性缓冲气体被充在一个直径约 52 mm 的玻璃泡内，该铷泡两侧对称放置着一对小射频线圈，它为铷原子跃迁提供射频磁场，这个铷吸收泡和射频线圈全都置于圆柱形恒温槽内，该槽称之为吸收池，槽内温度约在 55 ℃。吸收池放置在两对亥姆霍兹线圈的中心，小的一对线圈产生的磁场用来抵消地磁场的垂直分量；大的一对线圈有两个绕组，一组为水平直流磁场线圈，它使铷原子的超精细能级产生塞曼分裂，另一组为扫场线圈，它使直流磁场上叠加一个调制磁场。铷光谱灯作为抽运光源，光路上有两个透镜，一个为准直透镜，一个为聚光透镜,两透镜的焦距为 77 mm,它们使铷灯发出的光平行通过吸收泡,然后再会聚到光电池上。干涉滤光镜(装在铷光谱灯的口上)从铷光谱中选出光(波长为 7 948Å),偏振片和 1/4 波片(和准直透镜装在一起)使光成为左旋圆偏振光。偏振光对基态超精细塞曼能级有不同的跃迁几率,可以在这些能级间造成较大的粒子数差,当加上某一频率的射频磁场时,将产生"光磁共振",在共振区的光强由于铷原子的吸收而减弱。通过扫场法,可以从终端的光电探测器上得到这个信号,经放大后从示波器上显示出来。

铷光谱灯是一种高频气体放电灯,它由高频振荡器、控温装置和铷灯泡组成。铷灯泡放置在高频振荡回路的电感线圈中,在高频电磁场的激励下产生无极放电而发光,整个振荡器连同铷灯泡放在同一恒温槽内,温度控制在 90 ℃左右。高频振荡器频率约为 65 MHz。

光电探测器检测透射光强度变化,并把光信号转成电信号,接收器件采用硅光电池,放大器倍数大于 100。

2. 电 源

电源为主体单元提供四组直流电源,第 1 路是 0~1 A 可调稳流电源,为水平磁场提供电流;第 2 路是 0~0.5 A 可调稳流电源,为垂直磁场提供电流;第 3 路是 24V/0.5A 稳压电源,为铷光谱灯、控温电路、扫场提供工作电压;第 4 路是 20V/0.5A 稳压电源,为灯振荡、光电检测器提供工作电压。

3. 辅助源

辅助源为主体单元提供三角波、方波扫场信号及温度控制电路等,并设有"外接扫描"插座,该插座可接示波器的扫描输出,将示波器锯齿扫描经电阻分压及电流放大,作为扫场信号源代替机内扫场信号,辅助源与主体单元由 24 线电缆连接。

4. 射频信号发射器

本实验装置中的射频信号发生器为通用仪器,可以选配,要求频率范围为 100 kHz~1 MHz,在 50 Ω 负载上输出功率不小于 0.5 W,并且输出幅度可调节。射频信号发生器为吸收池中的小射频线圈提供射频电流,使其产生射频磁场,激发铷原子产生磁共振跃迁。

四、实验内容

1. 光路调整

① 先用指南针确定地磁场方向,调整主体光轴方向,使其与地磁场水平方向平行。

② 调光具座上的各光学元件,以坐标板为基准,调等高共轴,大致确定透镜位置(已知透镜焦距为 77 mm)。

2. 观测光抽运信号

① 按下辅助源的池温按钮,并设为方波方式,将扫场幅度、水平场电流及垂直场电流调至最小,并将辅助源后的内外开关拨至"内"(开关标示)。

② 打开电源开关,3 min 后,从铷光灯后的小孔可观查到紫色铷光,大约 10 min 后,辅助源上的池温、灯温指示灯亮。

③ 了解辅助源上的扫场及水平场方向按钮与地磁场方向的对应关系,可通过分别增大水平场与垂直场电流强度并借助指南针来确定(指南针应放在吸收池上面)。

④ 设置扫场方向与地磁场水平分量方向相反,预置垂直场电流为 0.07 A 左右,增大扫场幅度并调节示波器,可初步观察到光抽运信号,然后依次调节透镜、偏振片及扫场幅度、垂直大小及方向,使光抽运信号幅度最大。光抽运信号如图 1.4-7 所示。

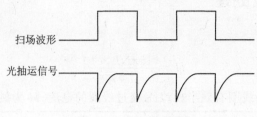

图 1.4-7　光抽运信号

3. 测量 g 因子

① 扫场方式选择三角波,预置水平场电流为 0.2 A 左右,并使水平磁场方向与地磁场水平分量和扫场方向相同。

② 调节信号发生器的频率,可观察到共振信号(见图 1.4-8),读出 ^{85}Rb 和 ^{87}Rb 的对应共振频率 ν_1。

③ 改变水平场方向,用上述方法,测出 ν_2,则水平场所对应的频率 $\nu=(\nu_1+\nu_2)/2$,排除了地磁场水平分量及扫场直流分量的影响,并记录水平场电流 I。

④ 计算出 ^{85}Rb 和 ^{87}Rb 对应的 g 因子。

$$g_F=\frac{h\nu}{\mu_B H}$$

式中,μ_B 为玻尔磁子;h 为普朗克常数;H 为水平磁场,可由数据处理中磁场 H 的计算公式求得;ν 为共振频率。

⑤ 改变扫场强度或水平场电流,重复上述步骤,测出 3～5 组数据并求平均值,将结果与理论值比较。

4. 测量地磁场

① 同测 g 因子方法类似,先使扫场和水平场与地磁场水平分量方向相同,测得 ν_1。

② 改变扫场和水平场方向,测得 ν_2,这样地磁场水平分量所对应的频率为 $\nu=(\nu_1-\nu_2)/2$。利用 $H_{//}=h\nu/(\mu_B g_F)$ 计算地磁场水平分量。

③ 用垂直场电流计算出地磁场垂直分量,与水平分量叠加即得地磁场大小。

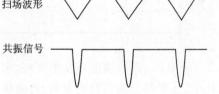

图 1.4-8　磁共振信号

$$H^2=H_\perp^2+H_{//}^2$$

5. 注意事项

① 实验要避免外光线辐射,尤其要避免灯光,必要时要盖上遮光罩。

② 信号发生器频率至少应在 100 kHz～1 MHz 之间可调。

③ 注意区分 ^{87}Rb 与 ^{85}Rb 的共振谱线及计算结果(频率较大的为 ^{87}Rb)。

④ 实验过程中本装置主体单元一定要避开其他带有铁磁性物体、强电磁场及大功率电源线。

⑤ 若调不出共振图形,可将频率固定,调节扫场幅度。

⑥ 如将光电探测器后的印刷板上的小开关拨到 SI 字符一边,则波形不够明显。

五、数据记录及处理

1. 磁场 H 的计算

$$H = \frac{16\pi NI \times 10^{-3}}{5^{3/2} r}$$

式中,N 为线圈匝数;r 为线圈有效半径;I 为流过线圈的电流;H 为磁场强度。

	水平场线圈	扫场线圈	垂直场线圈
线圈匝数	250	250	100
线圈有效半径/m	0.240 9	0.242 0	0.153 0

2. 测量 g_F 因子

第一组(扫场幅度Ⅰ)

I(水平场)/A	^{87}Rb		^{85}Rb	
	ν_1	ν_2	ν_1	ν_2
0.2				
0.23				
0.25				

第二组(扫场幅度Ⅱ)

I(水平场)/A	^{87}Rb		^{85}Rb	
	ν_1	ν_2	ν_1	ν_2
0.2				
0.23				
0.25				

表中,ν_1:调节该值至发生共振,水平场、扫场、地磁场水平分量方向相同时发生共振的频率;ν_2:水平场方向与扫场方向、地磁场水平分量方向相反时产生共振的频率,$\nu = (\nu_1 + \nu_2)/2$。

3. 测量地磁场

第一组(扫场幅度Ⅱ)

I(水平场)/A	^{87}Rb		^{85}Rb	
	ν_1	ν_2	ν_1	ν_2
0.2				
0.23				
0.25				

第二组（扫场幅度Ⅰ）

I(水平场)/A	^{87}Rb		^{85}Rb	
	ν_1	ν_2	ν_1	ν_2
0.2				
0.23				
0.25				

表中，ν_1：水平场方向、扫场方向、地磁场水平方向分量相同时对应的共振频率；ν_2：水平方向与扫场方向、地磁场水平分量相反时的共振频率，$\nu=(\nu_1-\nu_2)/2$。

4. 误差分析

本实验的误差主要来自两个方面：一方面是由于仪器的精度不理想造成的误差，主要由信号发生器引起，注意到在测量共振波形的时候，共振峰对应的频率并不是一个确定的值，而是一个大约宽为 3 kHz 的区间，这就会给读数造成误差，但这种误差可以通过多次测量取平均的方法来消除；另一个方面是由于外部环境造成的实验误差，如光轴是否平行于地磁场水平方向，周围是否有其他强磁性仪器，是否完全屏蔽了外部光源等，这些都对实验精度有影响，而且很难估计。

六、思考题

1. 测量 g 因子实验和测量地磁场实验时，采用两次频率测量法是为了消除何种磁场？
2. 如何正确读出光抽运时间？
3. 为什么水平场电流要固定在 0.2 A 左右？是否可以改变为其他值？
4. 试画出 ^{85}Rb 的能级图，并说明在右旋偏振光照射下的抽运过程。

七、研究实验

1. 分析研究观察到的现象，并估测光抽运时间常数。
2. 研究实验室本地的地磁倾角。
3. 研究垂直地磁场对光抽运时间的影响。

参考文献

[1] 褚圣麟. 原子物理学[M]. 北京：人民教育出版社，1979.

[2] 林木欣. 近代物理实验教程[M]. 北京：科学出版社，1999.

[3] 吴咏华. 近代物理实验[M]. 合肥：安徽教育出版社，1987.

[4] 熊正烨，吴奕初，郑裕芳. 光磁共振实验中测量 g_F 值方法的改进[J]. 物理实验，2000，20(1)：3-4.

第 2 章　光谱学实验专题

2.0　引　言

电磁波与物质的相互作用是仪器分析所采用的最重要的原理之一,占据了中心地位。电磁波是由同相振荡且互相垂直的电场与磁场在空间中以波的形式移动,其传播方向垂直于电场与磁场构成的平面,能有效地传递能量和动量。电磁辐射可以按照频率分类,从低频率到高频率,包括无线电波、微波、红外线、可见光、紫外线、X 射线和伽马射线等,如图 2.0 - 1 所示。人眼可接收到的电磁辐射波长大约在 $380 \sim 760$ nm 之间,称为可见光。光谱分析是指利用紫外光、可见光和红外光与物质的相互作用或外场作用下物质光谱发射特性进行物质的化学组分、微观结构和性能分析的手段。

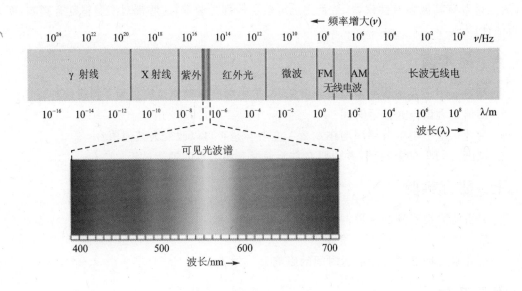

图 2.0 - 1　电磁波谱图

电磁波与物质相互作用一般包括透过、反射、吸收、散射和吸收后的二次发射。通过研究不同频率的光谱与物质相互作用后透过、发射、散射及发射的能量、频率及光子计数等物理参数的变化可以研究物质的化学组分、微观结构和性能。另外,光谱技术还具有几个突出的优点:灵敏度高、研究内容广泛、在大多数情况下是非破坏性的测试手段、样品在测试结束后可以回收利用。

在我们的教材中,光谱实验涉及单色仪、分光光度计、拉曼光谱和荧光光谱 4 个实验。

2.1　单色仪

单色仪是指能把宽波段的电磁辐射分离为一系列狭窄波段的电磁辐射的仪器。常见的单色仪有棱镜单色仪和光栅单色仪两种。光栅单色仪是利用光栅衍射的方法获得单色光的仪器，它可以把紫外光、可见光及红外光三个光谱区的复合光分解为单色光。单色仪是多种光谱仪器的核心部件，如原子吸收光谱、荧光光谱、拉曼光谱、激光光谱等光谱仪器。单色仪可以进行定性及定量分析，同时还可以进行一些物理量的测量，如测定接收元件的灵敏特性、滤光片吸收特性及光源的能谱分析、光栅的集光效率等。

介质对光的吸收、透射和反射通常与入射光的波长有关，介质的这种特性称为介质的光谱特性。介质的光谱特性是其最基本的物理性能之一，测量介质的光谱特性是光学测量及材料研究等方面的重要内容。

一、实验目的与预习要点

1. 实验目的

① 了解单色仪的构造原理，并掌握其使用方法。

② 加深对介质光谱特性的了解，掌握测量介质的吸收曲线或透射曲线的原理和方法。

2. 预习要点

① 光栅单色仪的分光原理、色散特点和决定其分辨率的因素。

② 和棱镜单色仪相比，反射式光栅单色仪有哪些优点？

③ 和透射光栅相比，反射式闪耀光栅有什么不同，有何优点？

二、实验原理

当一束光入射到有一定厚度的介质平板上时，有一部分光被反射，另一部分光被介质吸收，剩下的光从介质板透射出来。设有一束波长为 λ，入射光强为 I_0 的单色平行光垂直入射到一块厚度为 d 的介质平板上，如图 2.1-1 所示，如果从界面 1 射回的反射光的光强为 I_R，从界面 1 向介质内透射的光的光强为 I_1，入射到界面 2 的光的光强为 I_2，从界面 2 出射的透射光的光强为 I_T，则定义介质板的光谱外透射率 T 和介质的光谱透射率 T_i 分别为

$$T = \frac{I_T}{I_0} \tag{2.1-1}$$

$$T_i = \frac{I_2}{I_1} \tag{2.1-2}$$

这里的 I_R，I_1，I_2 和 I_T 都应该是光在界面 1 和界面 2 上以及介质中多次反射和透射的总效果。通常，介质对光的反射、折射和吸收不但与介质有关，而且与入射光的波长有关。为简单起见，对以上及以后的各个与波长有关的量都忽略波长标记，但都应将它们理解为光谱量。光谱透射率 T_i 与波长 λ 的关系曲线称为透射曲线。在介质内部（假定介质内部无散射），光谱透射率 T_i 与介质厚度 d 的关系

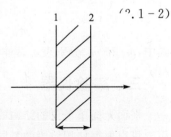

图 2.1-1　一束光入射到平板上

如下：

$$T_i = e^{-\alpha d} \qquad (2.1-3)$$

式中，α 称为介质的线性吸收系数，一般也称为吸收系数。吸收系数不仅与介质有关，而且与入射光的波长有关。吸收系数 α 与波长 λ 的关系曲线称为吸收曲线。

设光在单一界面上的反射率为 R，则透射光的光强为

$$I_r = I_{r1} + I_{r2} + I_{r3} + I_{r4} + \cdots$$

$$I_0(1-R)^2 e^{-\alpha d} + I_0(1-R)^2 R^2 e^{-3\alpha d} + I_0(1-R)^2 R^4 e^{-5\alpha d} + I_0(1-R)^2 R^5 e^{-7\alpha d} + \cdots$$

$$= I_0(1-R)^2 e^{-\alpha d}(1 + R^2 e^{-2\alpha d} + R^4 e^{-4\alpha d} + R^6 e^{-6\alpha d} + \cdots) \qquad (2.1-4)$$

式 (2.1-4) 中，I_{T1}，I_{T2}，$\cdots$ 分别表示光从界面 2 第一次透射，第二次透射，$\cdots$ 的光的光强。

所以

$$T = \frac{I_T}{I_0} = \frac{(1-R)^2 e^{-\alpha d}}{1 - R^2 e^{-2\alpha d}} \qquad (2.1-5)$$

通常，介质的光谱透射率 T_i 和吸收系数 α 是通过测量同一材料加工得到的（对于同一波长 α 相同），表面性质相同（R 相同）但厚度不同的两块试样的光谱外透射率是计算得到的。设两块试样的厚度分别为 d_1 和 d_2，$d_1 > d_2$，光谱透射率之比可由式 (2.1-5) 表示，由此可得

$$\frac{T_2}{T_1} = \frac{e^{-\alpha d_2}(1 - R^2 e^{-2\alpha d_1})}{e^{-\alpha d_1}(1 - R^2 e^{-2\alpha d_2})} \qquad (2.1-6)$$

一般 R 和 α 都很小，故式 (2.1-6) 可近似为

$$\frac{T_2}{T_1} = e^{-\alpha(d_2 - d_1)} \qquad (2.1-7)$$

所以

$$\alpha = \frac{\ln T_1 - \ln T_2}{d_2 - d_1} \qquad (2.1-8)$$

比较式 (2.1-7) 和式 (2.1-3) 可知，厚度为 $d = d_2 - d_1$ 时的光谱透射率为

$$T_i = \frac{T_2}{T_1} \qquad (2-1-9)$$

本实验中采用 WDPF-C 测光仪测量光强。在合适的条件下，测光仪输出的数值与照射到它上面的光的强度成正比，所以读出测光仪的读数后就可由下式计算光谱透射率和吸收系数

$$T_i = \frac{m_2}{m_1} \qquad (2.1-10)$$

$$\alpha = \frac{\ln \dfrac{m_1}{m_2}}{d_2 - d_1} \qquad (2.1-11)$$

式中，m_1 和 m_2 分别表示试样厚度分别为 d_1 和 d_2 时测光仪的读数。

三、实验仪器

平面光栅单色仪的结构如图 2.1-2 所示。本仪器结构简单、尺寸小、像差小、分辨率高。用户可以根据使用波段的不同，很方便地更换光栅。仪器结构框图、仪器结构、使用方法和调整要点以及主要技术指标详见使用说明书。

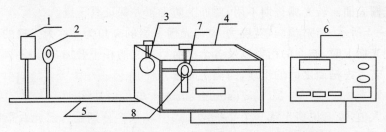

1—光源；2—透镜；3—入射狭缝；4—单色仪机箱；
5—导轨；6—测光仪；7—出射狭缝；8—光电倍增管

图 2.1－2　平面光栅单色仪结构框图

1. 平面光栅

　　光栅是单色仪的核心。WDP500－C型光栅单色仪采用平面反射式闪耀光栅作为分光元件。其光路图如图 2.1－3 所示，单色仪光源或照明系统发出的光束均匀地照在入射狭缝 S1 上，S1 位于离轴抛物镜的焦面上。光经过 M1 反射后平行地照射到光栅 G 上，经过光栅衍射分解为不同方向的单色平行光束，经 M1 和 M2 镜反射，会聚在 S2 出射狭缝上，最后经过滤光片到达光电接收元件上。由于光栅的分光作用，从出射狭缝出来的光线为单色光。当光栅转动时，从出射狭缝出来的光由短波到长波依次出现。本单色仪应用的是平面反射光栅，它是在玻璃基板上镀上铝层，用特殊的刀具刻划出许多平行且间距相等的槽面而做成的。图 2.1－4 所示是垂直于光栅刻槽的断面放大图。目前我国大量生产的平面反射光栅每毫米的刻槽数目为 600 条、1 200 条、1 800 条。本实验所用的 WDP500－C型单色仪配备的两块光栅都是每毫米 1 200 条。由于铝在近红外区域和可见区域的反射系数都比较大，几乎是常数，在紫外区域铝的反射系数比金和银都要大，加上它比较软，易于刻划，所以通常都用铝来刻制反射光栅。反射光栅能把光的能量集中到某一级，克服了透射光栅光谱线强度微弱的缺点。此外，制造透红外线和紫外线的棱镜有各种困难，如石英在紫外区域色散太小，氯化钠晶体易受潮等，但反射光栅不存在这些问题。铝制的反射光栅几乎在红外、紫外和可见区域都能用，而且用一块刻制好的光栅（称原刻光栅或母光栅）可复制出多块（称复制光栅），复制的方法很简单。由于有这些优点，反射光栅在分光仪器中得到越来越多的应用。光栅刻槽细密，切勿用手触摸或用任

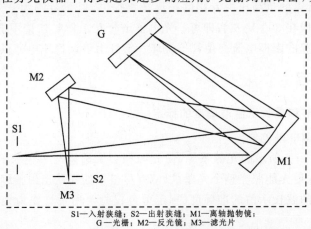

S1—入射狭缝；S2—出射狭缝；M1—离轴抛物镜；
G—光栅；M2—反光镜；M3—滤光片

图 2.1－3　WDP500—C型光栅单色仪光学系统图

何东西擦拭光栅表面。若光栅长期不用,要加上防尘罩并保证其干燥。

如图 2.1-4 所示,衍射槽面(宽度为 a)与光栅平面的夹角为 θ 称为光栅的闪耀角。当平行光束入射到光栅上时,槽面的衍射以及各个槽面衍射光的相干叠加,使得不同方向的衍射光束强度不同。若考虑槽面之间的干涉,当满足光栅方程时

$$d(\sin i \pm \sin\beta) = k\lambda \tag{2.1-12}$$

光强将有一极大值,或者说将出现一个亮条纹。式中,i 及 β 分别是入射光及衍射光与光栅平面法向的夹角,即入射角与衍射角。d 为光栅常数(通常所给的是每毫米刻线数,可根据它求出光栅常数),$k = \pm 1, \pm 2, \pm 3, \cdots, \pm n$,表示干涉级;$\lambda$ 是出现亮条纹的光的波长。公式中当入射线与衍射线在光栅法线同侧时取正号,异侧时取负号。由式(2.1-12)可知,当入射角 i 一定时,不同的波长对应不同的衍射角,从而本来混合在一起的各种波长的光,经光栅衍射后按不同的方向彼此分开排列成光谱,这就是衍射光栅的分光原理。把成像于谱面中心即出射狭缝处的谱线波长称为中心波长。在本仪器采用的光路中,对中心波长 λ 而言,入射角与衍射角相等,$i = \beta$,这种特殊而又通用的布置方式称为 Littrow 型。因此对中心波长有

$$2d\sin i = k\lambda_0 \tag{2.1-13}$$

随着光栅的转动,i 和 β 随之发生变化,这样在出射狭缝处出现的中心波长 λ_0 也变化了。

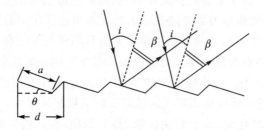

图 2.1-4 光栅刻槽断面示意图

2. 测光仪

测光仪由光电流放大板、光电倍增管负高压模块、钨灯电源、低压电源及数字显示模型面板表等组成的。光电流放大器用来放大光电倍增管输出的直流信号电流,其放大倍数可调。光电倍增管工作时必需的负高压由专用的高压模块提供,可调范围为 0～1 000 V,由前板高压调节旋钮控制,一般在 300 V 左右即可。光电倍增管在工作时切记不能打开并暴露在自然光下,否则因曝光引起的阳极电流会使管子烧坏。钨灯由可调稳压电源供电。

四、实验内容

1. 单色仪的调节和波长示值准确度的标定

① 利用水平仪调平单色仪。

② 调节如图 2.1-3 所示的光源系统,使光源和会聚透镜与单色仪的光学系统共轴。调节共轴的目的是使入射光能照亮整个光栅,以便有尽量多的光从出射狭缝射出。

③ 检测单色仪的波长示值的准确度(标定单色仪时要用汞灯作为光源,以获得标准波长值)。

单色仪在出厂前以及在使用过程中,需要对它的主要技术指标(如分辨率、波长示值准确度、杂散光等)进行标定。本实验不要求对单色仪的各项指标都进行标定,仅要求对它的波长

示值进行标定。标定时将单色仪的波长读数装置转到示值在 577.0～579.1 nm 之间的某一位置。将出射缝 S2 宽度暂时调到 2 mm 左右。用眼睛迎着出射光方向观察 S2 上汞的两条黄谱(577.0 nm 和 579.1 nm)的衍射像。调节入射狭缝的宽度,直到两条黄谱线的衍射像刚好分开为止(汞灯发出的光太强时,不可能完全分开)。再调节 S2 的宽度,使 S2 的宽度与任何一条黄谱线的衍射像的宽度大致相等。在出射缝上装上光电倍增管。单向转动调节手轮,检查测光仪读数出现峰值时波长读数装置的示值是否与汞的几条谱线的标准波长(365.0 nm、435.8 nm、546.1 nm、577.0 nm、579.1 nm)一致。反复做几次并记录。示值的平均值与标准波长之差即为波长示值的准确度。对于一台合格的单色仪,波长示值的准确度应为小于或等于 0.5 nm。

2. 测量钕玻璃在 550.0～620.0 nm 范围的吸收谱曲线

用钨灯作光源并进行共轴调节,方法同前。已调好的狭缝保持不变。测光仪加 300 V 左右的高压,并选用适当的放大倍数,先用挡光物(用黑纸片等)挡去入射狭缝上的任何光以确定测光仪的起始位置,再打开溴钨灯,在入射缝上装上钕玻璃,然后定性观察钕玻璃对各色光的吸收情况,确定吸收峰的大致位置,最后正式测量。开始可每隔 5～10 nm 测一次,在吸收峰附近测量点应多一些。为了减少因光源发光不十分稳定引起的误差,应在每一波长下分别对两片钕玻璃片相继进行测量。

3. 实验注意事项

① 汞灯和溴钨灯的灯丝结构是不同的。为了让尽量多的光尽可能均匀地照亮入射狭缝 S1,校对波长示值时应将会聚透镜产生的汞灯的小像成在 S1 上,而测量时应将溴钨灯的大像成在 S1 上(其小像几乎是一个点)。

② 为了减少因钕玻璃片厚度不均及光电倍增管受光面上各处光谱响应可能有差异而产生的误差,应保持钕玻璃和光电倍增管的位置不变。

③ 狭缝 S1 和 S2 的宽度不得超过 3 mm,实验完毕应将入射缝、出射缝盖严,以免污损。

④ 光电流放大器应选择最佳的测试条件:放大调节至最小,调负高压(一般在 900 V 以下为宜),使光读数适中。在整个测试过程中,应严格保持测试条件不变。

⑤ 在实验时不能让光电倍增管曝强光,不能在加负高压时取下光电倍增管,否则会烧坏光电倍增管。实验结束时应先关负高压再关溴钨灯,最后关总电源开关。

4. 数据处理要求

① 列表记录单色仪各波长示值的准确度。

② 列表记录两种不同厚度的钕玻璃在 550.0～620.0 nm 范围各波长对应的光强测量仪的读数。

③ 利用上一步中的数据,上机编程绘制钕玻璃的吸收谱线图,并给出曲线峰值对应的吸收系数和波长值。

五、实验后思考问题

1. 为什么要进行光源系统与单色仪光学系统的共轴调节?

2. 校对单色仪的波长示值为什么要用汞灯,而测量吸收曲线用溴钨灯?

3. 试讨论单色仪的入射狭缝和出射狭缝的宽度对出射光单色性的影响。

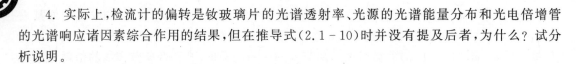

4. 实际上,检流计的偏转是钕玻璃片的光谱透射率、光源的光谱能量分布和光电倍增管的光谱响应诸因素综合作用的结果,但在推导式(2.1－10)时并没有提及后者,为什么？试分析说明。

六、扩展实验

1. 钠原子光谱的观测与分析。

2. 氢原子光谱的观测与分析。

3. 基于单色仪的 LED 光谱测量。

仪器:平面光栅单色仪,钠光灯,氢光源,LED。

要求:请自己设计实验,进行实验研究。

参考文献

[1] 梁家惠,李朝荣,徐平,等. 基础物理实验[M]. 北京:北京航空航天大学出版社,2005.

[2] 崔执凤. 近代物理实验[M]. 安徽:安徽人民出版社,2006.

2.2　分光光度计

紫外可见分光光度计是根据被测量物质对波段范围在 $170\sim900$ nm 的单色紫外可见光的吸收或反射强度进行物质的定性、定量和结构分析的一种光谱仪器。紫外可见分光光度计已经广泛应用于食品工业、药品工业及物质结构的研究分析。

一、实验目的与预习要求

1. 实验目的

① 了解 Lambert-Beer 定律。

② 熟悉光栅分光分度计的使用。

③ 掌握使用分光光度计测量透射率、吸光度和物质浓度的方法。

④ 了解半导体光催化的基本原理,掌握利用分光光度计研究光催化降解过程的实验方法。

2. 预习要点

① 掌握分光光度计的原理。

② 了解分光光度计的仪器构成及实验操作步骤。

③ 了解半导体光催化的物理机制。

二、实验原理

1. 物质对辐射的透射和吸收

物质是由分子、原子组成的。当电磁辐射通过介质时,辐射的电场会引起介质微粒的价电子相对原子核振动。当辐射不被吸收时,辐射能量只能瞬时保留在微粒处,在物质回到原状态时毫无改变地发射出去，没有能量大小变化，只是传播速度由于以上过程而有所减慢，这就是透射。当电磁辐射通过介质时，其中某些频率的电磁波能量满足物质粒子的量子化能级（即满足 $h\nu=\Delta E=E_2-E_1$），就会被物质的粒子吸收，物质微粒本身能量状态发生变化，这就是吸收。为定量地描绘有色溶液对光的选择性吸收，可用溶液的光吸收曲线来定量描述。所谓光吸收曲线就是测量物质对不同波长单色光的吸收程度，以波长为横坐标，吸光度为纵坐标作图所得的一条曲线。光吸收的最大波长称为最大吸收波长。同种溶液不同浓度时，光吸收曲线的形状一样，其最大吸收波长不变，只是随浓度不同，相应的吸光度不同。图 2.2-1 所示为不同浓度的罗丹明 B 溶液吸光曲线。

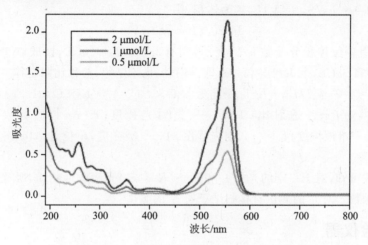

图 2.2-1　不同浓度的罗丹明 B 溶液吸光曲线

2. 光吸收定律——比耳定律

物质分子对光的吸收作用即为分子俘获光子的过程，既与分子内部能级结构有关，又与分子同光子的碰撞几率有关。光通过液层厚度为 L 的吸收溶液的情形如图 2.2-2 所示。当一束强度为 I_0 的平行单色光垂直射入界面积为 S、长度为 L 的一块各向同性的均匀吸收介质时，辐射强度 I_0 的单色光因被吸收而降到了 I，先考虑一个厚度为 dx 的无限小截面的吸收情况，可设想此截面中有 dn 个吸收粒子，每个分子都有俘获光子的可能。当光子到达其表面时，就会发生吸收。由于假设 dx 无限小，此截面单个光子的被俘几率可以用此截面内俘获表面的总面积 dS 与截面面积 S 之比（dS/S）表示。经此截面的辐射 I_x 经过分子俘获后，强度减弱了 dI_x，即辐射在此截面的减少量为 $-dI_x/I_x$（符号表示辐射强度的减弱）。由于强度减弱是俘获光子几率的反映，则有

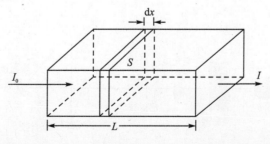

图 2.2-2　光通过液层厚度为 L 的吸收溶液的情形

$$-\mathrm{d}I_x/I_x = \mathrm{d}S/S \qquad (2.2-1)$$

式中,$\mathrm{d}S$是前面设定的此截面分子俘获表面的总面积,则其必定与其分子数目成正比

$$\mathrm{d}S = \alpha\mathrm{d}n \qquad (2.2-2)$$

式中,$\mathrm{d}n$表示$S\mathrm{d}x$体积单元分子数目;α是比例常数。由以上两式可得

$$-\mathrm{d}I_x/I_x = \alpha\mathrm{d}n /S \qquad (2.2-3)$$

当辐射通过厚度为L的吸收介质时,俘获的光子的数目从0达到了n个,则有下列积分:

$$\int_{I_0}^{I} -\frac{\mathrm{d}Ix}{Ix} = \int_0^n \frac{\alpha\mathrm{d}n}{S} \qquad (2.2-4)$$

积分得$-\ln(I/I_0) = \alpha n/S$,$S=V/L$,V为体积,则

$$\ln(I_0/I) = \alpha CL/V \qquad (2.2-5)$$

溶液的浓度C用单位体积分子数n/V表示,则有$\ln(I_0/I) = \alpha CL$,换成以10为底的对数:$\log(I_0/I)=0.434\ 3\alpha CL$,令$K=0.4343\alpha$,即得琅勃-比尔定律,简称比尔定律。公式为

$$T = I/I_0, \quad \lg I_0/I = K\times C\times L, \quad A = K\times C\times L \qquad (2.2-6)$$

式(2.2-6)中:I/I_0——透射比(T);I——透射光强度;K——物质吸收系数,单位为$(1/\mathrm{g}\cdot\mathrm{cm})$;$C$——溶液浓度;$I_0$——入射光强度;$A$——吸光度,单位是Ab;$L$——溶液的光径度(比色皿的厚度)

由以上公式可知,对于一定的光径L和任一(K一定)光吸收性物质,吸光度A为浓度C的单值(线性)函数。对C的测试直接归结于对A的测试。

三、实验仪器

1. 光栅分光光度计结构及原理

722型光栅分光光度计是利用物质对不同波长的光选择吸收的现象进行物质定性定量分析的仪器。仪器光路结构如图2.2-3所示。光源发出白炽光,经单色器(光栅)色散后以单色光的形式经狭缝投射到样品池上,再经样品池吸收后入射到光电管转换成电流。光电流被放大器放大后直接送数字电压表作透射比T显示。调节光源供电电压,可以将空白样品的透射

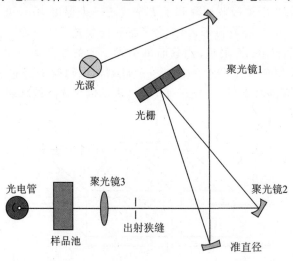

图 2.2-3 722型光栅分光光度计的光路图

比调到100%。仪器内设对数转换器,可直接将 T 转换为吸光度 A 供数字显示。更为方便的是,对于给定浓度的标准式样,对 A 值作比例调节,使表头显示值与浓度值相符合,对仪器作浓度读数标定,以便直接读出待测试样的浓度。

2. 仪器面板及开关、旋钮的作用

仪器外形、面板及主要操作旋钮及按钮如图2.2-4所示,说明如下:

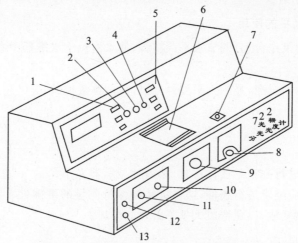

1—RANGE;2—CONC;3—ABS O;4—0%T ADT;5—POINT;
6—样品;7—波长显示窗口;8—样品池转换;9—波长选择;
10—粗COARSE;11—细FINE;12—电源指示灯;13—电源

图 2.2-4　722 型光栅分光光度计

① 测量方式(RAGNE)选择:

仪器有以下三种方式可供选择,按下相应键后即完成该选择:

● T:在此方式时,仪器作透射比测试。

● Ab:仪器工作于吸光度测试方式,测试范围0~1.999 Ab。

● CONC:仪器工作于浓度测定方式。仪器用某一已知浓度的标准样品作校定。

② CONC:在仪器工作于浓度测量方式时,调节本旋钮,可以使表头显示的读数与标准浓度读数一致。以后在测试待测样品时,则可直接读出测得的浓度数值。

③ ABSO (FINE):消光值细调旋钮。在 $T=100.0$ %时将 A 细调零。

④ 0% TADT:透射比 T 调零。打开样品室盖,光电管暗盒光门自动关闭。光电管处于无辐射状态。调节比旋钮,可以补偿暗电流,使 T 的读数为0。

⑤ POINT(小数点)选择按键,在浓度测量方式时,选择1、2、3中的任一键可以选择显示数据的小数点位置。当仪器按上所述调节CONC,并正确选择小数点后,可以极方便地直接读出带小数点的浓度读数。

⑥ 样品。

⑦ 波长读数窗:直接读出以 nm 为单位的波长值。

⑧ 池转换拉杆(Cell Changeover):拉动拉杆,可以选择进行测量的比色池(有四个池可供选择)。

⑨ 波长选择(Wavelength Select):转动此旋钮可以选择波长(范围:320~800 nm)。顺时

针方向旋转波长增加。

⑩ RIGHTNESS （FINE）（亮度调节细）：用于细调光源亮度以实现 100％T 调节。

⑪ RIGHTNESS （COARSE）（亮度调节粗）：用于粗调光源亮度以实现 100％T 调节。

⑫ 电源指示灯。

⑬ 电源总开关。

⑭ 三位半数字显示表。

3. JA21002 电子天平的使用

将天平置于稳定的工作台上，调节水平调整脚，使水泡位于水准器中心。

① 开机

按＜ON＞键，显示器全亮，显示天平型号，随后显示称量模式：0.00 g。

② 校准

按＜T＞键，使天平回到零状态。

③ 称量

天平校准后，即可进行称重。在称重时，必须等显示器左下角的"o"熄灭后才可读数。在长时间的称量过程中，应经常进行校准，这样可始终保持测量的准确性。特别要注意的是，称量时被测物件必须轻拿轻放，以免造成天平不必要的损坏。

④ 关机

按＜OFF＞键。注意：天平如果长期不用，请拔去电源，在拔去电源时，天平的称量盘上必须保持空载。

四、实验内容

1. 实验仪器及试剂

722 型光栅分光光度计、JA21002 电子天平、500 ml 容量瓶 1 个、烧杯（100 ml）2 个、玻璃棒、染色剂罗丹明 B（Rhodamine B）、蒸馏水、紫外灯、二氧化钛薄膜样品、5 ml 移液管一支、洗耳球一个。

① 熟悉仪器面板，对照资料弄清各个按键旋钮的作用与功能。逆时针调节波长按钮，选择仪器的使用波长（罗丹明 B 的最大吸收波长是 554 nm）。检查电源无误后，打开电源开关，接通电源，此时电源指示灯亮，仪器进入预热状态，预热 25 min（此时要打开比色皿暗箱盖）。

② 配制罗丹明 B 标准溶液

取定浓度值 2 mg/L，配制 500 ml 罗丹明 B 溶液。计算罗丹明 B 质量为 1 mg，用天平称取罗丹明 B 放入烧杯加水溶解，倒入容量瓶定容（注意烧杯要多次洗涤，并且洗涤液要加入容量瓶中），即得到标准溶液。

2. 溶液测量

（1）测定透射比 T

按下 RANGE 选择中的 T 键，使仪器工作于透射测试方式。打开比色皿暗箱盖，调节透射比旋钮 2（0％T ADT），使 T 读数为 0。将参比溶液（蒸馏水）、标准溶液、样品溶液放入比色皿座，合上样品室盖。拉（推）池转换拉杆，将参比溶液移入光路。调节粗（COARSE）或细（FINE）亮度调节（BRITGHTNESS ADT）旋钮，使 T 读数为 100％，然后将样品溶液移入光路，读出数显表显示读数,即得样品溶液相对于参比溶液的透射比。同样可测标准溶液的 T 值。

（2）测定吸光度 A

完成 T 测量后,按下 RANGE 中的 ABS,仪器自动转入吸光度 A 测量方式。此时 A 读数应为 0.000。当读数不为 0 但接近 0 时,调节 ABS O(FINE)吸光度细调零旋钮,将读数调零。将样品移入光路,则可测得相对于参比溶液的吸光值。当样品吸收过大,T 不足 1.0% 时,A 超过 2,数据溢出数显表的显示范围。这时需提高参比溶液的 A 值(或插入另外的高 A 溶液)或稀释样品后再作测试。

（3）测量浓度 C

按下 RANGE 中的 CONC,仪器自动转入浓度测量状态。将已知浓度溶液移入光路,调节浓度旋钮 4(CONC),使数显表上读数为标称值。然后按下相应小数点按钮(POINT),使显示数据的小数点与标称值的小数点位置一致。将样品移入光路中,即可得到样品的浓度。若样品浓度高于 2 mg/L,则必须稀释样品后进行重新测量。

（4）记录数据

重复上述实验三次,记录三组数据并取平均值,分析误差产生原因。数据记录于表 2.2-1 中。

表 2.2 - 1　记录组数据

测量项目 溶液	透射比 T/%	吸光度 A/Ab	浓度/(mg·L^{-1})
参比溶液(蒸馏水)			
标准溶液			
待测试样			

（5）注意事项

① 仪器在没放入样品测定时一定要打开比色皿暗箱盖,防止光电管老化。

② 仪器要保持清洁干燥,注意不要将溶液洒入仪器内,以免污染弄脏光学器件,影响仪器性能。比色皿透光侧壁不能用手拿,任何脏物和划伤都会显著地降低比色皿的透光特性。

③ 同组测量,要使用同型号的比色皿(思考为什么?),比色皿一般容量为 5 ml,装液不要太满,达到 2/3 即可。测量时,比色皿透光壁必须擦干净,而且透光壁要垂直光束方向,以减小侧壁反射误差。

④ 仪器在使用前要预热,如果在测量过程中需改变波长而大幅度调节光源亮度,要稍候几分钟,待仪器稳定后才能进行测试。每次波长改动后,仪器均需重新调整。

⑤ 应用比耳定律定量分析溶液,要求溶液是稀溶液(浓度小于 0.01 mol/L)。

⑥ 仪器测量时,要保持环境光源稳定,人员不要走动,防止环境光强变化对实验误差的影响。

五、思考题

1. 使用比色皿时要注意些什么?
2. 对于无色溶液如何用该分光光度计测浓度?
3. 仪器为什么要预热?
4. 每次波长改动后为什么仪器均需重新调整?
5. 同组测量为什么要使用同型号的比色皿?

六、研究性实验

近年来,半导体光催化的研究十分活跃,围绕着太阳能的利用以及半导体光催化机理的阐述,化学家、物理学家、环境学家和化工工程师等广大科技工作者进行了大量的研究,掀起了半导体多相光催化的研究高潮。在半导体粒子表面光诱导电子转移和光催化机制的研究中,光催化效率的提高一直是本领域的热门课题,其应用遍及太阳能电池、光化学合成、环境治理等领域。目前,半导体光催化的应用进一步扩展到抗菌杀菌、消毒除臭、防雾自清洁等领域,展现了它在环境治理中的广阔应用前景。与金属所拥有的连续电子态不同,半导体有一个间隙能量区域,在这个区域内没有能级可以促使光生电子-空穴对复合。这个能量间隙从填满的价带顶一直延伸到空的导带底,叫做带隙。一旦有跨越带隙的光激发发生,这种光激发一般就有纳秒量级的充分长的寿命来产生电子-空穴对,产生的光生电子-空穴对就有一定的几率通过电荷输运到达与半导体表面接触的气相或液相吸附物上。等作用聚集在半导体表面,从而使光催化反应发生在催化剂表面或距表面几个原子层厚度的溶液里。一般来说,物质能否在半导体界面进行光催化反应,是由该物质的氧化还原电位和半导体的能带位置决定的。半导体价带能级代表该半导体空穴的氧化电位的极限,任何氧化电位在半导体价带位置以上的物质原则上都可被光生空穴氧化。同理,任何还原电位在半导体导带位置以下的物质,原则上都可以被光生电子还原。

通常光生电子和空穴通过扩散或空间电荷迁移诱导到表面能级捕获位置,参加几个途径的若干反应。①发生电子与空穴的复合或者通过无辐射跃迁途径消耗掉激发态的能量(AB);②同其他吸附物质发生化学反应或从半导体表面扩散参加溶液中的化学反应(CD),如图 2.2-5 所示。这几种反应途径相互竞争且与界面周围的环境密切相关。显然只有抑制电子和空穴的复合,才有可能使光化学反应顺利进行。同时,载流子从吸附物传导到半导体表面的后施予过程也可能发生。由于在 TiO_2 颗粒内光生电子-空穴对的复合只有几分之一纳秒,吸收的光子引发的界面载流子必须以极快的速度被捕获才能达到高效的转化,这就要求载流子的捕获速率要快于扩散速率,因此在光子到达催化剂之前,充当载流子陷阱的物质要提前吸附在催化剂的表面。表面和体缺陷态能级位于半导体的带隙内部,是固定的。这些态所捕获的

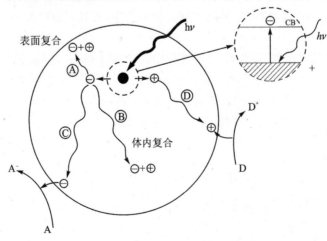

图 2.2-5 受激电子-空穴对退激发过程

载流子位于体内或表面的特殊位置,体内及表面缺陷态数量依赖于缺陷能级与导带底之间的能量差及电子捕获时熵的减少。

二氧化钛是一种常见的半导体材料。研究表明,二氧化钛在紫外光的照射下会受激发产生很强的氧化性,可以氧化分解有机物。二氧化钛光催化这一性能正被应用于环境净化(如废水处理、空气净化以及杀菌消毒)工程。评价一种材料的光催化能力的方法多种多样,目前最常用的一种方法是使用测量标准浓度有机物的浓度随光催化时间的变化的方法来评估这种材料的光催化能力。本实验就是使用降解标准浓度的生物染色剂罗丹明 B,通过测量生物染色剂罗丹明 B 浓度随光催化时间的变化数据做出光催化降解曲线的方法来评估二氧化钛薄膜样品的光催化能力。本实验中标准生物染色剂罗丹明 B 溶液的浓度是 2 mg/L,罗丹明 B 的特征吸收波长是 554 nm。实验步骤须读者设计。

参考文献

[1] 李昌厚. 紫外可见分光光度计[M]. 北京:化学工业出版社,2005.

[2] 洪吟霞,范世福,祝绍箕. 分光光度计[M]. 北京:机械工业出版社,1982.

[3] 722 型光栅分光光度计使用说明书.

[4] 冯胜. 吸光度法的发展及应用[M]. 广东:广东科技出版社,1990.

[5] 张铁垣. 化验员手册[M]. 北京:中国水利水电出版社,1993.

[6] JA21002 电子天平使用说明书.

[7] LINSEBIGLER A L,LU G Q,LATES J T. Photocatalysis on TiO_2 Surface, Principles, Mechanisms and Selected Results [J]. Chem. Rev., 1995, 95 (3):735 - 738.

2.3　激光拉曼光谱

1928 年,印度物理学家拉曼(C. V. Raman)用汞灯照射苯液体,在散射光中发现了不同于入射光频率的成分,即在入射光频率 ω_0 的两边出现呈对称分布的、频率为 $\omega_0 - \omega$ 和 $\omega_0 + \omega$ 的明锐边带,这是一种新的分子辐射,称为拉曼散射。拉曼因发现这一新的分子辐射和所取得的许多光散射研究成果而获得了 1930 年诺贝尔物理学奖。与此同时,苏联的兰茨堡格和曼德尔斯塔在石英晶体中发现了类似的现象,即由光学声子引起的拉曼散射,称之为并合散射。法国罗卡特、卡本斯以及美国伍德证实了拉曼的观察研究的结果。20 世纪 30 年代,我国物理学家吴大猷等在国内开展了原子分子拉曼光谱研究。拉曼散射光的偏振性包含了十分有价值的信息,是拉曼光谱研究中重要的特征量之一。通过对拉曼光谱偏振特性的研究可以获得分子及其振动的对称性质的信息,有助于区分不同类型的分子和不同的振动方式。由于使用的激发光源大部分为水银弧光灯和碳弧灯,其功率密度低,激发的拉曼散射信号非常弱,所以在激光出现以前,拉曼光谱的研究工作主要限于线性拉曼光谱,在应用方面以化学结构分析居多。

20 世纪 60 年代初出现了激光技术。激光所具有的高强度,优良的单色性、方向性以及确定的偏振状态等特点对拉曼散射的研究十分有利,因此激光器的出现使得拉曼散射的研究进入了一个全新时期,激光拉曼散射成为众多领域在分子原子尺度上进行振动谱研究的重要工具。在此基础上,迅速发展了一些新的拉曼散射效应,如共振拉曼散射、受激拉曼散射、相干反斯托克斯拉曼散射、表面增强拉曼散射、时间分辨与空间分辨拉曼散射等各种新的光谱技术,

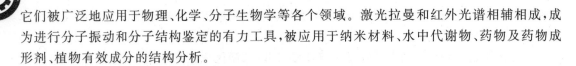

它们被广泛地应用于物理、化学、分子生物学等各个领域。激光拉曼和红外光谱相辅相成,成为进行分子振动和分子结构鉴定的有力工具,被应用于纳米材料、水中代谢物、药物及药物成形剂、植物有效成分的结构分析。

一、实验要求与预习要点

1. 实验要求

① 掌握拉曼光谱法的原理及其应用。

② 掌握 LRS-Ⅱ激光拉曼/荧光光谱仪的调节及使用方法。

③ 学会用仪器获取试样的拉曼谱并能够对所得的谱线图作简单的解释。

2. 预习要求

① 为什么斯托克斯线比反斯托克斯线光强度大?

② 拉曼光谱仪由哪些部分组成?

③ 为什么采用四氯化碳作为试样观察(可以与乙醇的相比较)?

二、实验原理

1. 激光拉曼光谱原理

激光作用样品时,样品物质会产生散射光。在散射光中,除与入射光有相同频率的瑞利光以外,在瑞利光的两侧,还有一系列其他频率的光,但其强度通常只为瑞利光的 $10^{-9} \sim 10^{-6}$,这种散射光被命名为拉曼光。其中波长比瑞利光长的拉曼光叫斯托克斯线,而波长比瑞利光短的拉曼光叫反斯托克斯线。

拉曼谱线的频率虽然随着入射光频率而变换,但拉曼光的频率和瑞利散射光的频率之差却不随入射光频率而变化,它与样品分子的振动、转动能级有关。拉曼谱线的强度与入射光的强度和样品分子的浓度成正比例关系,可以利用拉曼谱线来进行定量分析。在与激光入射方向的垂直方向上,能收集到的拉曼散射的光通量 Φ_R 为

$$\Phi_R = 4\pi \cdot \Phi_L \cdot A \cdot N \cdot L \cdot K \cdot \sin\alpha^2(\theta/2) \qquad (2.3-1)$$

Φ_L 为入射光照射到样品上的光通量,A 为拉曼散射系数(约等于 $10^{-29} \sim 10^{-28}$ mol/球面度),N 为单位体积内的分子数,L 为样品的有效体积,K 为考虑到折射率和样品内场效应等因素影响的系数,α 为拉曼光束在聚焦透镜方向上的角度。

利用拉曼效应及拉曼散射光与样品分子的上述关系,可对物质分子的结构和浓度进行分析研究,形成拉曼光谱法。

绝大多数拉曼光谱图都是以相对于瑞利谱线的能量位移来表示的,由于斯托克斯峰都比较强,故可以向较小波数的位移为基础来估计 $\Delta\sigma$(以 cm^{-1} 为单位的位移),即

$$\Delta\sigma = \sigma_y - \sigma$$

式中,σ_y 是光源谱线的波数,σ 是拉曼峰的波数。以四氯化碳的拉曼光谱为例:σ_y 是瑞利光谱的波数 18 797.0 cm^{-1}(532 nm),$\Delta\sigma$ 是四氯化碳的拉曼峰的波数间隔 218 cm^{-1}、324 cm^{-1}、459 cm^{-1}、762 cm^{-1}、790 cm^{-1}(拉曼峰与瑞利峰间隔)。

2. 经典解释

在入射光波的电磁场作用下,晶体中的原子将被极化并产生感应电偶极矩。当入射光较

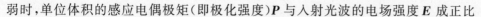

弱时,单位体积的感应电偶极矩(即极化强度)$\boldsymbol{P}$ 与入射光波的电场强度 $\boldsymbol{E}$ 成正比

$$\boldsymbol{P} = \alpha\boldsymbol{E} = \alpha\boldsymbol{E}_0\cos 2\pi\nu_0 t \tag{2.3-2}$$

其中,α 为极化率,一般 α 为二阶张量。为简单起见,这里 α 按标量来处理。由电动力学可知,上述感应偶极矩会向空间辐射电磁波并形成散射光。一般情况下只考虑可见光的散射,对于有很大惰性的原子核来说,可见光的频率太高,它跟不上可见光的振动,只有电子才能跟上。因而晶体对可见光的散射仅电子有贡献,所以式(2.3-2)中的 α 是电子极化率。

晶体中的原子在其平衡位置附近不停地振动。原子在晶体中的排列具有周期性,晶体中原子的振动是一种集体运动,这种集体运动会形成格波。晶格振动格波可以分解成许多彼此独立的简谐振动模,每个简谐振动模都有自己确定的频率 ω(rad·s^{-1}),也有确定的能量 $\hbar\omega$。这种能量是量子化的,晶格振动模的能量量子称为声子,所以一般又将晶格振动模称为声子。

电子极化率会被晶格振动模所调制,从而导致频率改变的非弹性光散射。设晶体中原子处于平衡位置时电子极化率为 α_0,晶格振动模引起电子极化率的改变为 $\Delta\alpha$,则 $\alpha = \alpha_0 + \Delta\alpha$。若晶格振动模是频率 ω、波矢 $\boldsymbol{q}$ 的平面波,则由它引起的电子极化率的改变可表达为

$$\Delta\alpha = \Delta\alpha_0\cos(\omega t - \boldsymbol{q}\cdot\boldsymbol{r}) \tag{2.3-3}$$

设入射光是频率 ω_i、波矢 $\boldsymbol{k}_i$ 的平面电磁波

$$E = E_0\cos(\omega_i - \boldsymbol{k}_i\cdot\boldsymbol{r}) \tag{2.3-4}$$

则极化强度可表达为

$$\begin{aligned}
\boldsymbol{P} &= (\alpha_0 + \Delta\alpha_0(\omega t - \boldsymbol{q}\cdot\boldsymbol{r}))\boldsymbol{E}_0\cos(\omega_i t - \boldsymbol{k}_i\cdot\boldsymbol{r}) = \\
&\alpha_0\boldsymbol{E}_0\cos(\omega_i t - \boldsymbol{k}_i\cdot\boldsymbol{r}) + \frac{1}{2}\Delta\alpha_0\boldsymbol{E}_0\{\cos[(\omega_i + \omega)t - \\
&(\boldsymbol{q} + \boldsymbol{k}_i)\cdot\boldsymbol{r}] + \cos[(\omega_i - \omega)t - (\boldsymbol{q} - \boldsymbol{k}_i)\cdot\boldsymbol{r}]\}
\end{aligned} \tag{2.3-5}$$

散射光波的振幅正比于极化强度,所以由式(2.3-5)可知存在两种散射光:与第一项 $\alpha_0\boldsymbol{E}_0\cos(\omega_i t - \boldsymbol{k}_{ir})$ 相应的是频率不变的散射光,称为瑞利散射;与第二项 $\frac{1}{2}\Delta\alpha_0\boldsymbol{E}_0\cos[(\omega_i + \omega)t - (\boldsymbol{q} + \boldsymbol{k}_i)\cdot\boldsymbol{r}]$ 和第三项 $\frac{1}{2}\Delta\alpha_0\boldsymbol{E}_0\cos[(\omega_i + \omega)t - (\boldsymbol{q} - \boldsymbol{k}_i)\cdot\boldsymbol{r}]$ 相应的则是晶格振动引起的频率发生改变的散射光,称为拉曼散射。其中,频率减小的 $(\omega_i - \omega)$ 称为斯托克斯散射,频率增大的 $(\omega_i + \omega)$ 称为反斯托克斯散射。

形象地说,斯托克斯散射的分子从入射光中吸收一个振动量子,形成频率为 $(\omega_i - \omega)$ 的散射光,反斯托克斯散射分子放出一个振动量子给入射光,形成频率为 $(\omega_i + \omega)$ 的散射光。二者强度之比为(暂不考虑其他因素)

$$\frac{I_{斯托克斯}}{I_{反斯托克斯}} = \frac{(\omega_i - \omega)^4 N_{V_{k=0}}}{(\omega_i + \omega)^4 N_{V_{k=1}}} \tag{2.3-6}$$

其中,N_{V_k} 为处在振动量子数为 V_k 的分子数目。虽然 $(\omega_i - \omega)^4 < (\omega_i + \omega)^4$,但一般处在高能级振动态的分子数比处在低能级振动态的分子数少很多,即 $N_{V_{k=0}} \gg N_{V_{k=1}}$,所以斯托克斯线比反斯托克斯线强。

3. 量子理论解释

量子理论的基本观点是把拉曼散射看做光量子与分子相碰撞时产生的非弹性碰撞过程。当入射的光量子与分子相碰撞时,可以是弹性碰撞的散射,也可以是非弹性碰撞的散射。在弹

性碰撞过程中,光量子和分子均没有能量交换,于是它的频率保持恒定,这叫做瑞利散射,在非弹性碰撞过程中光量子与分子有能量交换,光量子转移一部分能量给散射分子,或者从散射分子中吸收一部分能量,从而使它的频率发生变化。

散射光获得或损失的能量只能是分子两定态之间的差值,即 $\Delta E = E_1 - E_2$。当光量子把一部分能量交给分子时,光量子则以较小的频率散射出去。散射分子接受的能量转变成为分子的振动或转动能量,从而处于激发态 E_2,这时光量子的频率为 $\nu' = \nu_0 - \Delta\nu$。

当分子预先已经处于振动或转动的激发态 E_2 时,光量子则从散射分子中取得了能量 ΔE(振动或转动能量),以更大的频率散射,其频率为 $\nu' = \nu_0 + \Delta\nu$。这样则可以解释斯托克斯线和反斯托克斯线的产生。量子理论对拉曼散射的描述如图 2.3-1 所示。利用该图也可以解释斯托克斯线和反斯托克斯线的强度差异。

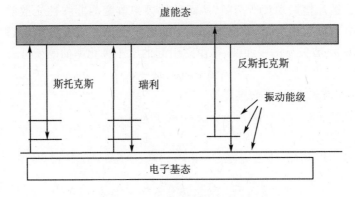

图 2.3-1 光散射的量子理论解释

4. 四氯化碳拉曼光谱

四氯化碳拉曼光谱是典型的拉曼光谱。CCl_4 分子为正四面体结构,C 原子处于立方体中央,4 个 Cl 原子处于不相邻的 4 个顶角。CCl_4 分子的所有振动方式可分为 4 类,因此相应的有 4 条基本振动拉曼线。如图 2.3-2 所示,中间未作标注的、波数为零的是瑞利线,左边 3 条

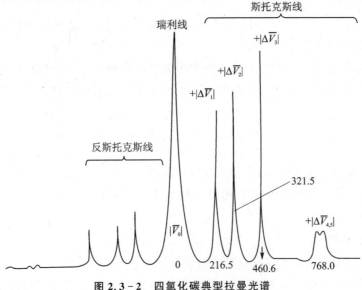

图 2.3-2 四氯化碳典型拉曼光谱

是反斯托克斯线,右边 4 条是斯托克斯线。

斯托克斯线频移由小到大分别为:4 个 Cl 原子沿垂直于各自与 C 的连线的方向运动并保持中心不变,两重简并,波数为 $|\Delta\bar{\nu_1}|=218.5\ cm^{-1}$;2 个 Cl 原子沿立方体一面的对角线做伸缩运动,另两个在对面做位相相反的运动,也是三重简并,其波数为 $|\Delta\bar{\nu_2}|=321.5\ cm^{-1}$;4 个 Cl 原子沿各自与 C 的连线同时向外或向内运动,波数为 $|\Delta\bar{\nu_3}|=460.6\ cm^{-1}$;C 原子平行于正方形的一边运动,4 个 Cl 原子同时平行于该边反向运动。分子重心保持不变,三重简并,但由于振动之间的耦合引起的微扰,使该振动拉曼线分裂成双重线,平均波数为 $|\Delta\bar{\nu_{4,5}}|=768.0\ cm^{-1}$。

三、实验装置

实验使用的是天津港东生产的 LRS‐2 型激光拉曼光谱仪。

激光器输出波长 532 nm,输出功率 40 mW。

单色仪:相对孔径比 $D/f=1/5.5$。

光栅:1 200 L/mm。

狭缝宽度:0～2 mm 连续可调。

单光子计数器:积分时间为 0～30 min,最大计数为 10^7,阈值电压为 0～2.6 V。

陷波滤波片:波长为 532 nm,光谱宽带小于 20 nm。

技术指标:波长范围为 200～800 nm(单色仪);波长准确度为 0.4 nm;杂散光为 10^{-3};谱线半宽度为 0.2 nm(波长在 586 nm 处)。为了减少环境光对测试的影响,整个实验在暗室中进行。激光拉曼光谱仪的结构示意图如图 2.3‐3 所示。

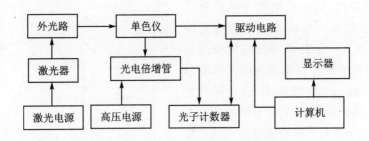

图 2.3‐3　激光拉曼光谱仪的结构示意图

1. 激光器

本仪器采用 40 mW 半导体激光器,该激光器输出的激光为偏振光。开启激光器的时候,要先开半导体激光器(Laser Diode,LD)电源,然后才可以把工作开关打开,关闭的时候相反。调节工作电流的时候,要把工作开关打在调整挡上,本实验中激光器的电流一般在 1 000 mA 左右。

2. 外光路系统

外光路系统主要由激发光源五维可调样品支架 S、偏振组件 P1 和 P2 以及聚光透镜 C1 和 C2 等组成,如图 2.3‐4 所示。

激光器射出的激光束被反射镜 R 反射后照射到样品上。为了得到较强的激发光,采用一

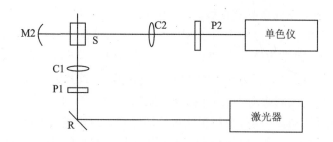

图 2.3－4　外光路系统

聚光镜 C1 使激光聚焦,使在样品容器的中央部位形成激光的束腰。为了增强效果,在容器的另一侧放一凹面反射镜 M2。凹面镜 M2 可使样品在该侧的散射光返回,最后由聚光镜 C2 把散射光会聚到单色仪的入射狭缝上。

调节好外光路是获得拉曼光谱的关键,首先应使外光路与单色仪的内光路共轴。一般情况下,它们都已调好并被固定在一个钢性台架上。可调的主要是激光照射在样品上的束腰,应恰好被成像在单色仪的狭缝上。是否处于最佳成像位置可通过单色仪扫描出的某条拉曼谱线的强弱来判断。

3. 探测系统

拉曼散射是一种极微弱的光,其强度小于入射光强的 10^{-6},比光电倍增管本身的热噪声水平还要低。常用的直流检测方法已不能把这种淹没在噪声中的信号提取出来。

单光子计数器方法利用弱光下光电倍增管输出电流信号自然离散的特征,采用脉冲高度甄别和数字计数技术将淹没在背景噪声中的弱光信号提取出来。

在非弱光测量时,通常是测量光电倍增管的阳极电阻上的电压。当弱光照射到光阴极时,每个入射光子以一定的概率使光阴极发射一个电子。这个光电子经倍增系统的倍增最后在阳极回路中形成一个电流脉冲,这个脉冲称为单光子脉冲。噪声脉冲和光电子脉冲的幅度的分布如图 2.3－5 所示。脉冲幅度较小的主要是热发射噪声信号,而光阴极发射的电子形成的脉冲幅度较大,出现单光电子峰。用脉冲幅

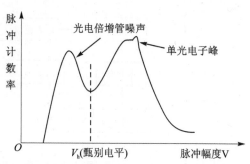

图 2.3－5　噪声脉冲和光电子脉冲的幅度

度甄别器把幅度低于 V_h 的脉冲抑制掉,只让幅度高于 V_h 的脉冲通过就能实现单光子计数。

光子计数器中使用的光电倍增管其光谱响应应适合所用的工作波段,具有一定的响应速度及光阴极稳定。光电倍增管性能的好坏直接关系到光子计数器能否正常工作。

单光子计数原理如图 2.3－6 所示。放大器的功能是把光电子脉冲和噪声脉冲线性放大,产生一定的增益。上升时间小于等于 3 ns,即放大器的通频带宽达 100 MHz,有较宽的线性动态范围及低噪声,经放大的脉冲信号送至脉冲幅度甄别器。在脉冲幅度甄别器里设有一个连续可调的参考电压 V_h。当输入脉冲高度低于 V_h 时,甄别器无输出。只有高于 V_h 的脉冲,甄别器才输出一个标准脉冲。如果把甄别电平选在适当的脉冲高度上,就能去掉大部分噪声脉冲而只有光电子脉冲通过,从而提高信噪比。脉冲幅度甄别器应甄别电平稳定、灵敏度高、死时间小、建立时间短、脉冲对分辨率小于 10 ns,以保证不漏计。甄别器输出经过整形的

脉冲。

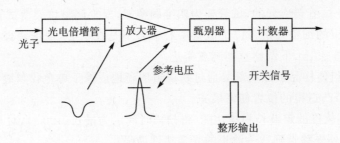

图 2.3-6　单光子计数原理

计数器的作用是在规定的测量时间间隔内将甄别器的输出脉冲累加计数。在本仪器中此间隔时间与单色仪步进的时间间隔相同。单色仪进一步,计数器向计算机送一次数,并将计数器清零后继续累加新的脉冲。

四、实验内容与指导

1. 实验内容

测出四氯化碳的拉曼光谱,要求完整记录斯托克斯线和反斯托克斯线的拉曼谱(未加偏振装置)。

2. 起始步骤

① 将四氯化碳装入样品池,将样品池放在样品架上,将单色仪狭缝调为 0.1 mm,光电倍增管的狭缝调为 0.15 mm;

② 开机步骤:首先打开激光器,开启激光器的时候要先开 LD 电源,然后才可以把工作开关打开。再打开激光拉曼光谱仪电源,最后打开电脑上的软件。

③ 外光路的调整:外光路包括聚光、集光、样品架等部件。调整外光路前,请先检查一下外光路是否正常。若正常立即可以测量。其方法是:在单色仪的入射狭缝处放一张白纸观察瑞利光的成像,即一绿光亮条纹是否清晰。若清晰并也进入狭缝就不要调整。若不正常,即可按下面的方法调整。外光路结构如图 2.3-7 所示。

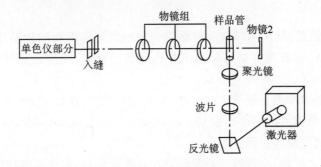

图 2.3-7　外光路结构

● 让激光通过反射镜中心,将光向上反射并垂直入射到试管中心。用眼睛观察激光束是否与主机底面垂直。如不垂直先取出试管,而后观察激光是否通过聚光镜的中心。若不是通过中心,请调整反射镜架,该镜架为三维调整架。

● 此时,若光没有通过试管中心也不与试管方向平行,此时不要调反射镜镜架。因为此时的不平行是由于试管架引起的,试管架为四维调整架,反复调整该架使试管进入光路中心。

● 观察激光束的细腰处是否位于试管中心。若不是在中心,请细调聚光镜的焦点,聚光镜的调整是螺纹调整,上、下调整直到满意为止。

● 调节物镜组使样品被照明部分通过物镜组清晰地成像于单色仪狭缝上(其像应该为一细线),并通过调节凸透镜的位置使像最亮。

● 细调:利用软件的定波长扫描功能,将扫描时间定为最长(490 s),对某一特定波长进行扫描,进一步调节外光路直到这一波长的光强达到最强。

3. 四氯化碳拉曼谱的扫描

① 双击桌面上的图标打开软件,系统将显示确认当前波长的提示,用户确认当前的波长位置是否有效,是否需要重新初始化。这时请选择"确定",因为以后将涉及这方面的调节。如果选择"取消",系统将重新初始化,波长位置将回到 200 nm 处,这将为以后的实验造成不必要的时间损失(因为本实验中拉曼波谱仪的激光激发波长为 532 nm,如果让仪器从 200 nm 开始扫描,将造成不必要的时间损失)。

② 软件启动成功后,将在屏幕右方出现参数设置区,这时请将"间隔(步长)"设为 0.1 nm,仪器将每隔 0.1 nm 扫描该波长的强度。

③ 将工作范围设为 500~560 nm(为节省时间,可适当缩小范围)。这时,仪器将记录这个范围内的光强。

④ 将光电倍增管的负高压设为 8,积分时间设为 1 000 ms,也就是每个波长的光将扫描 1 s。

⑤ 单击菜单栏中的"域值窗口",给出域值电平对仪器的本征噪声之间的关系曲线。一般将域值电平设置在噪声刚开始接近零点处,将这时域值的读数作为参数设置区的"域值"数值(可根据以后扫描图像的质量作适当的微调)。其中,此窗口右下方的图标从左至右依次为"开始""停止""读取数据""关闭窗口"。

⑥ 单击菜单栏中的"检索"选项,将仪器开始扫描的波长设为工作范围的最小值。

⑦ 单击工具栏中的"单程"选项,此时,仪器将记录此前所设置的工作范围内的图谱。

4. 数据处理

① 由于本仪器的精密性,所以将不可能对光栅的角度作准确的初始化,因此需要对所做的图像做适当的修正,也就是对横坐标的波长作适当的修正,此修正是以瑞利峰为标准进行的。具体修正方法如下:

读出扫描所得图像中央光强最大的一峰(瑞利峰)所对应的波长数(由于强度已超过仪器可记录的最大范围,所以可由对称性得到),将此波长与激发波长(532 nm)比较,当此读数偏大时,输入负值,反之则输入正值。

注意:为了使修正准确,一般修正后关闭软件并重新启动,对仪器进行重新初始化(也就是在软件启动系统显示确认当前波长的提示时选择"取消"),总修正值不得超过 50 nm。

② 将参数设置区的"工作方式"—"模式"设为拉曼谱。此时,扫描所得图像将转化为以波数为横坐标,光强为纵坐标的图像,并以瑞利峰的波数为零点。

③ 利用软件提供的"读取数据"—"寻峰"功能,可轻易得出拉曼峰与瑞利峰之间的波数

差。与标准数据比较，看差别有多大，并分析误差原因。

5. 关机步骤

先关闭计算机上的软件，再关闭光谱仪电源，最后关闭激光器。先关闭"工作"开关再关闭 LD 电源。

6. 实验指导

工作界面如图 2.3-8 所示，主要由菜单栏、主工具栏、辅工具栏、工作区、状态栏、参数设置区以及寄存区信息组成。

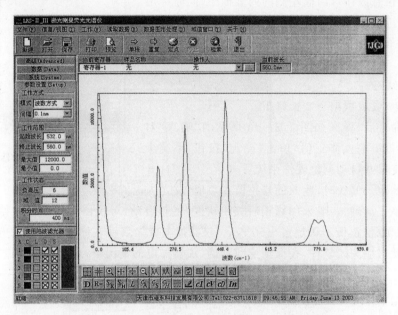

图 2.3-8　工作界面

① 设置工作参数

选择参数设置区的"参数设置"项。

● 工作方式→模式：所采集的数据格式有荧光谱、拉曼谱两种模式。

● 工作方式→间隔：两个数据点之间的最小波长间隔。系统中有四个选项供选择，分别为 1.0 nm、0.5 nm、0.2 nm、0.1 nm。

● 工作范围：在起始波长、终止波长、最大值和最小值四个编辑框中输入相应的值，以确定扫描时的范围。当使用动态方式时，最大值、最小值设置不起作用。

● 工作状态→负高压：设置提供给倍增管的负高压大小，设 1～8 挡。

● 工作状态→域值：设置甄别电平，设 1～256 挡。

● 工作状态→积分时间：设置采样时的曝光时间。

② 寻峰

● 下拉菜单：读取数据→寻峰→自动寻峰

● 工具栏：辅工具栏→人

执行该命令后，弹出如图 2.3-9 所示的对话框。用户可对以下各项进行设置。

● "模式"区：选择"检峰"或"检谷"，或同时选择"检峰"和"检谷"。

●"寄存器"下拉列表框:选择处理的数据来自哪个寄存器。

●"最大值""最小值"编辑框:把峰/谷的数值确定在一个范围内,即在此范围内的峰/谷才被检测出。

●"最小峰高"编辑框:峰的极值及两侧数据点的距离差的最小值,距离差小于该值则不认为是峰/谷。

● 单击"检峰/谷"按钮,系统根据设置自动检测峰/谷。把峰/谷信息放在对话框左侧的列表框中,同时标出峰/谷在谱线上对应的位置。

单击"关闭"按钮,则关闭"检峰"对话框,返回主界面。

③ 波长修正

下拉菜单:读取数据→波长修正。

执行该命令后,弹出如图 2.3 - 10 所示的"输入"对话框,在编辑框中输入修正值,单击"确定"按钮,系统会自动记忆修正值并自动调整硬件系统。

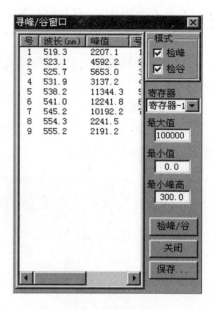

图 2.3 - 9　对话框

当标准峰波长偏长时,输入的修正值为负值,反之为正值。

为了使修正准确,一般采用修正后关闭软件,重新启动,对仪器进行重新初始化,再测峰、修正的方法。总修正值不得超过±50 nm。仪器掉电或先启动软件再给仪器加电均可能造成波长混乱。此时应关闭软件,在保证连线准确、仪器加电的情况下,对仪器重新进行初始化。

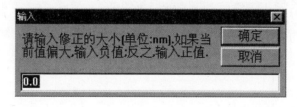

图 2.3 - 10　对话框

五、思考题

1. 可不可以用拉曼光谱仪来测量固体的拉曼光谱?如果可以请考虑方法。

2. 如果得到的光谱强度太小,问题可能出在哪?怎样解决?

3. 可不可以用拉曼光谱仪来测浓度?如果可以请简述方法。

六、扩展实验

1. 研究偏振对四氯化碳拉曼谱各峰强度的影响。

2. 运用软件的定波长扫描功能,将扫描波长设为斯托克斯线中第三条线的波长数。旋转两偏振部件,观察光强的变化规律,并最终找到使光强最强的位置。绘制此时的拉曼谱线图,与先前的图像比较,看有什么不同并解释原因。

七、研究实验

1. 采用拉曼光谱法测四氯化碳在乙醇中的浓度并确定浓度与四氯化碳光谱的关系。
2. 采用拉曼光谱法测葡萄酒浓度。
3. 研究拉曼光谱中的费米共振现象。

参考文献

[1] 刘玲. 激光拉曼光谱及其应用进展[J]. 山西大学学报（自然科学版），2001，24(3)：279 -282.

[2] 陆培民. CCl_4的激光拉曼光谱研究[J]. 物理与工程，2009 (6)：31 - 35.

2.4　荧光分光光度计

当光照射到某些物质时,这些物质会发射出各种波长和不同强度的光,而当光停止照射时,这种光线也随之很快消失,这种光线称为荧光。荧光也可定义为分子的各允许跃迁状态间的发光。荧光分析法的突出优点是灵敏度高,其测定下限比一般的分光光度法低 2 到 4 个数量级,选择性也比分光光度法好,但其应用不如分光光度法广泛,因为只有有限数量的化合物才能产生荧光。

一、实验要求与预习要点

1. 实验要求

① 掌握荧光测试及基本原理。
② 熟悉荧光分光光度计的操作。
③ 了解使用荧光分光光度计测量物质浓度的方法及原理。

2. 预习要点

① 了解分子内的光物理过程。
② 理解荧光产生和测量的基本物理思想。

二、实验原理

1. 荧光分类

(1) 按照激发的模式分类

如果分子因吸收外来辐射的光子能量而被激发,产生的发光现象称为光致发光;如果分子的激发能量是由反应的化学能或由生物体释放的能量所提供的,其发光现象分别称为化学发光或生物发光;由热活化的离子复合激发模式所引起的发光现象,称为热致发光;由电荷注入和摩擦等激发模式所产生的发光,分别称为场致发光和摩擦发光。

(2) 按照分子激发态的类型来划分

由第一电子激发单重态所产生的辐射跃迁而伴随的发光现象称为荧光;由最低的电子激发三重态所产生的辐射跃迁,其发光现象称为磷光。荧光可分为瞬时荧光和迟滞荧光。瞬时荧光即一般所说的荧光,它通常在吸收激发光后大约 10^{-8} s 期间内发射,是由激发过程中最初生成的 S_1 电子态所产生的辐射。迟滞荧光指的是波长属于荧光谱带,寿命却与磷光相似的荧光,如图 2.4-1 所示。

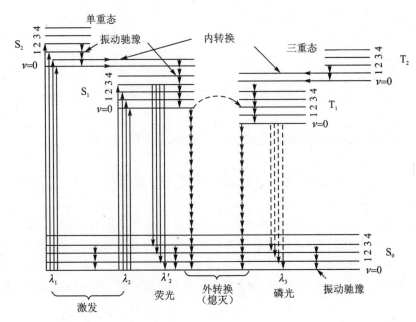

图 2.4-1　分子内的光物理过程

(3)按荧光和激发光的波长差划分

从比较荧光和激发光的波长,或者说从比较两者的光子能量的角度出发,荧光又可分为斯托克斯荧光、反斯托克斯荧光和共振荧光等。自溶液中观察到的荧光通常为斯托克斯荧光,并且荧光发射的光子能量低于激发光的光子能量,并且荧光比激发光具有更长的波长。假如在吸收光子的过程中又附加热能给激发态分子,那么所发射的荧光波长有可能比激发光的波长来得短,这种荧光称为反斯托克斯荧光,在高温的稀薄气体中可能观察到这种现象。与激发光具有相同波长的荧光,称为共振荧光。由于溶剂的相互作用,因而在溶液中不大可能观察到这种类型的荧光,但在气体和结晶中却有可能发生这种现象。

此外,从荧光在电磁辐射中所处的波段范围来看,可以分为 X 光荧光、紫外光荧光、可见光荧光和红外光荧光。

19 世纪以前,荧光的观察是靠肉眼进行的。直到 1928 年,才由 Jette 和 West 研制了第一台光点荧光计。近十几年来,随着新科学技术的引入,荧光分析法得到很大发展,如今它已成为一种重要且有效的光谱化学分析手段。荧光分析有常规荧光分析法、同步荧光分析法、三维荧光光谱、导数荧光分析法、时间分辨荧光分析法、相分辨荧光分析法、低温荧光分析法、荧光偏振测定、免疫荧光分析法和固体表面荧光分析法。这些荧光分析法在不同领域的很多方面有巨大的应用价值。

固体表面荧光分析具有简单、快速、取样量少、灵敏度高、费用少等优点,多应用于环境研究、法庭检测、食物分析、农药分析、生物化学、医学、临床化学等方面的工作。近年来电子计算机、激光光源、电视式多道检测器的采用使固体表面荧光分析有更为广阔的用途。但是,固体

表面荧光测定远不及溶液荧光测定精密准确。为了取得满意的定量分析结果,测定时要求滴点的大小必须尽可能保持一致。

2. 荧光光谱形式

(1) 激发光谱

通过扫描激发单色器以使不同波长的入射光激发荧光体,然后让所产生的荧光通过,由检测器检测相应的荧光强度,最后通过记录仪记录固定波长的发射单色器照射到检测器的荧光强度对激发光波长的关系曲线,即激发光谱。因为较高激发态弛豫回到第一激发单重态的效率是很高的,这样,不管吸收的波长如何,最终总是以与激发波长处的吸光度成正比的速度产生出第一激发单重态。因此,荧光的发射强度正比于激发波长处的吸光度。

(2) 发射光谱

使激发光的波长和强度保持不变,而让荧光物质所产生的荧光通过发射单色器后照射于检测器上,扫描发射单色器并检测各种波长下相应的荧光强度,然后通过记录仪记录荧光强度对发射波长的关系曲线,所得的曲线即为发射光谱。

3. 荧光光谱的基本特征

(1) 斯托克斯位移

在溶液荧光光谱中,所观察到的荧光的波长总是大于激发光的波长。斯托克斯在 1852 年首次观察到这种波长移动的现象,因而称为斯托克斯位移。

$$\lambda = \lambda_{em} - \lambda_{ex} \qquad (2.4-1)$$

(2) 荧光发射光谱的形状与激发波长无关

虽然分子的电子吸收光谱可能含有几个吸收带,但荧光发射光谱只含一个发射带,即使分子被激发到高于 S_1 的电子态的更高振动能级,也会由于极快的内转换和振动松弛很快地丧失多余能量衰变到 S_1 电子态的最低振动能级,所以荧光光谱只含有一个发射带。由于荧光发射发生于第一电子激发态的最低振动能级,与荧光体被激发到哪一个电子态无关,所以荧光发射光谱的形状通常与激发波长无关。

(3) 荧光发射光谱与其吸收呈镜像关系

发射光谱形状与基态中振动能级分布情况有关,吸收光谱与第一电子激发单重态中振动能级分布有关,而基态和第一电子激发单重态中振动能级的分布情况是相似的。因为电子跃迁速度非常快,所以跃迁过程中核的相对位置近似不变,电子的跃迁可以用垂直线表示。

4. 荧光淬灭

荧光淬灭广义地说指的是任何可使某种给定荧光物质的荧光强度下降的作用、任何可使荧光强度不与荧光物质的浓度呈线形关系的作用或任何可使荧光量子产率降低的作用。狭义地说,荧光淬灭指的是荧光物质分子与溶剂分子或溶质分子之间所发生的导致荧光强度下降的物理或化学作用的过程。与荧光物质分子发生相互作用而引起荧光强度下降的物质称为荧光淬灭剂。

5. 荧光强度与浓度的关系

$$F = 2.3 Y_F I_0 \epsilon b c \qquad (2.4-2)$$

其中,Y_F 为荧光量子产率,I_0 为入射光强度,ϵ 为摩尔吸光系数,b 为液池厚度,c 为溶液中荧光物质的浓度。由上式可知,对于某种物质的稀溶液,在一定频率和一定强度的激发光照射下,

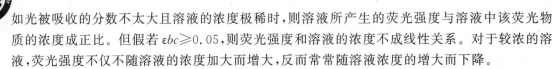
如光被吸收的分数不太大且溶液的浓度极稀时,则溶液所产生的荧光强度与溶液中该荧光物质的浓度成正比。但假若 $\varepsilon bc \geqslant 0.05$,则荧光强度和溶液的浓度不成线性关系。对于较浓的溶液,荧光强度不仅不随溶液的浓度加大而增大,反而常常随溶液浓度的增大而下降。

在高浓度时,可引起进一步偏离直线的两个因素是自熄灭和自吸收。前者是荧光物质分子间碰撞的结果。在这里大概以与发生外转换而使能量转移给溶剂分子类似的方式发生能量的无辐射转移。可以预期自熄灭现象将随浓度的增加而增强。当发射波长与化合物的吸收峰重叠时将发生自吸收。由于发射光束通过溶液,因而荧光被减弱了。

6. 荧光光度计测试基本原理

荧光光谱法又称荧光分析法,它是利用某一波长的光照射试样使其部分或全部吸收入射光的能量。其电子向高能级跃迁,然而在激发态的分子是不稳定的,电子由高能级回到基态的辐射跃迁时即会发出光子,又称电子跃迁光谱。荧光分光光度法是基于物质分子的紫外-可见吸收光谱而建立的一种定性、定量分析方法。

7. 荧光测量方法

在荧光分析中,可以采用不同的实验方法以进行分析物质浓度的测量。其中,最简单的便是直接测定的方法。只要分析物质本身发荧光,便可以通过测量它的荧光强度间接测定其浓度。当然,如果有其他干扰物质存在时,则要预先加以分离。许多有机芳香化合物和生物物质具有内在的荧光性质,它们通常可以直接进行荧光测定。还有众多有机化合物以及绝大多数的无机化合物溶液,它们通常不发荧光,或者因荧光量子产率很低而只显现很微弱的荧光,所以无法进行直接测定,只能采用间接测定的办法。

间接测定方法主要有:

① 通过化学反应将非荧光物质转变为适合于测定的荧光物质。

② 荧光淬灭法:假如分析物质本身不发荧光但可以使某种荧光化合物淬灭,则可以利用荧光淬灭的能力。通过使荧光化合物荧光强度下降的方法间接地测量该分析物质。

③ 敏化发光法:对于很低浓度的分析物质,如果采用一般的荧光测定方法,其荧光信号可能太弱而无法检测。但是,如果能够选择到某种合适的敏化剂并加大其浓度,在敏化剂与分析物质紧密接触的情况下,激发能的转移效率很高,这样便能大大提高分析物质测定的灵敏度。

上述的几种测定方法,都是相对的测量方法,因而需要采用某种标准以比较。最简单的校正方法就是取已知量的分析物质并按实验步骤配制成为一定浓度的标准溶液,再测定其荧光强度;然后测定在同等条件下配制的试样溶液的荧光强度,并由标准溶液的浓度以及标准溶液与试样溶液两者荧光强度的比值求得试样中分析物质的浓度。更好的校正方法是采用工作曲线法,即取已知量的分析物质,经过与试样溶液一样的处理后,配成一系列的标准溶液,并测定它们的荧光强度,再以荧光强度对标准溶液浓度绘制工作曲线。然后由所测得的试样溶液的荧光强度对照工作曲线求出试样溶液中分析物质的浓度。

严格来说,标准溶液和试样溶液的荧光强度读数都应去除空白溶液的荧光强度读数。对于理想的或者真实的空白溶液,原则上应当具有与未知试样溶液中除分析物质外同样的组成。可是,对于实际遇到的复杂分析体系,不太可能获得这种真实的空白溶液。在实验中,通常只能采用近似于真实空白的溶液。

8. 荧光测试中可能出现的干扰光谱

如果激发光的频率太低,其能量不足以使分子中的电子跃迁到电子激发态,但仍然可能将电子激发到基态中的其他较高的振动能级。倘若电子在受激后能量没有损失并且在瞬间内又返回到原来的能级,便可在各个不同的方向发射和激发光相同波长的辐射,这种辐射称为瑞利散射光。容器表面的散射光、胶粒的散射光也和瑞利光相同,称为丁达尔效应。

拉曼散射光:被激发到基态中其他较高振动能级的电子,当它返回比原来的能级稍高或稍低的振动能级时,便伴随着产生波长略长或略短于激发光波长的拉曼散射光。

在溶液中,被激发至电子激发态的分子数目不多,但被激发至基态的较高振动能级而发生瑞利散射的分子很多。而且溶剂和其他溶质分子都会发生散射作用,因而在进行荧光分析时应当考虑到散射光的影响。拉曼光的强度远比瑞利光和荧光弱,但溶液所产生的拉曼光,其波长常和溶液中的荧光体所产生的荧光波长靠近,因而拉曼光对荧光分析有干扰。

散射光和拉曼光是荧光分析方法灵敏度的主要限制因素,在荧光分析工作中必须要考虑其干扰。采用荧光分光光度计测定荧光强度时,因荧光峰与散射光、拉曼光很容易分开,只要选用适当的波长,便可将散射光及拉曼光除去,不致引起显著的误差。

调节荧光计的狭缝宽度可以减弱散射光的强度,但同时也将降低荧光的强度,所以对于每一种不同的荧光分析方法须选择适当的狭缝宽度。液槽底面可为正方形或长方形,散射光的干扰比采用圆柱形或其他形式的液槽小。关小探测器的窗口,使它小于液槽的槽壁,则探测器只能接受溶液的荧光,而不易接受由液槽壁反射而来的散射光,这样也可以降低散射光的干扰。

三、实验仪器及试剂

1. 实验试剂的介绍

970CRT 荧光分光光度计、JA21002 电子天平、100 ml 容量瓶两个、100 ml 烧杯两个、玻璃棒、蒸馏水、待测氧化锌胶体、无水硫酸铜晶体、待测硫酸铜溶液、生物染色剂罗丹明 B、乙醇,滤纸一盒,5 ml 移液管一支、洗耳球一个。

2. 仪器性能和使用方法介绍

970CRT 是目前国内先进的荧光分光光度计,如图 2.4 - 2 所示,广泛用于化学、药检、环保、石油化工、医疗卫生、食品营养等场合的微量、痕量分析测定。产品采用当前先进的 PC 机软件和硬件,使仪器具有优良的定性定量分析功能。

特点:

① 采用快速 20 位 A/D 变换技术,动态宽,线性好。

② 采用中文 95 视窗技术,数据处理功能强,操作简便。

③ 采用标准 PC 机作为硬件环境,仪器故障率小,可靠性高。

④ 采用光源监控技术,测量稳定。

⑤ 高灵敏度,高信噪比,S/N 达 100 以上。

光源:150W 氙灯。

波长测定范围:激发波长(EX) 200~800 nm。

发射波长(EM) 200~800 nm。

狭缝:激发端:2 nm,5 nm,10 nm,20 nm 4 挡。

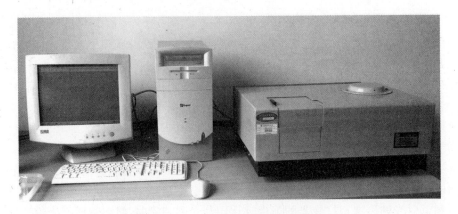

图 2.4 - 2 970CRT 荧光分光光度计

发射端:2 nm,5 nm,10 nm,20 nm,30 nm,40 nm 6 挡。

波长精度:+2 nm。

波长重复性:+0.5 nm。

扫描速度:特快,快中,慢速。

时间扫描:60 s,300 s,600 s,900 s,1 200 s,1 800 s 6 挡。

灵敏度:8 挡切换选择。

响应时间:蒸馏水拉曼峰 0～98% 为 2 s。

信号噪声比(S/N):激发和发射的频带为 10 nm 时蒸馏水拉曼峰 S/N 大于 100。

这些部件的一个典型的装配图如图 2.4 - 3 所示。从一个适当光源来的辐射经过单色器或滤光片,滤光片可以使一部分激发荧光用的光束通过而除去随后由被照射样品所产生的各

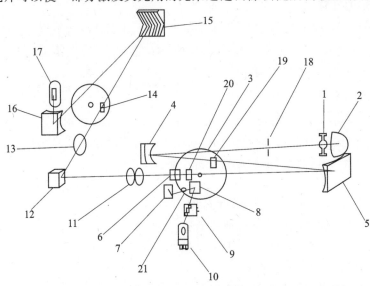

1—150W氙灯；2—S₁O₂椭圆面聚光镜；3—激发侧狭缝组件(Assy)；4—凹面镜；
5—凹面衍射光栅(激发用)；6—光束分离器石英板；7—聚四氯乙烯反射板1；
8—聚四氯乙烯反射板2；9—光学衰减器；10—监测用光电倍增管8212-09；
11—聚光镜2片；12—试样池；13—聚光镜；14—荧光侧狭缝组件(Assy)；
15—凹面衍射光栅(荧光用)；16—凹面镜；17—测光用光电倍增管R452-01；
18—聚光位置；19—入射狭缝；20—出射狭缝；21—光量平衡孔

图 2.4 - 3 970CRT 的光学系统示意图

个波长。虽然样品向四面八方发射荧光辐射,但最方便的还是在与激发光束成直角的方向进行观测。在其他角度上,由于溶液和池壁所产生的散射增加,因此荧光强度测量的误差较大,发射辐射通过第二个用来分离荧光峰的滤光片或单色器系统后到达光电检测器。检测器的输出经放大后显示在表头、记录器或示波器上。

功能如下:

① 仪器配置 Windows 98 工作站,可进行扫描测定、数据处理、制表和记录等系列操作。

② 能进行 EX 扫描、EM 扫描和 EX‐EM 同步扫描,还可以定量分析并绘制标准曲线(1～3 次)。

③ 浓度测定,图谱保存及调用;1‐4 阶导数光谱;峰面积计算;波峰检索;图谱运算;窗口处理;自动 S/N 测定;自动 D/S 测定等功能。

四、实验内容

1. 实验内容

固体表面荧光测定系统将待测组分吸附在固体物质表面上,然后进行荧光测定。采用过的固体物质品种众多,有硅胶、氧化铝、滤纸、硅酮橡胶、乙酸钠、溴化钾、蔗糖、纤维素等。

固体表面荧光测定有两种不同形式,一种为反射式,一种为透射式。采用反射式时,激发光源和荧光检测器同在样品的一边,一般互成 45°。紫外激发光聚焦于固体表面样品斑点上,样品发生的荧光经单色器色散后由检测器检测。在固体表面荧光测定中,待测物质为吸附在固体物质表面的小颗粒,入射光进入固体物质时,在颗粒的边界上发生多重反射,称为漫射反射。发生的荧光也在颗粒之间发生反射,形成激发光和荧光两者的散射。在这种复杂的情况下,固体表面发生的荧光强度除与照射面积和荧光物质的数量有关外,还受众多因素的影响。如散射光强度、吸附层厚度、固体颗粒大小、固体表面对激发光的吸收、测定的方式、观测发光信号的角度等。

荧光测定:

① 查找 ZnO 胶体的荧光峰,定性测试待测物的荧光。

② 将胶体放入石英液槽。

EM 谱:

① 对其进行荧光测试。

② 打开图谱扫描窗口。

③ 用 EM 方式扫描。

④ 将 EX 波长调至 320 nm,EM 波长调到 200～800 nm。

⑤ 狭缝宽度均调到 5 nm,灵敏度调到 6 或 8。

⑥ 单击开始扫描。

⑦ EM 波长调到 200～800 nm。

⑧ 观察除了瑞利峰、拉曼峰、2 级瑞利峰和 2 级拉曼峰之外有无荧光峰。

⑨ 如没有则加大 EX 波长或调整灵敏度。

⑩ 将 EX 波长每次加 25 nm(到靠近荧光峰时适当减少波长调节),再次开始扫描。

⑪ 根据荧光光谱的形状,荧光峰与激发波长无关。

⑫ 找到出现随着 EX 波长增加而位置不改变的吸收峰,此峰即为荧光峰。

⑬ 取 3～4 个能较好反映上述特点的图谱存档,打印。

EX 谱:

① 将各荧光峰的最大吸收波长位置作为固定 EM 波长;

② EX 波长定为 200～400 nm;

③ 其他不变,开始扫描。

④ 扫描图中除去瑞利峰、拉曼峰、2 级瑞利峰和 2 级拉曼峰之外的峰即为激发峰。

将图谱存档,打印。

2. 操作步骤

① 连接好所有电缆和电源线。

② 开机步骤:开氙灯电源→开主机电源→开打印机电源→开计算机电源。

③ 关机步骤:关计算机电源→关打印机电源→关主机电源→关氙灯电源。

注意:开氙灯电源后氙灯点亮指示应有红光,反之未点亮。

④ 开计算机后仪器自动进入初始化,初始化大约需要 5 min 时间。初始化后,计算机桌面显示如图 2.4-4 所示。注意:初始化时不要对计算机进行任何操作。

图 2.4-4 970CRT 的桌面操作键图

⑤ 利用图谱扫描快捷键进入图谱或时间扫描。

按扫描键开始扫描,此时红灯亮,绿灯灭。

注意:在扫描过程中请勿进行任何操作,无特殊情况不要终止扫描,直至绿灯亮,这样才能扫出完整图谱。

⑥ 利用浓度测定快捷键进入浓度测量的定量分析。

● 首先选择标准曲线并打开。

● 放入样品或背景样品后,按"测 INT"或"测本底"键即可测量样品或背景值,对应显示样品 INT 值和样品浓度或背景值。注意:浓度测量时的测试条件应和所打开的标准曲线图谱的测试条件一致。

● 测量结束后必须用打印机把数据打印保存。

⑦ 利用绘制标准曲线快捷键进入标准曲线绘制。

● 首先测定本底或打入本底值。

● 输入已知标样浓度值。

● 按"测 INT"键逐一将标样测定完(1～9 个标样)。

● 选择拟合次数,然后按"拟合"键,画出标准图谱。

● 保存标准图谱。

● 退出。

⑧ 利用图谱分析快捷键进入图谱分析。

● 先打开所需分析图谱。

● 数据框内变动数据值,其左边第一框为游标所示波长位置,后 6 个框为图谱对应波长的数据。

● 只能对其中被选定的一个图谱进行平滑处理。

● 时间扫描只能打开一个图谱,此时数据框的左边第一框为扫描时间,第二框为这时的 INT 值,其他框数据无效。

⑨ 利用图谱运算快捷键<del>☆</del>进入图谱运算。

● 按<del>…</del>键选择运算图谱,上项选择被加、减、乘、除的图谱,下项选择需要减去或是相加的图谱,以及乘数和除数(两个图谱不能乘除,非同类图谱不能进行运算)。

● 保存运算结果。

● 退出。

⑩ 利用快捷键<del>┗◻入</del>,使 EX 和 EM 走到所需测量的波长位置(EX 和 EM 不能同时走到 0 nm位置)。

⑪ 利用快捷键<del>⌒</del>,进行手动清零。

⑫ 利用快捷键<del>↻</del>,进行手动清零复位(此功能只有在进行手动清零后才有效)。注意:⑪与⑫两项操作在测量时可不必进行,因为仪器有自动清零功能。

⑬ 利用快捷键<del>S/N</del>进行信噪比和稳定性测定。此时仪器应设置为:EX 缝宽 10 nm,EM 缝宽 10 nm,r 扫描速度慢,r 灵敏度 6。

五、思考题

1. 荧光分光光度计是如何测量液体浓度的? 如何得到比较准确的结果?
2. 荧光测量过程中,主要会出现哪些干扰? 怎样准确识别荧光峰?
3. 一般如何设计间接测量实验?

六、扩展实验

硫酸铜的荧光光谱测定。

因为铜离子的荧光量子产率很低而只显现很微弱的荧光,无法进行直接测量,只能采用间接测定的办法。

选择罗丹明 B 和乙醇作为敏化剂,提高分析物质测定的灵敏度。

七、研究实验

配制 ZnO、TiO 等溶胶,研究荧光强度与浓度的关系,对比分析直接测量与间接测量的适用性与灵敏性。

参考文献

[1] 吴思诚,王祖铨. 近代物理实验[M]. 2 版. 北京:北京大学出版社,1995.

第3章　激光与光学实验专题

3.0　引　言

　　光学是研究光的产生和传播、光的本性、光与物质相互作用的科学。光学作为一门诞生三百多年的古老科学,经历了漫长的发展过程,它的发展也反映了人类社会的文明进程。20世纪以前的光学以经典光学为标志,为光学的发展奠定了良好的基础;20世纪的光学,以近代光学为标志取得了重要进展,出现了激光、全息、光纤、光记录、光存储、光显示等技术,走过了辉煌的百年历程;展望21世纪的现代光学,我们将迈进光子时代,光子学已不只是物理学史上的学术突破,它的理论及其光子技术正在或已经成为现代应用技术的主角,光子学的发展和光子技术的广泛应用将对人类生活产生巨大影响。

　　20世纪60年代激光器的发明带来了一场新的光学革命,促进了光学与光电子学相结合,也标志着现代光学的诞生。此后光学开始进入一个新的历史时期,成为现代物理学和现代科学技术的重要组成部分。激光问世以来,光学与其他学科之间互相渗透结合,派生了许多崭新的分支。

　　非线性光学(也称强光光学)是现代光学的重要组成部分,它是系统地研究光与物质的非线性相互作用的一门分支学科。激光问世之前,基本上是研究弱光束在介质中的传播。介质光学性质的折射率或极化率是与光强无关的常量,介质的极化强度与光波的电场强度成正比,光波叠加时遵守线性叠加原理。在上述条件下研究光学问题属于线性光学范畴,而对很强的激光并不适用。例如,当光波的电场强度可与原子内部的库仑场相比拟时,光与介质的相互作用将产生非线性效应,反映介质性质的物理量(如极化强度等)不仅与场强 E 的一次方有关,而且还取决于 E 的更高幂次项,从而出现在线性光学中不明显的许多新现象。非线性光学主要涉及二阶、三阶非线性光学效应,在激光技术、信息和图像的处理与存储、光计算、光通信等方面有着重要的应用。

　　傅里叶光学是现代光学的又一分支。自20世纪中期以来,人们开始把数学、电子技术和通信理论与光学结合起来,给光学引入了频谱、空间滤波、载波、线性变换及相关运算等概念,更新了经典成像光学,形成了傅里叶光学。

　　集成光学是激光问世以后,20世纪70年代初开始形成并迅速发展的一门学科,研究以光波导现象为基础的光子和光电子系统。集成光学系统包括光的产生、耦合、传播、开关、分路、偏转、扩束、准直、会聚、调制、放大、探测和参量相互作用。集成光学系统除了具有光学器件的一般特点外,还具有体积小、重量轻、坚固、耐震动、不需机械对准、适于大批量生产、低成本的优点,因而具有广泛的应用前景。

　　20世纪70年代以后,由于半导体激光器和光导纤维技术的重大突破,导致以光纤通信为代表的光信息技术的蓬勃发展,促进了相关学科的相互渗透,开始形成了光子学(Photonics)这一新的光学分支。光子学是研究以光子为信息载体,光与物质相互作用及其能量相互转换的科学,研究内容有:光子的产生、运动、传播、探测,光与物质(包括光子与光子、光子与电子)

的相互作用,光子存储,载荷信息的传输、变换与处理等。

随着光学仪器小型化、微型化的发展要求,诞生了微光学。微光学是研究微米量级尺寸光学元件系统的现代光学分支。微型光学元器件的加工是在一些特殊基底材料上利用光刻技术、波导技术和薄膜技术等,制成光学微型器件。随着微加工技术的成熟,未来的微光学研究还会有进一步的突破。衍射光学是基于光的衍射原理发展起来的,衍射光元件是利用电子束、离子束或激光束的刻蚀技术制作而成。可以预言,微光学和衍射光学这两个新兴学科将随着日益壮大的光学工业对光学器件微型化的要求有更大的发展,使宏观光学元件转化为微观光学元件以及具有处理功能的集成光学组件,从而推动光学仪器的根本变革。

现代光学还包括全息光学、自适应光学、X 射线光学、天文光学、激光光谱学、气动光学、应用光学等。由于现代光学具有更加广泛的应用性,所以还有一系列应用背景较强的分支学科也属于光学范围。例如,有关电磁辐射的物理量的测量的光度学、辐射度学;以正常人眼为接收器,来研究电磁辐射所引起的彩色视觉及其心理物理量的测量的色度学;还有众多的技术光学,如光学系统设计及现代光学仪器理论、现代光学制造和光学测试、干涉量度学、薄膜光学、纤维光学等;还有与其他学科交叉的分支,如天文光学、海洋光学、遥感光学、大气光学、生理光学及兵器光学等。可以预见,随着科学技术的发展,现代光学这棵大树会越来越枝繁叶茂、硕果累累。

激光与光学实验专题涉及氦氖激光器模式分析及稳频实验、光拍法测量光速、二倍频实验、偏振全息光栅、光学运算等 5 个实验。

3.1　氦氖激光器模式分析及稳频实验

激光是 20 世纪 60 年代的伟大发明,其诞生使得现代光学得以迅速发展,并影响到自然科学的各个领域。激光不同于一般光源,它具有极好的方向性、单色性、相干性和极高的亮度。

激光具有单色性好的特点,它具有非常窄的谱线宽度。这样窄的谱线并不是从能级受激辐射就自然形成了,而是受激辐射后又经过谐振腔等多种机制的相互作用和干涉,最后形成的一个或多个离散、稳定又很精细的谱线,这些谱线就是激光器的模。每个模对应一种稳定的电磁场分布,即具有一定的光频率。相邻两个模的光频率相差很小,用分辨率高的分光仪器可以观测到每个模。对于不同的模式,有不同的振荡频率和光场分布。通常把光波场的空间分布分解为沿传播方向(腔轴方向)的分布 $E(z)$ 和垂直于传播方向的横截面内的分布 $E(x,y)$。相应的,把光腔模式分解为纵模和横模,分别表示光腔模式的纵向和横向光场分布。

在激光应用中,常常需要先知道激光器的模式状况,如定向测量、精密测量、全息技术等工作需要基横模输出的激光器,而激光稳频和激光测距等不仅要求基横模而且要求单纵模运行的激光器,因此,进行模式测试分析是激光器的一项基本又重要的性能测试。

在激光的众多应用领域中,激光频率稳定度是一个极其重要的指标参数。随着激光应用的发展,激光稳频技术成为基础科学研究的重要方向,在现代科学技术中发挥着越来越重要的作用。

本实验以氦氖激光器(He-Ne 激光器)为例,从频谱结构入手,分析和研究激光器的纵模所具有的场分布特征,从而得出纵模个数、纵模频率间隔等结果。通过观察稳频系统的效果,深入理解激光稳频技术的重要作用。

一、实验要求与预习要点

1. 实验要求

① 了解激光器模的形成及特点,加深对其物理概念的理解。

② 通过测试分析掌握模式分析的基本方法。

③ 了解本实验使用的重要分光仪器——扫描干涉仪的原理、性能,并学会正确地使用该仪器。

2. 预习要点

① 激光器的基本组成,谐振腔的工作原理是什么?

② 横模和纵模的特征有哪些?

③ F-P扫描干涉仪的工作原理是什么?

二、实验原理

1. 激光器模式分析

激光器的三个基本组成部分是增益介质、谐振腔、激励能源。如果用某种激励方式使介质的某一对能级间形成粒子数反转分布,由于自发辐射和受激辐射的作用,将有一定频率的光波产生,并在腔内传播,且被增益介质逐渐增强、放大,如图3.1-1所示。被传播的光波绝不是单一频率的(通常所谓某一波长的光,不过是指光中心波长而已)。因能级有一定宽度,又有粒子在谐振腔内运动,受多种因素的影响,实际激光器输出的光谱宽度是自然增宽、碰撞增宽等均匀增宽和多普勒增宽、晶格缺陷增宽等非均匀增宽叠加而成的。不同类型的激光器,工作条件不同,以上诸影响有主次之分。低气压、小功率的He-Ne激光器632.8 nm谱线则以多普勒增宽为主,增宽线型基本呈高斯函数分布,宽度约为1 500 MHz,如图3.1-2所示。只有频率落在展宽范围内的光在介质中传播时,光强才能获得不同程度的放大。

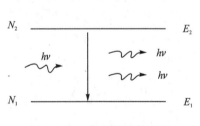

图3.1-1 粒子数反转分布

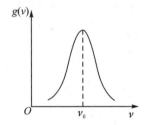

图3.1-2 光的增益曲线

只有单程放大不足以产生激光,还需要有谐振腔对它进行光学反馈,使光在多次往返传播中形成稳定持续的振荡,才有激光输出的可能。而形成持续稳定地增长振荡的条件是光在谐振腔中往返一周的光程差应是波长的整倍数,即

$$2\mu L = q\lambda \qquad (3.1-1)$$

这正是光波相干极大条件,满足此条件的光将获得极大增强,其他则相互抵消。式中,μ 是折射率(对气体 $\mu \approx 1$),L 是腔长,q 是正整数。每一个 q 对应纵向一种稳定的电磁场分布 λ_q 叫一个纵模,下标 q 称做纵模序数。q 是一个很大的数,通常不需要知道它的数值,而关心的是有几

个不同的 q 值,即激光器有几个不同的纵模。从式(3.1－1)中还看出,这也是驻波形成的条件,腔内的纵模是以驻波形成存在的,q 值反映的恰是驻波波腹的数目。纵模的频率为

$$\nu_q = q \frac{c}{2\mu L} \qquad\qquad (3.1-2)$$

同样,一般不去求它,而关心的是相邻两个纵模的频率间隔

$$\Delta\nu_{\Delta q = 1} = \frac{c}{2\mu L} \approx \frac{c}{2L} \qquad\qquad (3.1-3)$$

从式(3.1－3)中可以看出,相邻纵模频率间隔和激光器的腔长成反比,即腔越长 $\Delta\nu_{纵}$ 越小,满足振荡条件的纵模个数越多;腔越短 $\Delta\nu_{纵}$ 越大,在同样的增宽曲线范围内,纵模个数就越少,因而缩短腔长是获得单纵模运行激光器的方法之一。

纵模具有的特征是相邻纵模频率间隔相等。对应同一组纵模,它们强度的顶点构成了多普勒线型的轮廓线。

对于腔长 $L = 10$ cm 的 He-Ne 气体激光器,设 $\mu = 1$,可以计算得 $\Delta\nu_q = 1.5 \times 10^9$ Hz。对腔长 $L = 30$ cm 的 He-Ne 气体激光器 $\Delta\nu_q = 0.5 \times 10^9$ Hz。在普通的 Ne 原子辉光放电中,荧光光谱的中心频率 $\nu = 4.7 \times 10^{14}$ Hz(波长为 632.8 nm),其线宽 $\Delta\nu_F = 1.5 \times 10^9$ Hz。在光学谐振腔中,允许的谐振频率是一系列分立的频率,其中只有满足谐振条件,同时又满足阈值条件,且落在 Ne 原子 632.8 nm 荧光线宽范围内的频率成分才能形成激光振荡。因此,10 cm 腔长的 He-Ne 激光器只能出现一种频率的激光,腔长 30 cm 的 He-Ne 激光器可能出现 3 种频率的激光。

任何事物都具有两重性。光波在腔内往返振荡时,一方面有增益,使光不断增强;另一方面也存在着不可避免的多种损耗,使光强减弱,如介质的吸收损耗、散射损耗、镜面透射损耗、放电毛细管的衍射损耗等。所以不仅要满足谐振条件,还需要增益大于各种损耗的总和,才能形成持续振荡,输出激光。如图 3.1－3 所示,增益线宽内虽有五个纵模满足谐振条件,但只有三个纵模的增益大于损耗,能有激光输出。对于纵模的观测,由于 q 值很大,相邻纵模频率差异很小,眼睛不能分辨,因此必须借用一定的检测仪器才能观测到。

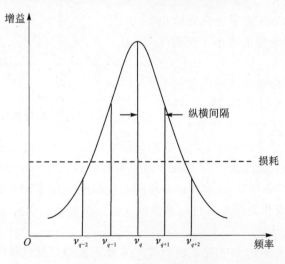

图 3.1－3　纵模和纵模间隔

谐振腔对光多次反馈,在纵向形成不同的场分布,对横向也会产生影响。这是因为光每经过放电毛细管反馈一次就相当于一次衍射,多次反复衍射就在横向的同一波腹处形成一个或多个稳定的衍射光斑。每一个衍射光斑对应一种稳定的横向电磁场分布,称为一个横模。复杂的光斑则是这些基本光斑的叠加。图 3.1-4 所示是常见的基本横模光斑图样。

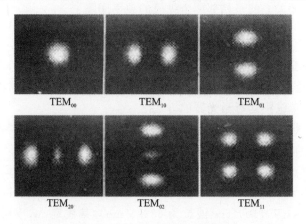

图 3.1-4　常见的横模光斑图

总之,任何一个模既是横模又是纵模。它同时有两个名称,不过是对两个不同方向的观测结果分开称呼而已。一个模由三个量子数来表示,通常写作 TEM_{mnq},q 是纵模标记,m 和 n 是横模标记,m 是沿 x 轴场强为零的节点数,n 是沿 y 轴场强为零的节点数。

2. He-Ne 激光器中的增益饱和、跳模及稳频

对于均匀加宽型介质的激光器,光强改变后,介质的光谱线型和线宽不会改变,增益系数随频率的分布也不会改变,光强仅仅使增益系数在整个线宽范围内下降同样的倍数,如图 3.1-5 所示。因此均匀加宽型介质制作的激光器所发出的激光只会输出一个单一的频率,其谱线宽度远小于介质线型函数的宽度。

然而对于 He-Ne 激光器这种以非均匀加宽型介质为主的激光器,频率为 ν_1,强度为 I 的光波只在 ν_1 附近宽度约为 $(1+$

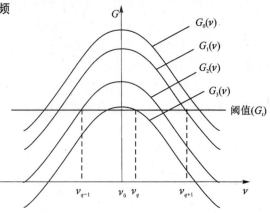

图 3.1-5　均匀加宽的增益饱和曲线

$I/I_s)^{1/2}\Delta\nu$ 的范围内有增益饱和作用($\Delta\nu$ 为均匀加宽谱线宽度),而且这个范围内不同频率处增益系数下降的值不同,如图 3.1-6 所示。增益系数在 ν_1 处下降的现象称为增益系数的烧孔效应。由于在 ν_1 光波的作用下,其他频率介质的增益系数与小信号增益系数相比变化不大,因此非均匀加宽型介质制作的激光器可以多纵模输出。例如实验中的 He-Ne 激光器就是多模(或多纵模)激光器。

激光器中存在跳模现象,特别是在内腔式气体激光器刚点燃时很明显。精细测量输出激光的频率会发现它随时间不断的起伏。图 3.1-7 所示是激光器刚点燃时的情况,设此时频率为 ν_q 的纵模比 ν_{q+1} 模更靠近中心频率 ν_0,因此,ν_q 模具有比较大的小信号增益系数。两个模式

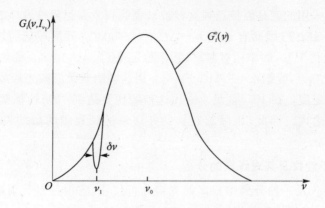

图 3.1 - 6　非均匀加宽的增益饱和曲线

竞争的结果是 ν_q 模取胜，ν_{q+1} 模被抑制。由于腔内温度的升高，放电管热膨胀，使得粘贴在放电管两端的两个反射镜片之间的距离加大，也就是谐振腔的腔长变大。这将使得各本征纵模的谐振频率向低频方向漂移，输出激光的频率也随之减小。当 ν_{q+1} 模的频率变成比 ν_q 模频率更接近中心频率 ν_0 时，ν_{q+1} 模就可能战胜 ν_q 模并取而代之，输出光频率便由 ν_q 突然增至 ν_{q+1}，产生一次跳模。腔长每伸长一个半波长就会产生一次跳模，激光频率就在 $\nu_0 \pm \dfrac{c}{4L'}$ 范围内来回变化，L' 为谐振腔的光学长度。

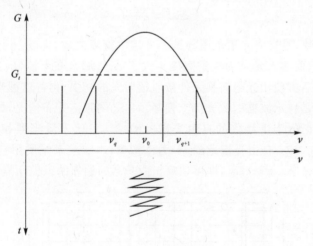

图 3.1 - 7　跳模现象

以是否有一个稳定的频率为参考标准，稳频技术可以分为被动稳频和主动稳频两种方式。激光稳频的研究初期，注意力集中在外部影响因素的控制，主要通过恒温、防振、密封隔声、稳定电源、构建外腔稳频等直接的稳频方法，减小温度、机械振动、大气变化和电磁场的影响。这种在不增加激光器元件的情况下实现激光频率稳定的技术称为被动稳频技术。主动稳频技术就是选取一个稳定的参考标准频率，当外界影响使激光频率偏离此特定的标准频率时，设法将其鉴别出来，再人为地通过控制系统自动调节腔长将激光频率恢复到特定的标准频率上，从而实现稳频的目的。

气体激光器会因热膨胀而改变腔长，因此可以采用温度控制的方式来实现稳频，实验中使用的 He-Ne 激光器采用的就是温控稳频这种被动稳频技术。温度变化 ΔT 引起腔长 L 的变化可以表示为 $\Delta L = \alpha L \Delta T$，因而有 $\Delta \nu / \nu = -\Delta L / L = -\alpha \Delta T$。硬质玻璃的热膨胀系数 $\alpha = 4 \times 10^{-6} ℃^{-1}$，温度每变化 1 ℃，频率相对漂移（频率稳定度）为 4×10^{-6}。低热膨胀系数的物质，如石英：$\alpha = 5 \times 10^{-7} ℃^{-1}$，殷钢：$\alpha = 9 \times 10^{-7} ℃^{-1}$。用这些物质做成激光管或谐振腔支架，温度每变化 1℃，频率稳定度也在 10^{-7} 量级。采用这种结构要达到 10^{-8} 的稳频要求，则温度变化必须稳定在 0.1 ℃ 之内。因此，用限制腔长的办法来达到稳频的目的，要求的条件是很苛刻的。

3．F－P 扫描干涉仪及其对纵模的分析

F－P 扫描干涉仪是一种分辨率很高的光谱分析仪器，它由一对反射率很高的反射镜组成。光线正入射时干涉相长条件为

$$4\eta L = m\lambda \tag{3.1-4}$$

式中，η 为折射率；L 为腔长。

使一块反射镜固定不动，另一块固定在压电陶瓷上，加一周期性的信号电压，压电陶瓷周期变形并沿轴向在中心位置附近做微小振动，因而干涉仪的腔长 L 也做微小的周期变化。因此，干涉仪也允许透射的光波波长做周期的变化，即干涉仪可对入射光的波长进行扫描，当 L 改变 $\lambda/4$，干涉仪改变一个干涉级，此时相邻两个干涉级之间所允许透射光的频率差即为干涉仪的自由光谱范围：

$$\Delta \nu_F = \frac{c}{4\eta F} \tag{3.1-5}$$

其中，F 代表精细常数，是自由光谱范围与最小分辨限宽度之比，即在自由光谱范围内能分辨的最多谱线数目。只要注入光束的频谱宽度不大于 $\Delta \nu_F$，那么在干涉仪扫描过程中便能逐次透过，若在干涉仪的后方使用光电转换元件接收透射光的光强，再将这种光信号转换为电信号输入到示波器中，于是在示波器的荧光屏上便显示出光的频谱分布情况，如图 3.1-8 所示。

示波器上的 $\delta\nu$ 正比于干涉仪的自由光谱范围，$\delta\nu_M$ 正比于激光器相邻纵模的频率间隔 $\delta\nu_q$，在示波器测出：$\delta\nu$，$\delta\nu_M$，自由光谱范围 $\delta\nu_F$ 为已知量，本实验系统所用扫描干涉仪的频率是 4 GHz。带入公式 $\delta\nu_F / \delta\nu_q = \delta\nu / \delta\nu_M$，即可估算出激光器的相邻的纵模间隔 $\delta\nu_q$。

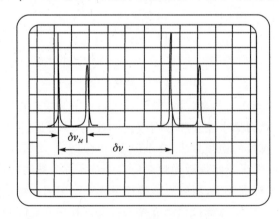

图 3.1－8　示波器观察到的纵模

激光增益曲线宽度的估测：激光器在冷状态下开始工作时，由于热膨胀的作用，纵模会不

断地出现漂移和跳模现象。仔细观察并记录一个纵模在示波器上出现和消失的位置和距离，将其与自由光谱区的间隔相比较，便可估算出激光增益曲线宽度。每一只氦氖激光器的增益曲线宽度会由于制作水平的不同而不同，但一般不会超过 1 500 MHz。

三、实验装置

实验装置由 He－Ne 激光器、激光电源、小孔光阑、F－P 扫描干涉仪、锯齿波发生器及放大器、示波器等组成。实验装置如图 3.1－9 和图 3.1－10 所示。

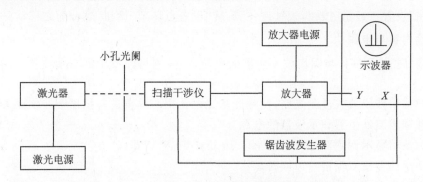

图 3.1－9　系统装置框图

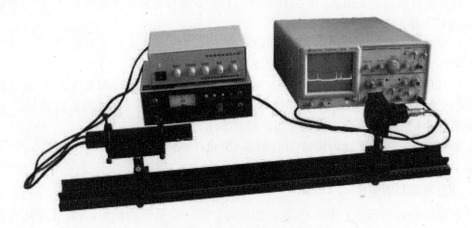

图 3.1－10　系统实物示意图

FS100 型氦氖稳频激光器采用温控稳频技术，激光管为全内腔硬封型管，具有无限长的存放寿命。激光头是将激光管、传感器、光学元件、控制器件灌注在一个金属筒内成为一体。因此，与其他类型的稳频激光器相比，该种激光器具有结构紧凑、抗干扰能力强、对工作环境要求低、无调制宽度的特点，并具有失控报警功能。其主要技术参数如下：

频率稳定度：5×10^{-8}；频率复现性：4×10^{-7}；功率稳定度优于 1%；偏振状态稳定；预热时间＜15 min；输出功率＞0.8 mW；光束直径：0.47 mm；光束发散角：1.7 mrad；激光头尺寸：ϕ32 mm×200 mm。

四、实验内容

1. 激光器的调整使用

① 连接好激光头和仪器箱之间的两根连接线。注意航空插头不可插错位。

② 连接 220V AC 电源。

③ 按下电源开关。两个电源指示灯亮(第一个指示灯为激光电源指示灯,第二个指示灯为稳频电源指示灯),面板表针开始来回摆动,激光头开始预热。注意摆幅上下限。

④ 按住"设置点显示"按钮,表针停住,旋转"设置点调节"旋钮,表针随之移动。

2. 实验内容与步骤

① 连接好扫描干涉仪与锯齿波发生器的电源,以及锯齿波发生器与示波器之间的两根信号线。

② 将扫描干涉仪放入被测光路,使激光从光栏孔中心垂直进入扫描干涉仪探头。

③ 打开锯齿波发生器和示波器的电源。

④ 将示波器显示调到双踪(dual)、AC、10 ms/div、5 V/div。

⑤ 调整示波器使双踪信号可同时显示。

⑥ 调整锯齿波发生器的频率和幅度,使示波器上显示 1~2 个完整的锯齿波形。

⑦ 确定此波形的输入通道(如 CH1 通道),将触发选择打至该通道(CH1),并调整触发电平,使锯齿波形稳定。

⑧ 仔细调整扫描干涉仪的探头,并同时观察示波器另一通道的波形是否有尖峰出现,通过反复调整扫描干涉仪探头的位置和角度使尖峰信号尽量强烈。

⑨ 通过调整锯齿波发生器的前后沿(可顺时针旋至最大)、幅度和直流偏置,使这些尖峰尽量避开锯齿波的拐点,进入线性区。这时的波形将较好地反映被测光的频谱分布。

⑩ 观察并记录各种参数变化对频谱波形的影响。

⑪ 观察分析多模激光器的模谱,记下波形,测量计算出纵模间隔。

⑫ 估测激光增益曲线宽度。

3. 注意事项及调整技巧

① 在锯齿波的上升和下降沿上,频谱波形会产生一个镜像的投影,为防止混乱可通过锯齿波发生器后面的开关滤掉下降沿上的波形。

② 从扫描干涉仪反射回的光进入激光器后,可能会造成激光输出不稳定。

③ 压电陶瓷的驱动电压较高,请注意安全。

④ 在测量、估算数据的时候,锯齿波的频率和幅度不应再做调整和改动。

⑤ 光路调整技巧:扫描干涉仪含有一个 4 个自由度的调整架,可分别调整上下、左右、俯仰、扭摆。激光束进入扫描干涉仪探头后,注意观察反射回来的光斑,应可观察到 2 个光斑,一个是平面镜反射回的小光斑,另一个是凸面镜反射回来的大光斑,调整上下、左右位移螺钉可移动大光斑,调整俯仰、扭摆位移螺钉可移动小光斑,使大小光斑以小孔光阑上小孔同心,这时示波器上应可观察到尖峰信号。

五、扩展实验

1. 测量每个纵模的谱线宽度。将示波器上的波形放大,测出每个尖峰的半宽度,利用类似计算纵模间隔的方法计算谱线宽度。

2. 稳频实验。切断 He-Ne 激光器稳频系统的电源,观察示波器上的波形变化,并解释这种现象。

六、研究实验

探究激光频率稳定度对不同激光测量方法的影响,估算去掉 He-Ne 激光器稳频系统对激光测量带来的误差。

七、思考题

1. 本实验所用激光器的模式特点是什么?

2. 如果提高加在压电陶瓷上的锯齿波电压的幅度,示波器荧光屏上会出现两组或三组形状相同的脉冲信号,这是为什么? 是否是激光输出的模式增加了?

3. 为什么用扫描干涉仪就可以在示波器的荧光屏上显示待测激光器输出频谱结构?

4. 在刚刚点燃激光器时,示波器上显示的激光器的输出频谱一直在漂移,经过一段时间又趋于稳定,这是为什么?

参考文献

[1] 陈天杰. 激光基础[M]. 北京:高等教育出版社,1987.

[2] 康平,赵绥堂,陈天杰. 共焦型球面扫描干涉仪在激光模式分析中的应用[J]. 中国激光,1979,8:011.

[3] 黄植文,赵绥堂. 近代物理实验[M]. 2 版. 北京:北京大学出版社,1995.

[4] 周肇飞,袁家勤,黄仲平. He-Ne 激光器的双纵模热稳频系统[J]. 仪器仪表学报,1988,9(4):374-380.

[5] BENNET J W R, JACOBS S F, LATOURRETTE J T, et al. Dispersion Characteristics and Frequency Stabilization of an He-Ne Gas Laser [J]. Applied Physics Letters, 1964, 5(3):56-58.

[6] 王利强,张锦秋,彭月祥,等. 双纵模稳频 He-Ne 激光器工作机理及误差分析[J]. 光电工程,2008,35(4):103-108.

3.2 光拍法测量光速

从 17 世纪伽利略第一次尝试测量光速以来,各个时期人们都采用最先进的技术来测量光速。现在,光在一定时间中走过的距离已经成为一切长度测量的单位标准,即"米的长度等于真空中光在 1/299 792 458 s 的时间间隔中所传播的距离"。光速也已直接用于距离测量,在国民经济建设和国防事业上大显身手。光速不但与天文学密切相关,还是物理学中一个重要的基本常数,许多其他常数都与它相关,例如,光谱学中的里德堡常数,电子学中真空磁导率与真空电导率之间的关系,普朗克黑体辐射公式中的第一辐射常数与第二辐射常数,质子、中子、电子、μ 子等基本粒子的质量等常数都与光速 c 相关。正因为如此,光速测量的魅力把科学工作者牢牢地吸引到这个课题上来,几十年如一日,兢兢业业地埋头于提高光速测量精度的事业。

LM2000C 采用光拍法测量光速,是老式光拍法光速测量仪的升级换代产品。它采用了主频达 75 MHz 的声光器件,使光拍频达到了 150 MHz,波长降到 2 m,并由此大大减小了仪器的体积(0.7 m×0.2 m),实现了 0~2π 连续移相,这些都是老式光拍法光速测量仪所无法比拟的。本实验包含两个内容:声光法测量透明介质中的声速和光拍法测量光速。

一、实验要求与预习要点

1. 实验要求

① 理解光拍频的概念,掌握光拍法测量光速的基本原理。

② 了解驻波在声光器件中传播时实现声光衍射的相关原理。

③ 根据声光效应基本原理测量超声波在介质中的传播速度,从而掌握产生声光效应的条件。

④ 掌握空气和其他介质中光速的测量技术。

2. 预习要点

① 参考声光效应的相应知识,了解 Brag 衍射和 Raman-Nath 衍射的区别,了解驻波和行波声光器件的区别。本实验的声光器件利用的是哪种声光效应?

② 什么是光拍?形成光拍的条件有哪些?什么是拍频?如何测量光拍波长?获得光拍频波的方法有哪些?本实验用的是哪种方法?

③ 驻波在声光器件中传播必须满足什么条件?如何测量超声在声光介质中的传播速度?

④ 斩光器在实验中起什么作用?斩光器速度过快或过慢会出现什么现象?

⑤ LM2000C 光速测量仪是如何形成光拍的?如何调整光路?自拟空气中光速测量实验步骤。

二、实验原理

1. 光拍的产生和传播

根据振动迭加原理,频差较小、速度相同的两同向传播的简谐波相迭加即形成拍。考虑频率分别为 ω_1 和 ω_2 的光束(为简化讨论,假定它们具有相同的振幅):$E_1 = E\cos(\omega_1 t - K_1 X + \phi_1)$,$E_2 = E\cos(\omega_2 t - K_2 X + \phi_2)$,它们的迭加为

$$E_s = E_1 + E_2 = 2E\cos\left[\frac{\omega_1 - \omega_2}{2}\left(t - \frac{x}{c}\right) + \frac{\phi_1 - \phi_2}{2}\right] \times$$

$$\cos\left[\frac{\omega_1 + \omega_2}{2}\left(t - \frac{x}{c}\right) + \frac{\phi_1 + \phi_2}{2}\right] \qquad (3.2-1)$$

E_s 是角频率为 $\frac{\omega_1 + \omega_2}{2}$,振幅为 $2E\cos\left[\frac{\omega_1 - \omega_2}{2}\left(t - \frac{x}{c}\right) + \frac{\phi_1 - \phi_2}{2}\right]$ 的前进波。注意到 E_s 的振幅以频率 $\Delta f = \frac{\omega_1 - \omega_2}{2\pi}$ 周期地变化,所以称它为拍频波,Δf 就是拍频,E_s 如图 3.2-1 所示。

用光电检测器接收拍频波 E_s。因为光检测器的光敏面上光照反应所产生的光电流是光强(即电场强度的平方)所引起,故光电流为

$$i_0 = gE_s^2 \qquad (3.2-2)$$

式中,g 为接收器的光电转换常数。把式(3.2-1)代入式(3.2-2),同时注意,由于光频甚高

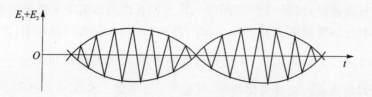

图 3.2-1　光拍频的形成

$(f_0 > 10^{14} \text{Hz})$，光敏面来不及反应频率如此之高的光强变化，迄今仅能反映频率 10^8 Hz 左右的光强变化，并产生光电流；将 i_0 对时间积分，并取对光检测器的响应时间 $t\left(\dfrac{1}{f_0} < t < \dfrac{1}{\Delta f}\right)$ 的平均值，结果，i_0 积分中高频项为零，只留下常数项和缓变项，即

$$\bar{i}_0 = \frac{1}{t}\int_t i\,\mathrm{d}t = gE^2\left\{1 + \cos\left[\Delta\omega\left(t - \frac{x}{c}\right) + \Delta\phi\right]\right\} \qquad (3.2-3)$$

其中，$\Delta\omega$ 是与 Δf 相应的角频率，$\Delta\phi = \phi_1 - \phi_2$ 为初相。可见光检测器输出的光电流包含直流和光拍信号两种成分。滤去直流成分，即得频率为拍频 Δf、位相与初相以及空间位置有关的光拍信号。

图 3.2-2 所示是光拍信号 i_0 在某一时刻的空间分布，如果接收电路将直流成分滤掉，即得纯粹的拍频信号在空间的分布。这就是说处在不同空间位置的光检测器，在同一时刻有不同位相的光电流输出。这就提示我们可以用比较相位的方法间接地测定光速。事实上，由式（3.2-3）可知，光拍频的同位相诸点有如下关系：

$$\Delta\omega\frac{\delta x}{c} = 2n\pi \quad \text{或} \quad \delta x = \frac{nc}{\Delta f} \qquad (3.2-4)$$

式中，n 为整数，两相邻同相点的距离 $D = \dfrac{c}{\Delta f}$，即相当于拍频波的波长。测定了 D 和光拍频 Δf 即可确定光速 c。

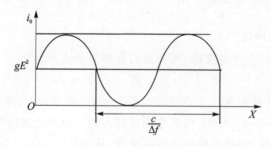

图 3.2-2　光电接收器件接收到的光拍信号在空中的分布

2. 相拍二光束的获得

光拍频波要求相拍二光束具有一定的频差，使激光束产生固定频移的办法很多，一种最常用的办法是让超声与光波互相作用。超声（弹性波）在介质中传播，引起介质光折射率发生周期性变化，声光作用长度相对较短时成为一维位相光栅。这就使入射的激光束发生了与超声有关的频移。

利用声光相互作用产生频移的方法有两种：

① 行波法：在声光介质与声源（压电换能器）相对的端面上敷以吸声材料防止声反射，

以保证只有声行波通过,如图3.2-3所示。声光相互作用的结果是激光束产生对称多级衍射。第1级衍射光的角频率为 $\omega_l = \omega_0 + l\Omega$,其中, ω_0 为入射光的角频率, Ω 为声角频率,衍射级 $l = \pm 1, \pm 2, \cdots, \pm n$,如其中+1级衍射光频率为 $\omega_0 + \Omega$,衍射角为 $\alpha = \dfrac{\lambda}{\Lambda}$, λ 和 Λ 分别为介质中的光和声波长。通过光路调节,可使+1与零级二光束平行迭加产生频差为 Ω 的光拍频波。

② 驻波法:如图3.2-4所示。利用声波的反射,使介质中存在驻波声场(相应于介质传声的厚度为半声波长的整数倍的情况)。它也产生 l 级对称衍射,而且衍射光比行波法时强得多(衍射效率高),第 l 级的衍射光频为

$$\omega_{lm} = \omega_0 + (l+2m)\Omega \tag{3.2-5}$$

其中, $l, m = 0, \pm 1, \pm 2, \cdots$ 可见在同一级衍射光束内就含有许多不同频率的光波的迭加(当然强度不相同),因此不用光路的调节就能获得拍频波。例如选取第一级,由 $m=0$ 和 $m=-1$ 的两种频率成分迭加就可以得到拍频为 2Ω 的拍频波。两种方法比较,显然驻波法更方便。

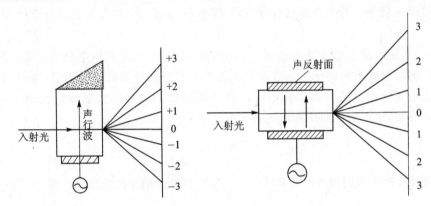

图3.2-3 行波法   图3.2-4 驻波法

3. 声光法测量介质声速

目前测量介质声速的方法有多种,所利用的基本关系式皆为

$$V = s/t \qquad 或 \qquad V = f\Lambda$$

其中, V 为声速, s 是声传播距离, t 为声传播时间, f 为声频率, Λ 为声波长。这些已为大家所共知。本实验以驻波 Raman-Nath 型声光调制器为例。由声效应可知,当调制器注入声功率时,声光介质(通光介质)内要形成驻波衍射光栅,其示意图如图3.2-5所示,图中 d 为声光介质厚度。

由驻波条件得

$$d = m\frac{\Lambda}{2} \tag{3.2-6}$$

式中, m 为正整数; Λ 为超声波长, $\Lambda = V/f$, V 为声速, f 为功率源频率,代入式(3.2-6)有

$$d = m\frac{V}{2f} \tag{3.2-7}$$

或

$$f = m\frac{V}{2d} \tag{3.2-8}$$

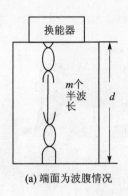 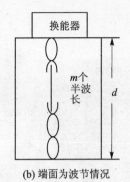

(a) 端面为波腹情况　　　　(b) 端面为波节情况

图 3.2 - 5　声光介质内形成驻波衍射光栅

由式(3.2-8)可知,当 d 一定时,可以在声光介质中形成不同频率的驻波声波场,m 由声频 f 确定。当光束垂直驻波场入射时将产生 Raman - Nath 衍射。在换能器频率响应带宽 Δf 范围内调节频率 f,可找到不同 m 值对应的衍射最强点,而衍射效应最强点之间则有暗的过渡,这样通过判别衍射点亮暗的变化就可以判别 m 值的变化。对式(3.2-8)进行微分:

$$\delta f = \delta m \cdot \frac{V}{2d}$$

令 $\delta m = 1$,则

$$\delta f = \frac{V}{2d}$$

或
$$V = 2d \, \delta f \tag{3.2-9}$$

δf 为两次相邻衍射效应最强点间的频率间隔。由式(3.2-8)和式(3.2-9)可知,当 d 确定之后,形成驻波的频率间隔(即两次衍射效应最强点间的频率间隔)δf 为一常数。当 d 被精确量出后,再由频率计精确测出 δf,由式(3.2-9)可精确求出声速值。

二、实验装置

1. 主要技术指标

实验装置主要技术指标如表 3.2-1 所列。

表 3.2 - 1　实验装置主要技术指标

仪器全长	拍频波频率	拍频波波长	可变光程	连续移相范围	移动尺	最小读数	测量精度
0.785 m×0.235 m	150 MHz	2 m	0~2.4 m	0~2π	2 根	0.1 mm	≤0.5 %(2π)

2. LM2000C 光速测量仪外形结构

LM2000C 光速测量仪外形结构如图 3.2-6 所示。

3. LM2000C 光速测量仪光学系统示意图

LM2000C 光速测量仪光学系统示意图如图 3.2-7 所示。

4. LM2000C 光速测量仪光电系统框图

LM2000C 光速测量仪光电系统如图 3.2-8 所示。

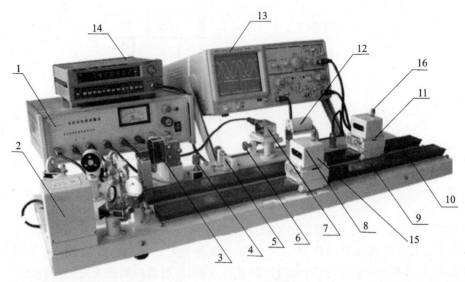

1—电路控制箱；2—光电接收盒；3—斩光器；4—斩光器转速控制旋钮；5、6—手调旋钮；7—液晶光阀；
8、11—棱镜小车；9、10—导轨；12—半导体激光器；13—示波器；14—频率计；15、16—棱镜小车调节旋钮

图 3.2－6　LM2000C 光速测量仪外形结构

1～4—内(近)光路全反光镜；5～8—外(远)光路全反光镜

图 3.2－7　光速测量仪光学系统示意图

5. 双光束位相比较法测拍频波长

用位相法测拍频波的波长，须经过很多电路，必然会产生附加相移。

以主控振荡器的输出端作为位相参考原点来说明电路稳定性对波长测量的影响。如图 3.2－9 所示，ϕ_1，ϕ_2 分别表示发射系统和接收系统产生的相移，ϕ_3，ϕ_4 分别表示混频电路 Ⅱ 和 Ⅰ 产生的相移，ϕ 为光在测线上往返传输产生的相移。由图 3.2－9 看出，基准信号 u_1 到达测相系统之前位相移动了 ϕ_4，而被测信号 u_2 在到达测相系统之前的相移为 $\phi_1+\phi_2+\phi_3+\phi$。这样和 u_1 之间的位相差为 $\phi_1+\phi_2+\phi_3-\phi_4+\phi=\phi'+\phi$。其中，$\phi'$ 与电路的稳定性及信号的强度有关。如果在测量过程中 ϕ' 的变化很小以致可以忽略，则反射镜在相距为半波长的两点间移

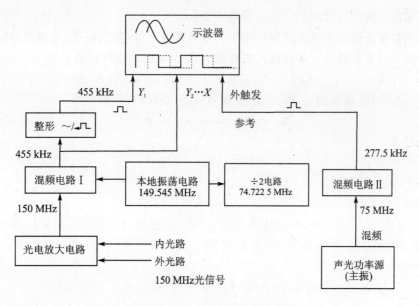

图 3.2 - 8　光电接收系统框图

动时，ϕ' 对波长测量的影响可以被抵消。但如果 ϕ' 的变化不可忽略，显然会给波长的测量带来误差。设反射镜处于位置 B_1 时 u_1 和 u_2 之间的位相差为 $\Delta\phi_{B_1} = \phi'_{B_1} + \phi$；反射镜处于位置 B_2 时，u_2 与 u_1 之间的位相差为 $\Delta\phi_{B_1} = \phi'_{B_2} + \phi + 2\pi$。那么，由于 $\phi'_{B_1} \neq \phi'_{B_2}$ 而给波长带来的测量误差为 $(\phi'_{B_1} - \phi'_{B_2})/(2\pi)$。若在测量过程中被测信号强度始终保持不变，则变化主要来自电路的不稳定因素。

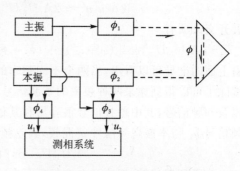

图 3.2 - 9　电路系统的附加相移

　　设置一个由电机带动的斩光器，使从声光器件射出来的光在某一时刻 t_0 只射向内光路，而在另一时刻 $t_0 + 1$ 只射向外光路，周而复始。同一时刻在示波器上显示的要么是内光路的拍频波，要么是外光路的拍频波。由于示波管的荧光粉余晖和人眼的记忆作用，看起来两个拍频重叠显示在一起。两路光在很短的时间间隔内交替经过同一套电路系统，相互间的相位差仅与两路光的光程差有关，消除了电路附加相移的影响。

6. 差频法测相位

　　在实际测相过程中，当信号频率很高时，测相系统的稳定性、工作速度以及电路分布参量造成的附加相移等因素都会直接影响测相精度。由于对电路的制造工艺要求比较苛刻，因此高频下测相困难较大。例如，BX21 型数字式位相计中检相双稳电路的开关时间是 40 ns 左右，如果所输入的被测信号频率为 100 MHz，则信号周期 $T = 1/f = 10$ ns，比电路的开关时间要短，可以想象，此时电路根本来不及动作。为使电路正常工作，就必须大大提高其工作速度。为了避免高频下测相的困难，人们通常采用差频的办法，即把待测高频信号转化为中、低频信号处理。这样做的好处是易于理解的，因为两信号之间位相差的测量实际上被转化为两信号过零的时间差的测量，而降低信号频率 f 则意味着拉长了与待测的位相差 ϕ 相对应的时间差。

下面证明差频前后两信号之间的位相差保持不变。

已知将两频率不同的正弦波同时作用于一个非线性元件（如二极管、三极管）时,其输出端包含有两个信号的差频成分。非线性元件对输入信号 X 的响应可以表示为

$$y(x) = A_0 + A_1 x + A_2 x^2 + \cdots A_n X^n \tag{3.2-10}$$

忽略上式中的高次项,可看到二次项产生混频效应。设基准高频信号为

$$u_2 = U_{20}\cos(\omega t + \phi_0 + \phi) \tag{3.2-11}$$

被测高频信号为

$$u_2 = U_{20}\cos(\omega t + \phi_0 + \phi) \tag{3.2-12}$$

现在引入一个本振高频信号

$$u' = U'_0 \cos(\omega' t + \phi'_0) \tag{3.2-13}$$

式(3.2-11)至式(3.2-13)中,ϕ_0 为基准高频信号的初位相,ϕ'_0 为本振高频信号的初位相,ϕ 为调制波在测线上往返一次产生的相移量。将式(3.2-12)和式(3.2-13)代入式(3.2-10)有

$$y(u_2 + u') \approx A_0 + A_1 u_2 + A_1 u' + A_2 u_2^2 + A_2 u'^2 + 2A_2 u_2 u'$$

略去高次项

$$2A_2 u_2 u' \approx 2A_2 U_{20} U'_0 \cos(\omega t + \phi_0 + \phi)\cos(\omega' t + \phi'_0)$$

展开交叉项有

$$A_2 U_{20} U'_0 \{\cos[(\omega + \omega')t + (\phi_0 + \phi'_0) + \phi] + \cos[(\omega - \omega')t + (\phi_0 - \phi'_0) + \phi]\}$$

由上面的推导可以看出,当两个不同频率的正弦信号同时作用于一个非线性元件时,在其输出端除了可以得到原来两种频率的基波信号以及它们的二次和高次谐波之外,还可以得到差频以及和频信号,其中差频信号很容易和其他的高频成分或直流成分分开。同样的推导,基准高频信号 u_1 与本振高频信号 u' 混频,其差频项为

$$A_2 U_{10} U_0' \cos[(\omega - \omega')t + (\phi_0 - \phi'_0)]$$

为了便于比较,把这两个差频项写在一起,基准信号与本振信号混频后所得差频信号为

$$A_2 U_{10} U'_0 \cos[(\omega - \omega')t + (\phi_0 - \phi'_0)] \tag{3.2-14}$$

被测信号与本振信号混频后所得差频信号为

$$A_2 U_{20} U'_0 \cos[(\omega - \omega')t + (\phi_0 - \phi'_0) + \phi] \tag{3.2-15}$$

比较以上两式可见,当基准信号、被测信号分别与本振信号混频后,所得到的两个差频信号之间的位相差仍保持为 ϕ。

本实验就是利用差频检相的方法,将 150 MHz 的高频基准信号和高频被测信号分别与本机振荡器产生的 $f = 149.545$ MHz 的高频振荡信号混频,得到频率为 455 kHz、位相差依然为 ϕ 的低频信号,然后送到示波器或位相计中去比相,如图 3.2-10 所示。

四、实验内容

1. 用光拍法通过测量光拍的波长和频率测定光速

① 预热。电子仪器都有一个温漂问题,光速仪的声光功率源、晶振和频率计须预热半小时再进行测量。在这期间可以进行线路连接、光路调整(即下述步骤③～⑦)、示波器调整等工作。因为由斩光器分出了内外两路光,所以在示波器上的曲线有些微抖,这是正常的。

② 连接。图 3.2-11 所示是电路控制箱的面板,请按表 3.2-2 将其与 LM2000C 光学平

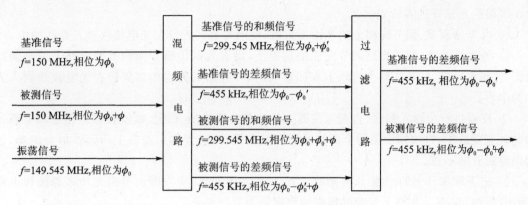

*455 kHz＝150 MHz－149.545 MHz　　299.545 MHz＝150 MHz＋149.545 MHz

图 3.2 - 10　差频检相示意图

台或其他仪器连接。

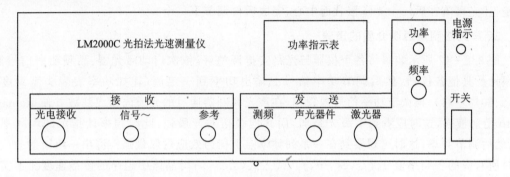

图 3.2 - 11　电路控制面

表 3.2 - 2　仪器线路连接

序　号	电路控制箱面板	光学平台/频率计/示波器	连线类型 （电路控制箱—光学平台/其他测量仪器）
1	光电接收	光学平台上的光电接收盒	4 芯航空插头——由光电接收盒引出
2	信号(∽)	示波器的通道 1	Q9—Q9
3	参考	示波器的同步触发端	Q9—Q9
4	测频	频率计	Q9—Q9
5	声光器件	光学平台上的声光器件	莲花插头—Q9
6	激光器	光学平台上的激光器	3 芯航空插头—3 芯航空插头

* 注意:电路控制箱面板上的功率指示表头中,读数值乘以 10 就是毫瓦数,即满量程是 1 000 mW。

　　③ 调节电路控制箱面板上的"频率"和"功率"旋钮,使示波器上的图形清晰、稳定(频率大约在 75 MHz±0.02 MHz 左右,功率指示一般在满量程的 60%～100%)。

　　④ 调节声光器件平台的手调旋钮 2,使激光器发出的光束垂直射入声光器件晶体,产生 Raman - Nath 衍射(可将一块屏置于声光器件的光出射端以观察 Raman - Nath 衍射现象),这时应明确观察到 0 级光和左右两个(以上)强度对称的衍射光斑,然后调节手调旋钮 1,使某

个 1 级衍射光正好进入斩光器。

⑤ 内光路调节：调节光路上的平面反射镜，使内光程的光打在光电接收器入光孔的中心。

⑥ 外光路调节：在内光路调节完成的前提下，沿着光的传播方向调节外光路上的平面反射镜，使棱镜小车 A/B 在整个导轨上来回移动时，外光路的光也始终保持在光电接收器入光孔的中心。

⑦ 反复进行步骤⑤和⑥，直至示波器上的两条曲线清晰、稳定、幅值相等。注意调节斩光器的转速要适中，过快则示波器上两路波形会左右晃动；过慢则示波器上两路波形会闪烁，引起眼睛观看的不适。

⑧ 记下频率计上的读数 f，应随时注意 f，如发生变化，应立即调节声光功率源面板上的"频率"旋钮，保持 f 在整个实验过程中的稳定。

⑨ 移动棱镜小车 A 和 B，利用千分尺测量光拍波长，重复测量 5 次。

⑩ 计算出光速 c 及其不确定度。光在真空中的传播速度为 $2.99\ 792 \times 10^8$ m/s。

注意：对整个系统而言，应遵循以下调节原则：顺着光路的先后次序，先调节前一个平面反射镜，让光斑落在后一个光学接收面中心，完成后再调节下一个。

2. 声光法测量透明介质的声速

图 3.2 - 12 所示装置将各个仪器与光路安排调整好，依次启动激光器、高频功率信号源、频率计及其他各仪器，然后调节功率信号源输出功率到一定值（比如功率表表头满刻度的 70%、80% 左右），再调节功率信号源频率，在声光调制器通过的介质内形成驻波并使 Raman - Nath 衍射最强，这时应看到零级光最弱，而其他级衍射光最强，此时频率计指示的声频率为 f_0，然后调节频率，这时可观察到在一系列频率点上衍射效应可以最强。测出一组衍射效应最强时所对应的各频率值 $f_0, f_1, f_2, \cdots, f_p$，代入式(3.2 - 9)得晶体中超声的传播速度。本实验 $V_{理} = 3\ 682$ m/s。

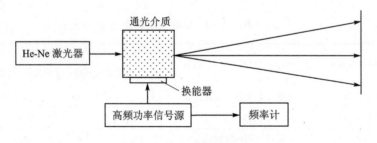

图 3.2 - 12　声速测量光路

为了减小由 f 读数误差而引起的 δf 误差，在换能器频率响应带宽范围内应尽量多测一些点，即使 p 值大一些，这样相对误差就变小了。

五、思考题

1. 实验中是如何判断外光路和内光路同位相的？能用李萨如图形法吗？

2. 如何快速调整内光路？

3. 利用光拍法测量水的折射率，推导出计算公式。

六、扩展实验

设计方案测量熔石英玻璃、重火石玻璃、水等物质的折射率,分析不确定度。

参考文献

[1] 母国光.光学[M].北京:人民教育出版社,1981.

[2] 林木欣.近代物理实验教程[M].北京:科学出版社,1999.

[3] 曹尔.近代物理实验[M].上海:华东师范大学出版社,1992.

[4] 吴思诚,王祖铨.近代物理实验[M].2版.北京:北京大学出版社,1995.

[5] 安毓英.光电子技术[M].北京:电子工业出版社,2004.

3.3　二倍频实验

1960 年 Maiman 研制出了第一台红宝石激光器,1961 年 P. A. Franken 将红宝石激光束入射到石英片上,发现出射的光束中不仅有红宝石激光的 694.4 nm 的谱线,而且还有一条 347.2 nm 的谱线。这正是入射光波波长 694.4 nm 的一半,即频率二倍了。这一实验揭开了光学实验新的一页,开辟了一个新的研究领域。1962 年 N. Bloembergen 等所做的光波混频的理论工作和 P. A. Franken 所做的上述实验是非线性光学诞生的标志。二倍频(二次谐波)就是频率为 ω 的基频光经过非中心对称的极化介质时,通过二阶非线性系数和光场的二次方产生的频率为 2ω 的倍频光。当光场较弱时,极化强度 P 与光场的一次方成正比;但在强光的作用下,介质的极化强度 P 可与光场的二次方或三次方成正比,比例系数分别为二阶和三阶非线性系数(以张量的形式表达)。本实验是非线性光学中的典型实验,通过这次实验可以了解倍频产生的机制和实现匹配的方法,为进一步学习打好基础。

本实验最基本的应用就是扩展光源,通过倍频可产生不同波长的激光;可用倍频信号作为一种手段分析介质的对称性;分析介质表面的物质结构和元素成分等。

一、实验要求与预习要点

1. 实验要求

① 了解并掌握二倍频产生的机制。

② 了解并掌握实现相位匹配的方法。

③ 了解并掌握光波在晶体介面的行为。

2. 预习要点

① 极化率概念。

② 晶体的对称性。

③ 能流密度矢量。

二、实验原理

实验中所用的介质材料是由原子或分子构成的。在强光场的作用下,原子外层的电子会在光场电分量的作用下产生位移而偏离其平衡位置，而原子实是带正电的，于是介质便被极化，且极化强度为 $P = \varepsilon_0 \chi^{(1)} E^{(1)}$（其中上标表示一次方）。若光场很强，则极化强度 P 也可与光场的二次方成正比，即 $P = \chi^{(2)} : EE$。于是总的极化强度 $P = \varepsilon_0(\chi^{(1)} E^{(1)} + \chi^{(2)} : EE)$。其中第二项也是一个极化源，必辐射电磁波，其中就有二倍于入射光场频率的成分。当在晶体中该成分的增强条件得到满足时，二倍频光场便不断增强。

非线性光学的理论基础是麦克斯韦方程组：

$$\begin{cases} \nabla \times E = -\dfrac{\partial B}{\partial t} \\[2mm] \nabla \times H = \dfrac{\partial D}{\partial t} + J \\[2mm] \nabla \cdot D = \rho \\[2mm] \nabla \cdot B = 0 \end{cases} \qquad (3.3-1)$$

其中，E 为光场的电分量，H 为磁分量，D 为电位移矢量，B 为磁感应强度，ρ 为电荷密度，J 为电流密度（对于非导电有机材料 $J = 0$）。

介质的物质方程

$$\begin{cases} D = \varepsilon_0 E + P \\[2mm] B = \mu H \end{cases} \qquad (3.3-2)$$

P 就是极化强度，对所用的材料 $\mu = 1, \rho = 0$。

通过矢量运算 $\nabla \times \nabla \times E = \nabla(\nabla \cdot E) - \nabla^2 E$ 及 $\rho = 0$，由麦克斯韦方程得知

$$\nabla^2 E - \frac{1}{C^2} \frac{\partial^2 E}{\partial t^2} = \mu_0 \frac{\partial^2 P}{\partial t^2}$$

让光波入射到不具有中心对称性的介质中。

E 为场强，$P = \varepsilon_0 \chi E$ 产生极化，χ 为极化率，ε_0 为介电常数。

电位移矢量 $D = \varepsilon_0 E + P = \varepsilon_0 E + \varepsilon_0 \chi E = \varepsilon_0(1 + \chi)E$，即 P 与 E 和 D 与 E 都呈线性关系。

激光光场可以很强，在实验中发现 $P = \varepsilon_0 \chi E$ 的线性关系偏差很大，即呈现出非线性关系。作如下级数展开：

$$P = \varepsilon_0 \chi^{(1)} E^{(1)} + \varepsilon_0 \chi^{(2)} : EE + \varepsilon_0 \chi^{(3)} : EEE + \cdots = P^{(1)} + P^{(2)} + P^{(3)} + \cdots$$

$\chi^{(2)}, \chi^{(3)}$ 分别为介质的二阶、三阶极化率张量。

现分析 $P^{(2)}$ 项。

$P^{(2)}$ 的作用是一个极化源，可以产生对应的极化波。将外场 $E(r, \omega, t)$ 写成

$$E = \frac{1}{2}(E_{(r)} e^{i\omega t} + E_{(r)} e^{-i\omega t})$$

则

$$E^2 = E * E = \frac{1}{4}(E_{(r)} E_{(r)} e^{2i\omega t} + 2E_{(r)} E_{(r)} + E_{(r)} E_{(r)} e^{-2i\omega t})$$

即出现了直流成分 $E_{(r)} E_{(r)}$ 和倍频成分 $E_{(r)} E_{(r)} e^{2i\omega t}$。

有频率为 2ω 的极化源：$P^{(2)} = P_{(2\omega)}^{(2)}$。设频率为 2ω 的光传播方向为 k_2，频率为 ω 的光传播方向为 k_1，现在，介质中由于 $\chi^{(2)} \neq 0$，在光场 $E_{(\omega)}$ 的作用下产生了信频光，于是总光场为 $E_{(\omega)} + E_{(2\omega)}$，由麦克斯韦方程有

$$\nabla^2(E_{(\omega)} + E_{(2\omega)}) - \mu_0 \frac{\partial^2 \varepsilon(E_{(\omega t)} + E_{(2\omega t)})}{\partial t^2} = \mu_0 \frac{\partial^2 P^{(2)}}{\partial t^2} \qquad (3.3-3)$$

其中，

$$E(\omega t) = E(\omega)(z) e^{i(\omega t - k_1 z)}$$

$$E(2\omega t) = E(2\omega)(z) e^{i(2\omega t - k_1 z)}$$

可认为，光场在与其传播方向垂直的平面上分布不变且光场的振幅 $E_{(z)}$ 在波长量级上变化很小，则有

$$\left| \frac{\partial^2}{\partial z} E_{(z)} \right| \ll \left| 2k \frac{\partial E}{\partial k} \right|$$

在有极化源的麦克斯韦方程中，各频率成分左右相等并写成独立的方程，有

$$\frac{\partial E_{(\omega)}}{\partial z} = -\frac{i\omega}{2} \sqrt{\frac{\mu_0}{\varepsilon_{(\omega)}}} \frac{\varepsilon_0}{2} \chi_{\mathrm{eff}}^{(2)} E_{(2\omega)} E_{(\omega)} e^{i(k_2 - k_1)z}$$

$$\frac{\partial E_{(2\omega)}}{\partial z} = -\frac{i\omega}{2} \sqrt{\frac{\mu_0}{\varepsilon_{(2\omega)}}} \frac{\varepsilon_0}{2} \chi_{\mathrm{eff}}^{(2)} E_{(2\omega)} E_{(\omega)} e^{i(k_2 - 2k_1)z} \qquad (3.3-4)$$

可见，基频光波 $E_{(\omega)}$ 和通过 $\chi_{\mathrm{eff}}^{(2)}$ 产生的倍频光 $E_{(2\omega)}$ 的光场是耦合在一起的。解此耦合方程，在近似条件 $E_{\omega(z)} \approx E_{\omega(0)}$ 下，有

$$E_{2L} = -\frac{i\varepsilon_0 \omega}{2} \sqrt{\frac{\mu_0}{\varepsilon}} \chi_{\mathrm{eff}}^{(2)} E_{\omega_0}^2 \frac{i\Delta k L - 1}{i\Delta k}$$

式中，$\Delta k = k_2 - 2k_1$，L 是介质的长度。

所以，产生频率 (2ω) 光的强度为

$$I = E_{2(L)} E_{2(L)}^* = 2 \left(\frac{\mu_0}{\varepsilon_0} \right)^{\frac{3}{2}} \left(\frac{\varepsilon_0}{2} \right)^2 \frac{\omega^2 \chi_{\mathrm{eff}}^{(2)} L^2}{n^3} I_{(\omega)}^2 \left(\frac{\sin \frac{1}{2} \Delta k L}{\frac{1}{2} \Delta k L} \right) \qquad (3.3-5)$$

可见，Δk 越大，I 越小；$\Delta k \to 0$ 时，I 最大；当 $\Delta k = 0$ 时，有

$$k_2 - 2k_1 = \frac{4\pi}{\lambda_{(\omega)}} (n_2 - n_1) = 0 \qquad (3.3-6)$$

即频率为 2ω 的光波折射率等于 ω 光的折射率，这在一般的介质中是不易做到的，但如有某种单轴晶体，光场沿光轴方向和沿与光轴垂直方向的折射率分别为 n_e、n_o，且有 $n_e < n_o$（负单轴晶体），其折射率面如图 3.3-1 所示。对折射率面存在图 3.3-2 所示的机制，当光沿 k 方向传播时，$n_\omega^e = n_{2\omega}^o$，即入射的 E_ω^e 产生 $E_{2\omega}^o$ 时的信号最强。于是可以实现相位匹配。例如 $3m$ 点群对称的晶体便满足这样的条件。

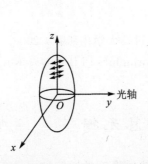

图 3.3-1　折射率曲面图

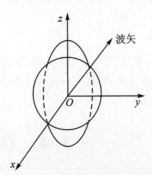

图 3.3-2　相位匹配示意图

在分子坐标系中

$$
\mathbf{P}^{(2)} = \begin{bmatrix} p_1 \\ p_2 \\ p_3 \end{bmatrix} = \begin{bmatrix} 0 & 0 & 0 & 0 & d_{15} & -d_{16} \\ -d_{22} & d_{22} & 0 & d_{15} & 0 & 0 \\ d_{15} & d_{15} & d_{33} & 0 & 0 & 0 \end{bmatrix} \begin{bmatrix} E_1^2 \\ E_2^2 \\ E_3^2 \\ 2E_3 E_2 \\ 2E_1 E_3 \\ 2E_1 E_2 \end{bmatrix} \qquad (3.3-7)
$$

其中要特别注意 o -光和 e -光的表述。

三、实验装置

实验所用的激光器是 YAG 脉冲激光器,出射光波长为 1 064 nm,选用频率为 1 Hz。

用 KDP 晶体实现二倍频,用棱镜进行分光,用 1/2 和 1/4 波片控制入射光的偏振方向,能量计用以测量倍频信号光的能量。

四、实验内容

1. 根据布氏窗的放置判断基频光的偏振方向,并验证。

2. 用 1 064 nm 的 1/2 和 1/4 波片产生不同偏振态的入射光,并转动晶体,记录相应数据,求出最高倍频效率时的各物理参数。

五、思考题

1. 光波矢量和能流密度矢量的方向关系。

2. 对于二倍频实验,如果有一种材料其偶极矩在常温下是无序的,但知道该材料在 100 ℃ 时可成为熔融状态。怎样获得二倍频信号,并给出此时样品的宏观对称性。

六、扩展实验

测量使晶体绕光轴(Z 轴)和绕 X 轴时的倍频信号。

七、研究实验

实现周期极化的一维晶体的相位匹配情况。

参考文献

[1] 石顺祥. 非线性光学[M]. 西安:西安电子科技大学出版社,2003.

[2] FRANKEN P A. Generation of Optical Harmonics [J]. Phys. Rev. Lett. ,1961,7:118－120.

3.4 偏振全息光栅

本实验是用两束激光干涉产生光场周期分布,然后将该光场信息记录在各向异性的介质膜中并形成光栅。这种光栅有反射型和透射型,有的记录在介质内,有的在介质膜表面形成表面凸起的周期结构。根据这些性质,本实验可用于全息存储,光排列介质中的分子、光波导、电光调制等应用领域。

通常讲两束光的干涉是指两束偏振方向相同的线偏振光产生的干涉,此种情况产生光场强度的周期分布,偏振方向不变(同于两束干涉光的偏振方向)。但是,当两束光的偏振方向相互垂直时,此时产生干涉光场的强度不变,但其偏振态是周期分布的。此时若记录介质是各向异性的且对光的偏振状态很敏感,那么光场周期变化的信息就可记录在介质中,即形成偏振全息光栅。记录后的介质是宏观上各向同性的还是各向异性的要通过检测探测光透过率的信息来确定。

一、实验要求与预习要点

1. 实验要求

① 对于两束正交的线偏振光,掌握干涉后形成的光场分布。

② 对于记录在介质中的光栅,用探测光分析该光栅的特性,并给出相应的物理图像。

③ 了解矩阵方法在该类型实验中的应用。

2. 预习要点

① 了解单轴晶体的各向异性。

② 一级衍射光信号的表达式。

③ 零级光和一级衍射光的含义。

二、实验原理

图 3.4 - 1 所示为实验光路图,实验中激发光是 Ar^+ 激光器出射的波长为 514.5 nm 的绿

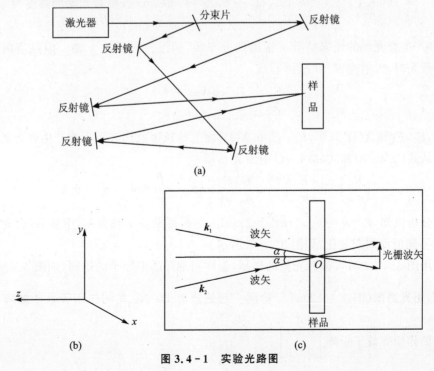

(a)

(b)　　　　(c)

图 3.4 - 1　实验光路图

光,其偏振方向是沿图 3.4 - 1(b)的 y 轴方向,实验中同时用一束 He-Ne 激光(波长为 632.8 nm)监测光栅产生的过程。

在图 3.4 - 1 所示的简化图中,两束光 $\boldsymbol{k}_1$ 和 $\boldsymbol{k}_2$ 在样品 O 处干涉, $\boldsymbol{k}_1$ 和 $\boldsymbol{k}_2$ 的夹角为 2α,在波矢空间中,由 $\triangle OAB$ 可知, $\boldsymbol{k}_1 - \boldsymbol{k}_2 = \boldsymbol{q}$(令 $\boldsymbol{AB} = \boldsymbol{q}$)为光栅方向矢量。而 $|\boldsymbol{k}_1| = |\boldsymbol{k}_2| = \dfrac{2\pi}{\lambda}$,可知 $\boldsymbol{q}$ 也应有同样的表达式 $\boldsymbol{q} = \dfrac{2\pi}{\Lambda}$($\Lambda$ 有波长的量纲)。

图 3.4 - 2　探测光路图

从图 3.4 - 1 的 $\triangle OAB$ 中可知:

$$q = 2|k_1|\sin\alpha$$

所以

$$\frac{\pi}{\Lambda} = 2\frac{2\pi}{\lambda}\sin\alpha \rightarrow \Lambda = \frac{\lambda}{2\sin\alpha}$$

即是光场沿 y 轴分布的周期,即空气中的光栅周期。

若两束光的偏振方向相同,如沿 y 轴方向合光场

$$E = E_1 + E_2 = \hat{y}A_1 e^{i(\omega t - \vec{k}_1 \vec{r})} + \hat{y}A_2 e^{i(\omega t - \vec{k}_2 \vec{r})} \quad (3.4-1)$$

两束光强近似相同,有 $A_1 \approx A_2 = A$, A 为振幅,由 q 的定义自然应考虑 r 的空间分量应选 x 轴分量,则 $k_{1x} = xk\sin\alpha$, $k_2 x = xk\sin\alpha$, $(\vec{k}_2 - \vec{k}_1)x = x2k\sin\alpha$。则合光场的强度为

$$I = EE^* = 2A^2(1 + \cos(2k\sin\alpha)) \quad (3.4-2)$$

所以,干涉产生合光场的光强是沿 x 轴周期分布的,偏振方向仍沿 y 轴。但是当两束光是正交的线偏振光时,入射光 E_1, E_2 可写成

$$E_x = \hat{x}a_x\cos(\omega t + \phi_x) \quad (3.4-3)$$

$$E_y = \hat{y}a_y\cos(\omega t + \phi_y) \quad (3.4-4)$$

此时, E_1, E_2 和 XOY 共面, E_x, E_y 在 XOY 面上的轨迹就代表了干涉产生合光场的偏振特性。为此从式(3.4-3)和式(3.4-4)中消去 t,得

$$\left(\frac{E_x}{a_x}\right)^2 + \left(\frac{E_y}{a_y}\right)^2 - 2\frac{E_x}{a_x}\frac{E_y}{a_y}\cos\phi = \sin^2\phi \quad (\phi = \phi_y - \phi_x) \quad (3.4-5)$$

从上面的分析可知, $\phi_y - \phi_x = \vec{k}_2 x - \vec{k}_1 x = 2xk\sin x = \phi$,可见在 x 轴方向,干涉后,合光场的偏振态随 x 取不同值而周期变化,如图 3.4 - 3 所示。

对于用图 3.4 - 1 写入偏振光栅的样品,怎样判别样品中分子的排列,如图 3.4 - 4 所示。

为此,用光路图(图 3.4 - 2)进行检测。起偏器对 He-Ne 光的作用等效于矩阵 $\begin{bmatrix} 1 & 0 \\ 0 & 0 \end{bmatrix}$,

而检偏器的作用等效于矩阵 $\begin{bmatrix} 0 & 0 \\ 0 & 1 \end{bmatrix}$。

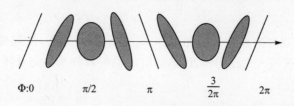

$$\Phi{:}0 \qquad \pi/2 \qquad \pi \qquad \frac{3}{2}\pi \qquad 2\pi$$

图 3.4－3　两束垂直线偏振的合成光场

对于长棒状的分子,按图 3.4－4 右侧图所示排列,其对 He-Ne 光的作用是等效于矩阵
$\begin{bmatrix} e^{i\delta/2} & 0 \\ 0 & e^{-i\delta/2} \end{bmatrix}$。其中, $\delta = \dfrac{2\pi\Delta nd}{\lambda}$, d 为样品膜的厚度, $\Delta n = n_{//} - n_{\perp}$, Δn 是折射率之差(偏振方向平行和垂直分子轴的折射率之差)。

将上述的矩阵依次相乘,便得到透过光强 I 与样品绕 Z 轴转角 ϑ 的公式:

$$I = \sin^2 2\vartheta \sin^2 \frac{\delta}{2} \qquad (3.4-6)$$

于是,利用实验的零级透过光强、一级透过光强和样品转角 ϑ 的实验曲线,便可判断分子是否有图 3.4－4 所示的情况。

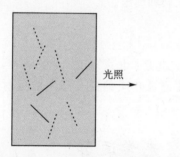

(a) Ar⁺ 激光作用前分子在宏观上是无序的　　(b) Ar⁺ 激光作用后分子变成有序排列

图 3.4－4　Ar⁺ 激光作用前后分子排列情况

三、实验装置

激发光 Ar⁺ 激光器(电源、冷却水箱、激光腔)、探测光 He-Ne 激光器、功率计、示波器、计算机、 $\dfrac{\lambda}{2}$ 波片、分束片、反射镜、起偏器和检偏器。

四、实验内容

1. 光路图 3.4－1 在没有 Ar⁺ 激光作用时:

① 转检偏器 A(每次转角 $\vartheta\sim5°$),求透过强度 I-ϑ 曲线;

② 在起偏器与检偏器的透光轴垂直($P\perp A$)时,求转动样品的 I-ϑ 曲线。

2. 按图 3.4－1 所示搭建光路,注意两光束的光程差。同时调出示波器的工作状态,并与计算机相连。

3. 测响应曲线及衍射效率。对于强度光栅和偏振光栅,写入时间为 3min,用示波器测出两种情况的一级衍射光的响应曲线。当 $t=3$ min 时,关闭 Ar⁺ 光源,用 He-Ne 光探测一级衍射效率,即测出一级衍射光的强度 I_1, 衍射效率 $\eta = \dfrac{I_1}{I_0}$。式中, I_0 是没有写光栅时,透射光的强度。

4. 判断光栅的宏观各向异性。按图 3.4 - 2 所示搭好光路,使起偏器与检偏器正交,使 He-Ne 光束聚焦后通过写入光栅的位置,然后绕 z 轴旋转样品。记录转过角度与透过率的关系曲线,并用计算机作图。

五、思考题

1. 分析正交线偏振光干涉产生的合光场的强度是否呈周期变化。
2. 如要形成反射光栅,怎样设计两干涉光束的传播方向?
3. 应用于信息存储时,彩色三维图像是如何处理的?

六、扩展实验

用上述的实验完成二维黑白图像的记录和读出。

七、研究实验

用上述的实验完成三维彩色图像的记录和读出。

参考文献

[1] 于美文. 光全息学及其应用[M]. 北京:北京理工大学出版社,1996.
[2] 于美文,张存林. 光致各向异性记录介质偏振全息图的透射矩阵[J]. 物理学报, 1992,(5):759 - 765.

3.5 光学运算

由光路构成的成像系统是用来接收、传递、改变和输出图像的,而图像一般是在二维空间内随空间改变的光信号。这种情形与由电路构成的通信系统是极其相似的,只不过通信系统所传输的是随时间而改变的电信号,成像系统所传输的是随空间而改变的光信号。由于这种相似性,可以将通讯系统的一系列概念和方法应用于成像系统,从而形成近代光学的一个重要分支,即信息光学(傅里叶光学),而空间滤波与随之发展而来的光学信息处理则是其中的组成部分。

空间滤波是指在光学系统的傅里叶变换频谱面上放置适当的滤波器,以改变光波的频谱结构,从而使物图像获得预期的改善。在此基础上发展的光学信息处理技术是一个更为宽广的领域。它主要是指用光学方法实现对输入信息实施某种运算或变换,以达到对感兴趣的信息进行提取、编码、存储、增强、识别和恢复等目的。其中最基本的操作是用光学方法对图像信息进行傅里叶变换,并采用频谱的语言来描述信息,用改善频谱的手段来改造信息。空间滤波与光学信息处理有许多类型,应用十分广泛。这里仅介绍其中两个典型的光学运算实验:光学图像加减实验和光学图像微分处理实验。

一、实验要求与预习要点

1. 实验要求

① 采用正弦光栅作滤波器对图像进行相加和相减实验,加深对空间滤波概念的理解。

② 掌握用复合光栅对光学图像进行微分处理的原理和方法。

③ 领会空间滤波的意义,加深对光学信息处理实质的理解。

2. 预习要点

① 两种光栅的结构。

② 图像加减的原理是怎样的?

③ 怎样实现图像的微分效果?

④ 图像光学运算可以应用在什么领域?

二、实验原理

1. 光学图像加减实验

图像加减是相干光学处理中的一种基本的光学-数学运算,是图像识别的一种主要手段。相减可以求出两张相近照片的差异并从中提取差异信息,例如,通过在不同时期拍摄的两张照片相减,在医学上可用来发现病灶的变化,在军事上可以发现地面军事设施的增减,在农业上可以预测农作物的长势,在工业上可以检查集成电路掩膜的疵病,还可用于地球资源探测、气象变化以及城市发展研究等领域。实现图像相减的方法很多,本实验介绍了利用正弦光栅作为空间滤波器实现图像相减的方法。

设正弦光栅的空间频率为 f_0,将其置于 $4f$ 系统的滤波平面 P_2 上,如图 3.5-1 所示。光栅的复振幅透过率为

$$H(f_x, f_y) = \frac{1}{2}\big[1 + \cos(2\pi f_0 x_2 + \phi_0)\big] = \frac{1}{2} + \frac{1}{4}e^{i(2\pi f_0 x_2 + \phi_0)} + \frac{1}{4}e^{-i(2\pi f_0 x_2 + \phi_0)}$$

$$(3.5-1)$$

式中,$f_x = x_2/(\lambda f)$,$f_y = y_2/(\lambda f)$,f 为傅里叶变换透镜的焦距;ϕ_0 表示光栅条纹的初位相,它

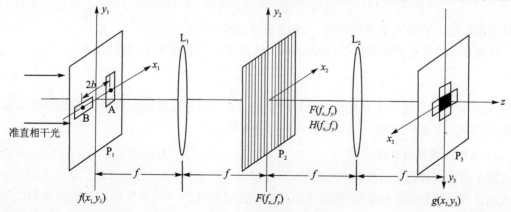

图 3.5-1　光学图像加减原理图

决定了光栅相对于坐标原点的位置。

将图像 A 和图像 B 置于输入平面 P_1 上，且沿 x_1 方向相对于坐标原点对称放置，图像中心与光轴的距离均为 b。选择光栅的频率为 f_0，使得 $b = \lambda f f_0$，以保证在滤波后两图像中 A 的 $+1$ 级像和 B 的 -1 级像能恰好在光轴处重合。于是，输入场分布可写成

$$f(x_1, y_1) = f_A(x_1 - b, y_1) + f_B(x_1 + b, y_1) \tag{3.5-2}$$

在其频谱面 P_2 上的频谱为

$$F(f_x, f_y) = F_A(f_x, f_y) e^{-i2\pi f_x b} + F_B(f_x, f_y) e^{i2\pi f_x b} \tag{3.5-3}$$

由于 $b = \lambda f f_0$ 及 $x_2 = \lambda f f_x$，因此 $f_x b = f_0 x_2$。式(3.5-3)可以写成

$$F(f_x, f_y) = F_A(f_x, f_y) e^{-i2\pi f_0 x_2} + F_B(f_x, f_y) e^{i2\pi f_0 x_2} \tag{3.5-4}$$

经过光栅滤波后的频谱为

$$\begin{aligned}
F(f_x, f_y) H(f_x, f_y) = &\frac{1}{4}\left[F_A(f_x, f_y) e^{i\phi_0} + F_B(f_x, f_y) e^{-i\phi_0}\right] + \\
&\frac{1}{2}\left[F_A(f_x, f_y) e^{-i2\pi f_0 x_2} + F_B(f_x, f_y) e^{i2\pi f_0 x_2}\right] + \\
&\frac{1}{4}\left[F_A(f_x, f_y) e^{-i(4\pi f_0 x_2 + \phi_0)} + F_B(f_x, f_y) e^{i(4\pi f_0 x_2 + \phi_0)}\right]
\end{aligned} \tag{3.5-5}$$

通过透镜 L_2 进行傅里叶逆变换，在输出平面 P_3 上的光场为

$$\begin{aligned}
g(x_3, y_3) = &\frac{1}{4} e^{i\phi_0}\left[f_A(x_3, y_3) + f_B(x_3, y_3) e^{-i2\phi_0}\right] + \frac{1}{2}\left[f_A(x_3 - b, y_3) + f_B(x_3 + b, y_3)\right] + \\
&\frac{1}{4}\left[f_A(x_3 - 2b, y_3) e^{-i\phi_0} + f_B(x_3 - 2b, y_3) e^{i\phi_0}\right]
\end{aligned} \tag{3.5-6}$$

讨论：

① 当光栅条纹的初相位 $\phi_0 = 0$ 时，式(3.5-6)变为

$$g(x_3, y_3) = \frac{1}{4}\left[f_A(x_3, y_3) + f_B(x_3, y_3)\right] + 其余项 \tag{3.5-7}$$

结果表明在输出平面 P_3 的光轴附近实现了图像相加。

② 当光栅条纹的初相位 $\phi_0 = \pi/2$ 时，式(3.5-6)变为

$$g(x_3, y_3) = \frac{i}{4}\left[f_A(x_3, y_3) - f_B(x_3, y_3)\right] + 其余项 \tag{3.5-8}$$

结果表明在输出平面 P_3 的光轴附近，实现了图像相减。

从相加状态转换到相减状态，光栅的横向位移量 Δ 应等于 1/4 周期，即满足：

$$\Delta = \frac{1}{4f_0} = \frac{\lambda f}{4b} \tag{3.5-9}$$

因此，可用此公式估算一下光栅横向位移的量级。小心缓慢地横向水平移动光栅时，将在输出平面的光轴附近观察到图像 A、B 交替的相加相减的效果。

2. 光学图像微分处理实验

对于对比度较低的物像，各个部分因为强度变化不大，有时很难分清楚。由于人眼对于物体或图像的边缘轮廓比较敏感（轮廓也是物体的重要特征之一），如果能设法使图像的边缘较中间部位明亮就容易看清楚了，这种方法称为像边缘增强。光学图像微分处理不仅是一种主要的光学数学运算，而且在光学图像处理中是突出信息的一种重要方法，尤其对突出图像边缘

轮廓和图像细节有明显的效果。例如,对一些模糊图片(如透过云层的卫星图片或雾中摄影图片)进行光学微分,勾画出物体的轮廓,便能识别这样的模糊图片,所以光学微分也是图像识别的一种重要手段。

光学图像微分有多种方法,例如:

① 高通微分滤波法:利用挡住或衰减零频和低频的高通空间滤波器,实现不同程度的微分滤波,以增强图像的边缘轮廓。

② 复合光栅微分滤波法:先使待处理的图像产生两个错位的像,然后让相同部分相减而留下由错位产生的边缘部分,以增强图像的边缘轮廓。

其他一些光学图像微分方法各有不同特色,本实验只讨论利用复合光栅滤波实现光学图像微分的方法。

本实验的光路系统是一个典型的相干光学处理系统(即 $4f$ 系统),其原理如图 3.5-1 所示。将待微分的图像置于 $4f$ 系统输入面 P_1 的原点位置,微分滤波器(也称复合光栅)置于频谱面 P_2 上,经适当调整位置即可在输出面 P_3 上得到微分图形。

设输入图像为 $t(x,y)$,其傅里叶变换频谱为 $T(f_x,f_y)$,则由傅里叶变换定理有

$$F\left[\frac{\partial t(x,y)}{\partial x}\right] = \mathrm{i}2\pi f_x T(f_x,f_y) \tag{3.5-10}$$

式中,$f_x=x_2/(\lambda f)$,$f_y=y_2/(\lambda f)$。

如果频谱面上的滤波函数为

$$H(f_x,f_y) = \mathrm{i}2\pi f_x = \mathrm{i}2\pi(x_2/\lambda f) \tag{3.5-11}$$

则可实现对光学图像的微分。实际上,微分滤波器的振幅透过率只需满足正比于 x_2,即可达到光学微分的目的。

复合光栅相当于两套空间取向完全相同、空间频率相差 Δf_0 的一维光栅叠加而成。一般采用全息的方法来制作。复合光栅包含了两种空间频率,为书写简洁起见,令其初始位置时的透过率函数为

$$H\left(\frac{x_2}{\lambda f},\frac{y_2}{\lambda f}\right) = t_0 + t_1\cos(2\pi f_0 x_2) + t_2\cos(2\pi f'_0 x_2)$$

$$T(f_x,f_y)H(f_x,f_y) =$$

$$T\left(\frac{x_2}{\lambda f},\frac{y_2}{\lambda f}\right)t_0 + \frac{t_1}{2}T\left(\frac{x_2}{\lambda f},\frac{y_2}{\lambda f}\right)(\mathrm{e}^{\mathrm{i}2\pi f_0 x_2}+\mathrm{e}^{-\mathrm{i}2\pi f_0 x_2})$$

$$+ \frac{t_2}{2}T\left(\frac{x_2}{\lambda f},\frac{y_2}{\lambda f}\right)(\mathrm{e}^{\mathrm{i}2\pi f'_0 x_2}+\mathrm{e}^{-\mathrm{i}2\pi f'_0 x_2})$$

显然物频谱会受到两个一维余弦光栅的调制。当其受第一次记录的光栅调制后,在输出面 P_3 上可得到 3 个衍射像,其中零级衍射像位于 $x_3 O y_3$ 平面的原点,正、负一级衍射像则沿 x_3 轴对称分布于 y_3 轴两侧,距原点的距离为 $x_3=\pm\lambda f f_0$(f 为透镜焦距)。同样,受第二次记录的光栅调制后,在输出面上将得到另一组衍射像,其中零级衍射像仍位于坐标原点,与前一个零级像重合,正、负一级衍射像也沿 y_3 轴对称分布于原点两侧,但与原点的距离为 $x'_3=\pm\lambda f f'_0$。由于 $\Delta f_0 = f'_0 - f_0$ 很小,故 x_3 与 x'_3 的差 $\Delta x_3 = \pm\lambda f\Delta f_0$ 也很小,从而使两个对应的 ±1 级衍射像几乎重叠,沿 x_3 方向只错开很小的距离 Δx_3。由于 Δx_3 比图形本身的尺寸要小很多,当复合光栅平移一个适当的距离 Δl 时,由此引起两个同级衍射像的相移量为

$$\Delta\phi_1 = 2\pi f_0\Delta l, \quad \Delta\phi_2 = 2\pi f'_0\Delta l \tag{3.5-12}$$

从而导致两个同级衍射像有一个附加的相位差,即

$$\Delta\phi = \Delta\phi_2 - \Delta\phi_1 = 2\pi\Delta f_0 \Delta l \qquad (3.5-13)$$

当这时两个同级衍射像正好相差 π 相位且相干叠加时,两者重叠部分相消,只剩下错开的图像边缘部分,从而实现了边缘增强。这时

$$\Delta\phi = \pi$$

$$\Delta l = \frac{1}{2\Delta f_0} \qquad (3.5-14)$$

三、实验仪器

实验仪器的名称、规格和数量如表 3.5-1 所列。

表 3.5-1　实验仪器的名称、规格和数量

仪器名称	规　格	数　量
光学实验导轨	1 000 mm	1 根
半导体激光器(含电源)	635 nm,3 mW	1 台
加减图像+干板夹		1 套
一维光栅+干板夹		1 套
微分图像+干板夹		1 套
复合光栅+干板夹		1 套
傅里叶透镜		2 套
毛玻璃		1 块
扩束镜		1 套
准直镜		1 套
滑块		7 个
一维位移架		1 个

四、实验步骤

1. 光学图像加减实验

① 将半导体激光器放在光学实验导轨的一端,打开电源开关,调节二维调整架的两个旋钮,使半导体激光器出射的激光光束平行于光学实验导轨。

② 在半导体激光器的前面放入扩束镜,调整扩束镜的高度和其上面的二维调节旋钮,使扩束镜与激光光束同轴等高。

③ 在扩束镜的前面放入准直镜,调整准直镜的高度,使准直镜与激光光束同轴等高。再调整准直镜的位置,使从准直镜出射的光束成近似平行光。

④ 在准直镜的前面搭建 $4f$ 系统,保持两傅里叶透镜与激光光束同轴等高,如图 3.5-2 所示。

⑤ 在 $4f$ 系统的输入面上放入待加减图像且待加减图像装在一维位移架上,两图像沿 x 方向对称放置且图像中心与光轴的距离均为 b。频谱面上放入加减滤波器(一维光栅),且加减滤波器(一维光栅)装在一维位移架上(注意一维光栅方向),输出面上放入观察屏(毛玻璃)。

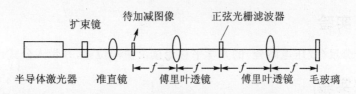

图 3.5－2　光学图像加减实验系统框图

⑥ 通过旋转一维位移架上的旋钮,使加减滤波器(一维光栅)发生位移,观察毛玻璃上的图像的变化,直到在毛玻璃上出现加减图像为止。

2. 光学图像微分处理实验

① 将半导体激光器放在光学实验导轨的一端,打开电源开关,调节二维调整架的两个旋钮,使从半导体激光器出射的激光光束平行于光学实验导轨。

② 在半导体激光器的前面放入扩束镜,调整扩束镜的高度和其上面的二维调节旋钮,使扩束镜与激光光束同轴等高。

③ 在扩束镜的前面放入准直镜,调整准直镜的高度,使准直镜与激光光束同轴等高。再调整准直镜的位置,使从准直镜出射的光束成近似平行光。

④ 在准直镜的前面搭建 $4f$ 系统,保持两傅里叶透镜与激光光束同轴等高,如图 3.5－3 所示。

⑤ 在 $4f$ 系统的输入面上放入待微分图像,两图像沿 x 方向对称放置且图像中心与光轴的距离均为 b。频谱面上放入微分滤波器(复合光栅)且微分滤波器(复合光栅)装在一维位移架上,输出面上放入观察屏(毛玻璃)。

⑥ 通过旋转一维位移架上的旋钮,使微分滤波器(复合光栅)发生位移,观察毛玻璃上的图像的变化,直到在毛玻璃上出现微分图像(像的边缘增强)为止。

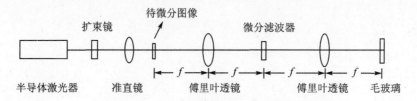

图 3.5－3　光学图像微分处理实验装置图

五、思考题

① 实验中如果出现无论怎样调整光栅位置,图像 A 的＋1 级和图像 B 的－1 级的重合处始终无法得到全黑的现象,这可能是由哪些原因引起的?

② 在观察周期交替出现图像相加和相减的效果时,由实验装置的参数估算一下光栅每次所需的移动量是多少? 实验时也可使放置光栅的微动平台的微动方向倾斜于光轴的方向,每次的移动量将如何变化?

③ 光学图像微分实验采用的原理与图像加减实验的实验原理在本质上有何异同?

六、扩展实验

利用带有千分尺(或压电陶瓷)的光学平移台读出横向位移,并带入公式计算光栅周期。

七、研究实验

利用计算机程序对图像微分实验进行模拟,然后设计不同的图案进行机械加工。将加工好的图案放回光路中,拍摄光学微分效果,并与程序模拟的结果进行对比。

参考文献

[1](美)古德曼.傅里叶光学导论[M].秦克诚,刘培森,陈家壁,等,译.3 版.北京:电子工业出版社,2011.

[2] 王仕璠.信息光学理论与应用[M].北京:北京邮电大学出版社,2004.

第4章　原子核物理与原子物理专题

4.0 引　言

本单元包括原子核物理方面的实验和原子物理方面的实验。

现今在核物理的实验研究中涉及核反应和核结构方面的研究。利用粒子加速器产生的一定能量的粒子束和靶物质进行碰撞,用各种粒子探测器来进行反应产物的探测。探测的粒子主要有α射线、β射线、γ射线、X射线、重离子以及中子和更小尺度的介子等。这些射线用眼睛和其他先进的技术观察不到,可用它们与物质相互作用的机制和规律来研究它们。

射线与物质相互作用是核辐射探测器的基础,可以为辐射研究提供理论依据。射线与物质的相互作用过程是一个随机的过程,因此产生的信号具有随机性,该信号与其他的电子学信号不一样,具有随机性、非周期性或非等时性的特点,得到的实验数据也具有统计性。因此需要了解一些有关核探测的基础知识和实验技能,掌握一些核电子学的基本知识。当然,在这些实验中不可避免地会接触到放射源,因此也要了解一些辐射防护方面的知识以及放射源的安全使用和操作规程。

利用射线与物质相互作用的机制和规律,已发展了一些核技术。核技术已成为现代科学技术中重要的新技术之一,在材料科学、环境科学、生命科学、能源科学以及地质、考古等领域中应用广泛,服务于国家的工农业生产,因此对它们的原理和技术也要做一些基本的认识。

在核物理实验中,会碰到一些常用的探测器和技术手段,且须对实验的数据进行处理,因此需要对这方面的知识有所了解。

一、粒子探测中的统计误差

粒子计数的统计涨落是微观世界概率性规律的反映。例如,原子核的衰变:各个原子核的衰变是彼此独立的,任意一个原子核发生衰变的时间是随机的,无任何规定的先后次序,互相之间也不影响。但是大量原子核的衰变却有一定的规律,围绕平均值有一定的统计涨落。因此,探测器测量到的计数就有涨落从而造成测量误差。这种误差和一般的随机误差不一样,它是由于核衰变过程中的统计性决定的,与测量仪器或者实验者的主观因素没有关系。因此在核物理实验测量中,都必须考虑这种统计误差。

对任何一种分布,有两个最重要的数字特征。一个是数学期望值,即平均值,用 m 表示,它是随机数 N 取值的平均位置;另一个是方差,用 σ^2 表示,它表示随机数 N 取值相对期望值的离散程度。方差的开方根值称为均方根差,用 σ 表示。在 m 值较大时,由于 N 值出现在平均值 m 附近的概率较大,σ 可以表示为 $\sigma = \sqrt{N}$。由于核衰变的统计性,在相同条件下作重复测量时,每次测量结果并不相同且有大有小,围绕平均值 m 有一个涨落,涨落大小可以用均方根差 $\sigma = \sqrt{N}$ 表示,这是绝对误差。统计误差的精确度可用相对误差 δ 来表示,$\delta = \dfrac{\sigma}{N} = \dfrac{1}{\sqrt{N}}$。

实际上,N 越大,相对统计误差就越小,精确度就越高。如果计数 N 是在 t 时间内测得的,则

计数率 $n=N/t$ 的统计误差为 $n\left(1\pm\dfrac{1}{\sqrt{N}}\right)$。因此，只要计数 N 相同，计数率和计数的相对误差是一样的，与时间 t 无关。当计数率不变时，测量时间越久，误差越小。如果进行 m 次重复测量，平均计数为 $\overline{N}$，则用统计误差表示的平均计数为 $\overline{N}\left(1\pm\dfrac{1}{\sqrt{m\overline{N}}}\right)$。因此，测量次数越多，误差越小，精确度越高，也就是说，平均值的误差比单次测量的误差小 $\sqrt{m}$ 倍。

二、能量分辨率

探测粒子主要是利用带电粒子在探测器内产生的次级粒子，如电离和激发。当一束能量为 E 的粒子其全部能量损失在探测器内时，设 W 是入射粒子每产生一次次级粒子所平均消耗的能量，则 $N=E/W$。如果探测器将 N 正比地转变为电压脉冲幅度 V，通过测量 V 可间接测量能量 E，$V=a_0 N=\dfrac{a_0 E}{W}$（a_0 是比例系数）。

一般是将 V 经过多道脉冲幅度分析器转换成道数，进而测到能谱。每次粒子与物质碰撞时，损失的能量不相同，作用的次数也不一样，因此入射粒子把能量传递给许多次级粒子的过程是一个统计过程。由于 N 一般很大，因此实际上测量到的是高斯分布，如图 4.0-1 所示。中心值为入射粒子能量 E_0，能量分辨率 η 定义为 $\eta=\dfrac{\Delta E}{E}\times100\%$。其中，$\Delta E$ 为高斯分布的半高宽 FWHM，FWHM$=2.36\sigma$，因此可得到 $\eta=2.36\sqrt{\dfrac{W}{E}}$。

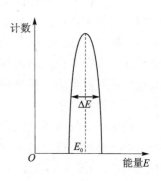

图 4.0-1　能量分辨率

三、原子核指数衰减规律

设有初始原子核数为 N_0 的某种放射性核素，由于发生原子核的衰变，它遵从指数衰减规律，即

$$N=N_0 e^{-\lambda t}=N_0 e^{-\frac{\ln 2}{T_{1/2}}t}$$

其中，λ 为衰变常数；$T_{1/2}$ 是放射性核素的半衰期，也就是放射性原子核数衰减到原来数目一半所需的时间。在单位时间内有多少核发生衰变称为放射性活度 A，即

$$A=A_0 e^{-\lambda t}=A_0 e^{-\frac{\ln 2}{T_{1/2}}t}$$

放射性活度的常用单位是居里（Ci），1 Ci$=3.7\times10^{10}\,\text{s}^{-1}=3.7\times10^{10}$ Bq，Bq 为贝可勒尔。常用单位也有毫居里（mCi）和微居（μCi），1 Ci$=10^3$ mCi$=10^6\,\mu$Ci。

四、闪烁探测器

闪烁探测器由闪烁体、光电倍增管和相应的电子仪器组成。射线在闪烁体中产生次级电子，它使闪烁体分子电离和激发。退激时发出大量光子，闪烁体周围包有反射物质。光电倍增管由光阴极、若干个打拿极和一个阳极组成，它使电子倍增，在阳极上可接收到 $10^4\sim10^9$ 个电子。常用的电子仪器有高压电源、线性放大器、单道或多道脉冲幅度分析器。闪烁计数器的工作可分为 5 个相互联系的过程：① 射线进入闪烁体，使其电离或激发；② 受激原子、分子退激时发射荧光光子;③ 将光子收集到光阴极上产生光电子;④ 光电子在倍增管中倍增;⑤ 输出信号被电子仪器记录。

1. 闪烁体分类

闪烁体分为两大类:一类是无机晶体闪烁体,另一类是有机晶体闪烁体。根据光衰减特性,有些闪烁体可用于能量测量;有些用于时间测量;有些既能做能量测量,也能做时间测量。

2. 光的收集与光导

光学收集系统包括反射层、耦合剂、光导等。

3. 光电倍增管

光电倍增管的光阴极是接收光子并放出光电子的电极,一般是在真空中把阴极材料蒸发到光学窗的内表面上,形成半透明的端窗阴极。电子光学输入系统用于光阴极产生光电子,经加速、聚焦后射向第一打拿极。打拿极一般是 9~14 个。阳极最后收集电子并给出输出信号。

4. 分压器

光电倍增管各电极的电位由外加电阻分压器抽头供给,有正高压电路和负高压电路。阴极-第一打拿极之间电场应适当高,以便获得最大的收集效率,提高信噪比和能量分辨率。中间打拿极一般采用均匀分压器。最后几级打拿极之间使用非均匀分压器,要有较高的电压以避免空间电荷效应。末级打拿极和阳极之间电压一般比较低,不再需要倍增,所选的电阻具有小的温度系数和较高的稳定性。

五、核电子学仪器及其使用方法

核电子学仪器有两个重要的国际标准,核仪器插件(Nuclear Instrument Module,NIM)和计算机自动测量与控制(Computer Automated Measurement and Control,CAMAC)。所有插件式核电子学仪器都是按这两种标准之一制造的。NIM 系统通常适合于辐射探测器常规应用中遇到的少量线性脉冲的处理。CAMAC 系统用到许多探测器或逻辑操作的大量信号处理,适合与大的数字系统和计算机相连接。两个标准特征:

① 机箱和插件的基本尺寸都是国际标准规定的;

② 一般采用的基本原则是仅机箱与实验室交流电源相连接,机箱内部所装全部插件需要的直流电源由机箱提供;

③ 插件和机箱之间的连接器接口在电气和机械上都必须是标准化的,使得任一标准插件插到任一可用的机箱位置都能获得所需的电源。

对 NIM 系统,宽度分为 12 个插道。一个 NIM 插件占据 34.4 mm 的单位宽度,也允许这个单位宽度的整数倍宽度的插件,各插道都备有一个 42 插脚的连接器,与每个插件后面板上的相应连接器配套。机箱提供主要直流电源电压是±12 V 和±24 V,也提供±6 V,主要是为使用集成电路的插件设置的。机箱的两种标准高度是 $5\frac{1}{2}$ 英寸(133 mm)和 $8\frac{3}{4}$ 英寸(222 mm),其中较大的一种更为普及。

六、谱仪放大器

前置放大器解决了和探测器的配合以及对信号进行初步放大的问题,但输出的脉冲幅度和波形并不适合后面设备系统(单道、多道)的要求,对信号还要进一步放大和成形,在此过程中必须尽可能减小探测器的有用信息(射线的能量信息和时间信息)的失真,这需要由放大器的放大和成形来完成。通常使用谱仪放大器或者主放大器。谱仪放大器插件上一般有放大倍数调节旋钮,分为粗调和细调,用于脉冲幅度的放大;还有脉冲成形时间的调节旋钮,用于改变脉冲的形状;还有极零相消旋钮,用于调节脉冲后沿的过补偿和欠补偿,使得脉冲后沿恢复到基线位置。输出端分为单极性脉冲输出和双极性脉冲输出,其中输入多道脉冲幅度分析器的是单极性脉冲。另外,在谱仪放大器插件的后端一般还有前置电源输出口,用于给前置放大器或者一些闪烁探测器供给低压电源。

七、多道脉冲幅度分析器

多道脉冲幅度分析器是通用的核谱数据获取和处理仪器,用于数据采集、存储、能谱显示和结果输出,其示意图如图 4.0-2 所示。输入获取部分设有模数变换器和获取接口电路。按幅度分类时,用模数变换器得到与幅度大小成比例的数码;按时间分类时,用时间数字变换器或时间幅度变换器加上模数变换器得到与时间大小成比例的数码。通过获取接口电路,按分类存储要求将数据传送到存储器。多道脉冲幅度分析器的存储器是由许多"道"组成的数据存储装置,每一道有唯一确定的存储地址(称为道址),为了在数据获取过程中和获取完毕后观察谱曲线,需要一个显示器。基于计算机的显示器,除了显示谱曲线形状外,还能以字符形式在显示屏上显示多道分析器的工作状态、数据获取条件、特征数据以及谱分析的部分结果。图形显示时,水平轴代表道址,垂直轴代表各道的计数,给出能谱或时间谱谱形曲线。现代计算机多道脉冲幅度分析器都有较强的数据分析处理、I/O 和控制功能,通常用微处理器作控制部件,利用软件的支持,控制数据的自动获取,还配有相应的 I/O 接口和数据 I/O 设备相连接。

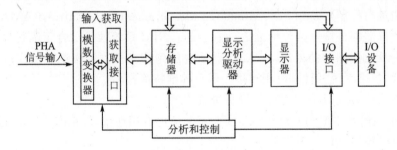

图 4.0-2　多道脉冲幅度分析器组成示意图

八、射极输出器

闪烁探测器(如 NaI(Tl)闪烁探测器)可用于能量测量。通过增大光电倍增管的阳极电阻使输出脉冲幅度增大,但脉冲的后沿也随之拉长,会使计数率降低。因此,为使输出脉冲幅度尽量大,要求下级前置放大器的输入电阻要尽量大,输入电容要尽量小。最适合这种要求的就是射极输出器,它通常和闪烁探测器相连接。射极输出器根据电压串联负反馈放大器原理进行工作,放大倍数近似为 1,输入阻抗大,输出阻抗小,主要起到阻抗匹配和级间隔离的作用。

九、脉冲的甄别成形

对脉冲的甄别成形要用到定时电路。定时电路是核电子学中检测时间信息的基本单元，又称时间检出电路。定时电路接收来自探测器或放大器的随机脉冲，产生一个与输入脉冲时间上有确定关系的输出脉冲，这个输出脉冲为定时逻辑脉冲。定时方法有前沿定时（Leading Edge Discriminator，LED）、过零定时、恒比定时（Constant Fraction Discriminator，CFD）。

十、核物理的实验方法

在核物理实验中，已形成了一些重要的实验方法，现给予简单介绍。

1. 能谱测量技术

测量辐射粒子能量的方法通常利用气体探测器、闪烁探测器和半导体探测器输出的脉冲幅度和粒子能量成正比，将探测器输出的脉冲输入到前置放大器（如果脉冲信号幅度相比噪声足够大，可不用前置放大器），然后输出的脉冲送入线性放大器，将输出的脉冲送入计算机多道脉冲幅度分析器，把不同的脉冲幅度记录在多道分析器不同的道址上得到能谱曲线。

2. 时间谱测量技术

例如核的激发态寿命、正电子湮灭寿命、粒子的空间位置等，都表现为输出信号的时间信息。在时间量的测量和分析中，首先是用定时方法准确地确定入射粒子进入探测器的时间。时间上相关的事件可以用符合技术进行选择。时间间隔可通过变换的方法，变换成数字信号，从而进行编码分类计数，最后得到时间谱。以 $\Delta E - E$ 飞行时间望远镜为例（如图 4.0 - 3 所示），输出信号通过放大器、定时电路、时间数字变换器等部件组成时间测量系统，把用于时间测量的这一路的各个部件统称为定时道。① 探测器与输出电路：用于

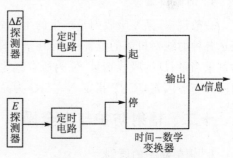

图 4.0 - 3　定时道的基本组成

时间分析的探测器要有快速响应性能，时间分辨要小。闪烁探测器有快速时间信号，半导体也有小的时间分辨。为了保持探测器输出信号快的时间特性，要求探测器输出电路有快的时间响应相配合，例如对闪烁探测器输出的时间信号，往往用低阻抗输出，与能量用高阻抗输出相反。对半导体探测器，要用快前置放大器。在实际电路中通常既有能量输出又有时间输出，对闪烁体，利用光电倍增管的阳极饱和电流脉冲输出快时间信号，从打拿极输出能量信号。② 快前置放大器：如快电流灵敏前置放大器。③ 定时滤波放大器：对前置放大器输出信号进一步放大，驱动定时电路，并有滤波成形电路使噪声对定时性能的影响减到最小。④ 定时电路：确定粒子进入探测器的时间。⑤ 时间变换器：把信号时间间隔变换成对应数码，或先将时间量变换成幅度量再变换成数码。

3. 符合测量技术

符合法就是利用符合电路来甄选符合事件的方法。任何符合电路都有确定的符合分辨时间 τ，它的大小与输入脉冲的宽度有关。符合事件指的就是相继发生的时间间隔小于符合分辨时间的事件。符合电路的每个输入道称为符合道。符合法是研究相关事件的一种方法，这

种相关性反映了原子核内在的运动规律,例如原子核级联衰变的角关联,可以了解原子核的结构和自旋宇称。而且通过符合法也可以降低一些外界的干扰,符合测量技术是一种不可缺少的测量手段,给实验测量技术带来很大的利益。

十一、辐射量及其单位

1. 吸收剂量 D

吸收剂量 D 是单位质量的物质吸收电离辐射能量的大小,单位是焦耳/千克(J/kg),专门名称是戈瑞(Gy),1 Gy=1 J/kg,还有专门名称是拉德(rad),1 rad=10^{-2} Gy。

2. 比释动能

比释动能就是间接电离粒子与物质相互作用时,在单位质量的物质中产生的带电粒子的初始动能总和,单位是焦耳/千克(J/kg),专门名称是戈瑞(Gy)。

3. 照射量

照射量表示 X 或 γ 射线在空气中产生电离大小的物理量,仅适用于 X 或 γ 辐射和空气介质,不能用于其他类型的辐射和介质。单位是库仑/千克(C/kg),或者伦琴(R),1R=2.58×10^{-4} C/kg=8.69×10^{-3} J/kg。

4. 剂量当量

一般说来,某一吸收剂量产生的生物效应与射线的种类、能量及照射条件有关。为了统一表示各种射线对机体的危害程度,在辐射防护上采用了剂量当量的概念。$H=DQN$,其中,H 为剂量当量;D 为吸收剂量;N 为所有其他修正因素的乘积,反映了吸收剂量的不均匀空间与时间分布等因素,ICRP 指定 $N=1$;Q 为品质因数,估计辐射效应的因子。

十二、辐射防护与安全操作

1. 辐射防护的原则

辐射防护的三条基本原则是辐射实践的正当化、辐射防护的最优化和个人剂量当量限值。辐射实践的正当化就是合理性判断,指在进行伴随有辐射照射的某种实践前,首先应进行代价与利益的分析,只有当这种实践能获得超过代价的纯利益时才被认为是正当的;辐射防护最优化指在权衡利用辐射的某种实践所获得的利益超过付出代价的基础上,一切照射应当保持在可以合理做到的最低水平,也就是进行代价与效果的分析;个人剂量当量限值指限制个人所受的剂量当量不得超过某些规定的限值。

外照射防护的一般方法为控制受照射时间、增大与辐射源间的距离和屏蔽(选择合适的屏蔽材料,确定屏蔽的结构形式,计算屏蔽层的厚度,妥善处理散射和孔道泄漏等问题)。

2. 安全操作守则

在实验教学中,放射源的使用应注意以下几点:

① 做实验时,从保险柜中取出放射源之前应开启防护监测仪器检查情况是否正常。实验后保管员将放射源锁好并收到保险柜中,禁止与实验无关的人员随便进入室内。

② 操作人员使用放射仪器或设备时要认真按操作规程进行。

③ 学生应按指导教师讲的操作规程做实验,如违反操作规程或不听指导教师指导造成对

他人或自身的伤害由本人承担责任,造成仪器、设备损坏的按原价值赔偿。

④ 发现放射源丢失或泄漏要立刻保护现场、疏散人群撤离辐射区,并报告保卫处、实验室及设备管理处。

⑤ 在离开实验室前应检查仪器、设备是否关机,要断开总电源,关闭门窗。

十三、常用放射源衰变纲图

核素^{60}Co、^{90}Sr、^{137}Cs 的衰变纲图如图 4.0 - 4 所示。

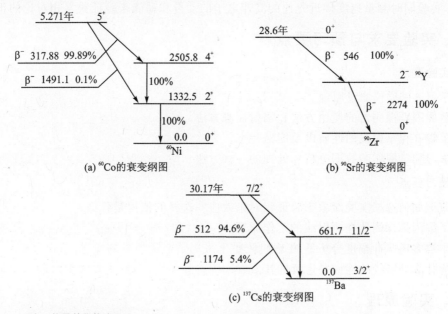

(a) ^{60}Co的衰变纲图

(b) ^{90}Sr的衰变纲图

(c) ^{137}Cs的衰变纲图

(注:能量单位均为keV)

图 4.0 - 4　常用放射源衰度纲图

十四、原子物理实验

原子在不同能级间的跃迁对应于电子运动状态的变化,可以通过原子在不同能级之间跃迁产生的发射和吸收光谱来研究原子的结构。

在塞曼效应实验中,处在磁场中的原子发射光谱会出现分裂现象,对这些分裂谱线的研究可以了解原子空间取向量子化的概念。根据能级分裂的数目,可以推断角动量量子数 J,根据分裂的间距可以测量 g 因子的大小,因此塞曼效应是研究原子结构的重要方法之一。

在 X 射线实验中,对不同元素的原子用能量较高的 X 射线照射,使原子内层的电子激发或者电离,在内壳层上形成一个电子空穴。这样外层的电子向内层进行跃迁并发射特征 X 射线,它的能量等于外层电子两个能级差,因此用特征 X 射线就可以识别不同的原子和研究原子内层能级的结构。

参考文献

[1] 卢希庭,叶沿林,江栋兴. 原子核物理[M]. 北京:原子能出版社,2000.

[2] 复旦大学,清华大学,北京大学. 原子核物理实验方法[M]. 北京:原子能出版社,1996.

[3] 王芝英. 核电子学技术原理[M]. 北京：原子能出版社,1989.

[4] 汪晓莲,李澄,邵明,等. 粒子探测技术[M]. 合肥：中国科学技术大学出版社,2009.

4.1　利用快速电子验证动量和动能的相对论关系实验

1905 年爱因斯坦提出狭义相对性原理和光速不变原理,这就是狭义相对论,它从牛顿的绝对时空观转变到四维时空观,改变关于时间和空间的观念。狭义相对论已被大量的实验所证实。本实验同时测量速度接近光速的高速电子的动量和动能来验证狭义相对论的正确性。

一、实验要求与预习要点

1. 实验要求

① 学习 β 磁谱仪测量原理。

② 掌握闪烁探测器的使用方法和辐射探测方法。

③ 了解 β 和 γ 射线的性质以及能谱特点。

④ 学习和掌握实验数据分析和处理的一些方法。

2. 预习要点

① 应该如何选择实验对象来验证相对论效应？ 选择的依据是什么？

② 了解闪烁探测器探测射线的工作原理。

③ 了解多道脉冲幅度分析器的工作原理。

④ 为什么 β 射线的能谱是连续的?

二、实验原理

经典力学总结了低速物理的运动规律,它反映了牛顿的绝对时空观:认为时间和空间是两个独立的观念,彼此之间没有联系;同一物体在不同惯性参照系中观察到的运动学量(如坐标、速度)可通过伽利略变换而互相联系。这就是力学相对性原理:一切力学规律在伽利略变换下是不变的。

19 世纪末至 20 世纪初,人们试图将伽利略变换和力学相对性原理推广到电磁学和光学时遇到了困难。实验证明对高速运动的物体伽利略变换是不正确的,实验还证明在所有惯性参照系中光在真空中的传播速度为同一常数。在此基础上,爱因斯坦于 1905 年提出了狭义相对论并据此推导出从一个惯性系到另一惯性系的变换方程,即洛仑兹变换。

在洛仑兹变换下,静止质量为 m_0,速度为 v 的物体,狭义相对论定义的动量 p 为

$$p = \frac{m_0}{\sqrt{1-\beta^2}}v = mv \tag{4.1-1}$$

式中,$m = m_0/\sqrt{1-\beta^2}$,$\beta = v/c$。相对论的能量 E 为

$$E = mc^2 \tag{4.1-2}$$

这就是著名的质能关系。mc^2 是运动物体的总能量,当物体静止时 $v = 0$,物体的能量为 $E_0 = m_0c^2$,称为静止能量。两者之差为物体的动能 E_k,即

$$E_k = mc^2 - m_0c^2 = m_0c^2\left(\frac{1}{\sqrt{1-\beta^2}} - 1\right) \tag{4.1-3}$$

第 4 章　原子核物理与原子物理专题

当 $\beta \ll 1$ 时,式(4.1-3)可展开为

$$E_k = m_0 c^2 \left(1 + \frac{1}{2}\frac{v^2}{c^2} + \cdots\right) - m_0 c^2 \approx \frac{1}{2}m_0 v^2 = \frac{1}{2}\frac{p^2}{m_0} \qquad (4.1-4)$$

即得经典力学中的动量-能量关系。

由式(4.1-1)和(4.1-2)可得

$$E^2 - c^2 p^2 = E_0^2 \qquad (4.1-5)$$

这就是狭义相对论的动量与能量关系。而动能与动量的关系为

$$E_k = E - E_0 = \sqrt{c^2 p^2 + m_0^2 c^4} - m_0 c^2 \qquad (4.1-6)$$

这就是我们要验证的狭义相对论的动量与动能的关系。对高速电子其关系如图 4.1-1 所示,图中 pc 用 MeV 作单位,电子的 $m_0 c^2 = 0.511$ MeV。

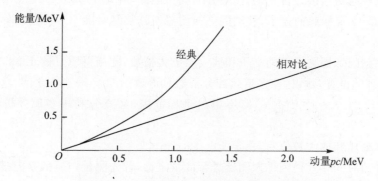

图 4.1-1　高速电子的动量与动能关系图

实验装置如图 4.1-2 所示。β 源射出的高速 β 粒子经准直后垂直射入一均匀磁场中($v \perp B$),粒子因受到与运动方向垂直的洛仑兹力的作用而作圆周运动。如果不考虑其在空气中的能量损失(一般情况下为小量),则粒子具有恒定的动量数值,仅仅是方向不断变化。粒子作圆周运动的方程为

$$\frac{\mathrm{d}p}{\mathrm{d}t} = -ev \times B \qquad (4.1-7)$$

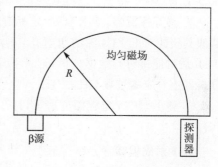

图 4.1-2　实验装置示意图

其中,e 为电子电荷,v 为粒子速度,B 为磁感应强度。由式(4.1-1)可知 $p = mv$,对某一确定的动量数值 p,其运动速率为一常数,所以质量 m 是不变的,故

$$\frac{\mathrm{d}p}{\mathrm{d}t} = m\frac{\mathrm{d}v}{\mathrm{d}t}$$

且 $\left|\dfrac{\mathrm{d}v}{\mathrm{d}t}\right| = \dfrac{v^2}{R}$

所以

$$p = eBR \qquad (4.1-8)$$

式中,R 为 β 粒子轨道的半径,为源与探测器间距的一半。

在磁场外距 β 源 x 处放置一个 β 能量探测器来接收从该处出射的 β 粒子,则这些粒子的能量(即动能)可由探测器直接测出,而粒子的动量值即为 $p = eBR = eB\Delta x/2$。由于 ^{90}Sr $-^{90}$Y β 源射出的 β 粒子具有连续的能量分布(0~2.27 MeV),因此探测器在不同位置(不同 Δx)就可

测得一系列不同的能量与对应的动量值。这样就可以用实验方法确定测量范围内动能与动量的对应关系,进而验证相对论给出的理论公式(4.1-6)的正确性。

三、实验装置

实验装置如图 4.1-2 所示。实验中用到 ^{60}Co、^{137}Cs 和 ^{90}Sr-^{90}Y 放射源、磁谱仪、NaI 闪烁探测器、电子学插件(包括高压电源、主放大器、多道脉冲幅度分析器)、计算机、机械泵。

四、实验内容

1. 仪器定标

① 检查仪器线路连接是否正确,然后开启高压电源,开始工作。

② 打开 ^{60}Co γ 定标源的盖子,移动闪烁探测器使其狭缝对准 ^{60}Co 源的出射孔并开始计数测量。

③ 调整加到闪烁探测器上的高压和放大器放大倍数,使测得 ^{60}Co 的 1.33 MeV 峰位道数在一个比较合理的位置,建议:在多道脉冲分析器总道数的 50%~70% 之间,这样既可以保证测量高能 β 粒子(1.8~1.9 MeV)时不越出量程范围,又充分利用多道分析器的有效探测范围。

④ 选择好高压和放大数值后,稳定 10~20 min。

⑤ 正式开始对 NaI(T1)闪烁探测器进行能量定标,首先测量 ^{60}Co 的 γ 能谱,等 1.33 MeV 光电峰的峰计数达到 1 000 以上后(尽量减少统计涨落带来的误差),对能谱进行数据分析,记录下 1.17 MeV 和 1.33 MeV 两个光电峰在多道能谱分析器上对应的道数 CH_1、CH_2。

⑥ 移开探测器,盖上 ^{60}Co γ 定标源的盖子,然后打开 ^{137}Cs γ 定标源的盖子并移动闪烁探测器使其狭缝对准 ^{137}Cs 源的出射孔,开始进行计数测量,等 0.661 MeV 光电峰的峰计数达到 1 000 后对能谱进行数据分析,记录下 0.184 MeV 反散射峰和 0.661 MeV 光电峰在多道能谱分析器上对应的道数 CH_3、CH_4。

⑦ 盖上 ^{137}Cs γ 定标源的盖子,打开机械泵抽真空(机械泵正常运转 2~3 min 即可停止工作)。

2. β 射线偏转

① 盖上有机玻璃罩,打开 ^{90}Sr-^{90}Y β 源的盖子,开始测量快速电子的动量和动能,探测器与 β 源的距离 Δx 最近要大于 9 cm,最远要小于 24 cm,保证获得动能范围 0.4~1.8 MeV 的电子。

② 选定探测器位置后开始逐个测量单能电子能量,记下峰位道数 CH 和粒子出射相应的位置坐标 x。

③ 全部数据测量完毕后,盖上 ^{90}Sr-^{90}Y β 源的盖子,关闭仪器电源。

3. 数据处理

β 粒子与物质相互作用是一个很复杂的问题,如何对其损失的能量进行必要的修正十分重要。

(1) β 粒子在 Al 膜中的能量损失修正

在计算 β 粒子动能时还需要对粒子穿过 Al 膜(220 μm,其中 200 μm 为 NaI(T1)晶体的

铝膜密封层厚度,20 μm 为反射层的铝膜厚度)时的动能予以修正,计算方法如下:

设 β 粒子在 Al 膜中穿越 Δx 的动能损失为 ΔE,则

$$\Delta E = \frac{dE}{dx\rho}\rho\Delta x \qquad (4.1-9)$$

其中,$\frac{dE}{dx\rho}\left(\frac{dE}{dx\rho} < 0\right)$ 是 Al 对 β 粒子的能量吸收系数,(ρ 是 Al 的密度),$\frac{dE}{dx\rho}$ 是关于 E 的函数,不同 E 情况下 $\frac{dE}{dx\rho}$ 的取值可以通过计算得到。可设 $\frac{dE}{dx\rho}\rho = K(E)$,则 $\Delta E = K(E)\Delta x$;取 $\Delta x \to 0$,则 β 粒子穿过整个 Al 膜的能量损失为

$$E_2 - E_1 = \int_x^{x+d} K(E)dx$$

即

$$E_1 = E_2 - \int_x^{x+d} K(E)dx \qquad (4.1-10)$$

其中,d 为薄膜的厚度,E_2 为出射后的动能,E_1 为入射前的动能。由于实验探测到的是经 Al 膜后的动能,所以经式(4.1-10)可计算出修正后的动能(即入射前的动能)。表 4.1-1 列出了根据本计算程序求出的入射动能 E_1 和出射动能 E_2 之间的对应关系。

表 4.1-1　入射动能 E_1 和出射动能 E_2 之间的对应关系表　　MeV

E_1	E_2	E_1	E_2	E_1	E_2
0.317	0.200	0.887	0.800	1.489	1.400
0.360	0.250	0.937	0.850	1.536	1.450
0.404	0.300	0.988	0.900	1.583	1.500
0.451	0.350	1.039	0.950	1.638	1.550
0.497	0.400	1.090	1.000	1.685	1.600
0.545	0.450	1.137	1.050	1.740	1.650
0.595	0.500	1.184	1.100	1.787	1.700
0.640	0.550	1.239	1.150	1.834	1.750
0.690	0.600	1.286	1.200	1.889	1.800
0.740	0.650	1.333	1.250	1.936	1.850
0.790	0.700	1.388	1.300	1.991	1.900
0.840	0.750	1.435	1.350	2.038	1.950

(2) β 粒子在有机塑料薄膜中的能量损失修正

此外,实验表明封装真空室的有机塑料薄膜对 β 粒子存在一定的能量吸收,尤其对小于 0.4 MeV 的 β 粒子吸收近 0.02 MeV。由于塑料薄膜的厚度及物质组分难以测量,可采用实验的方法进行修正。实验测量了不同能量下入射动能 E_k 和出射动能 E_0(单位均为 MeV)的关系,采用分段插值的方法进行计算,具体数据见表 4.1-2。

表 4.1-2　入射动能 E_k 和出射动能 E_0 的关系表　　MeV

E_k	0.382	0.581	0.777	0.973	1.173	1.367	1.567	1.752
E_0	0.365	0.571	0.770	0.966	1.166	1.360	1.557	1.747

（3）数据处理的计算方法和步骤

设对探测器进行能量定标（操作步骤中的第 5、6 步）的数据如表 4.1-3 所列。

表 4.1-3　测量的道数对应的已知能量

能量/MeV	0.184	0.662	1.17	1.33
道数/CH	48	152	262	296

实验测得，当探测器位于 21 cm 时的单能电子峰道数为 204，求该点所得 β 粒子的动能、动量及误差，已知 β 源位置坐标为 6 cm，该点的等效磁场强度为 620 高斯（Gs）。

根据能量定标数据求定标曲线。

已知 $E_1 = 1.17$ MeV，$CH_1 = 262$；$E_2 = 1.33$ MeV，$CH_2 = 296$；$E_3 = 0.184$ MeV，$CH_3 = 48$；$E_4 = 0.662$ MeV，$CH_4 = 152$；根据最小二乘法原理，用线性拟合的方法求能量 E 和道数 CH 之间的关系为 $E = a + b \times CH$。其中，

$$a = \frac{1}{\Delta} \left[\sum_i CH_i^2 \cdot \sum_i E_i - \sum_i CH_i \cdot \sum_i (CH_i \cdot E_i) \right]$$

$$b = \frac{1}{\Delta} \left[n \sum_i (CH_i \cdot E_i) - \sum_i CH_i \cdot \sum_i E_i \right]$$

$$\Delta = n \sum_i CH_i^2 - \left(\sum_i CH_i \right)^2$$

代入上述公式计算可得

$$E = -0.038\,613 + 0.004\,6 \times CH$$

求 β 粒子动能。

对于 $x = 21$ cm 处的 β 粒子，第一，将其道数 204 代入求得的定标曲线，得动能 $E_2 = 0.899\,8$ MeV，注意：此为 β 粒子穿过总计 220 μm 厚铝膜后的出射动能，需要进行能量修正。

第二，在前面所给出的穿过铝膜前后的入射动能 E_1 和出射动能 E_2 之间的对应关系数据表中取 $E_2 = 0.899\,8$ MeV 前后两点作线形插值，如表 4.1-4 所列，求出对应于出射动能 $E_2 = 0.899\,8$ MeV 的入射动能 $E_1 = 0.987\,8$ MeV。

表 4.1-4　入射动能 E_1 和出射动能 E_2 之间的对应关系数据表

E_1/MeV	E_2/MeV
0.937	0.850
0.988	0.900

第三，上一步求得的 E_1 为 β 粒子穿过封装真空室的有机塑料薄膜后的出射动能 E_0，需要再次进行能量修正，求出之前的入射动能 E_k。同上面一步，取 $E_0 = 0.987\,8$ MeV 前后两点作线性插值，如表 4.1-5 所列，求出对应于出射动能 $E_0 = 0.948\,6$ MeV 的入射动能 $E_k = 0.994\,8$ MeV。$E_k = 0.994\,8$ MeV 才是最后求得的 β 粒子动能。

表 4.1-5　入射动能 E_k 和出射动能 E_0 之间的对应关系数据表

E_k/MeV	0.777	0.973
E_0/MeV	0.770	0.966

根据 β 粒子动能求动量 pc。

根据 β 粒子动能，由动能和动量的相对论关系求出动量 pc（为与动能量纲统一，故把动量 p 乘以光速，这样两者单位均为 MeV）的理论值。

由 $E_k = E - E_0 = \sqrt{c^2 p^2 + m_0{}^2 c^4} - m_0 c^2$ 得

$$pc = \sqrt{(E_k + m_0 c^2)^2 - m_0{}^2 c^4}$$

将 $E_k = 0.994\,8$ MeV 代入，得 $pc_T = 1.416\,4$ MeV，此值为动量 pc 的理论值。

由 $p = eBR$ 求 pc 的实验值：

β 源的位置坐标为 6 cm，所以 $x = 21$ cm 处所得的 β 粒子的曲率半径为 $R = (21-6)/2 = 7.5$ (cm)；电子电量 $e = 1.602\,19 \times 10^{-19}$ C，磁感应强度 $\boldsymbol{B} = 620$ Gs $= 0.062$ T，光速 $c = 2.99 \times 10^8$ m/s，所以 $pc = eBRc = 1.602\,19 \times 10^{-19} \times 0.062 \times 0.075 \times 2.99 \times 10^8$ J。因为 1eV $= 1.602\,19 \times 10^{-19}$ J，所以 $pc = BRc$(eV) $= 0.062 \times 0.075 \times 2.99 \times 10^8$ eV $= 139\,035\,0$ eV ≈ 1.39 MeV。

求该实验点的相对误差 DPC：

$$\text{DPC} = \frac{|pc - pc_T|}{pc_T} = \frac{|1.39 - 1.416\,4|}{1.416\,4} \times 100\% = 1.87\%$$

五、思考题

1. 用标准放射源定标后，进行动量 p 的测量时能否改变高压电源和线性脉冲放大器的放大倍数？为什么？

2. 用 γ 放射源进行能量定标时，为什么不需要对 γ 射线穿过 220 μm 厚的铝膜进行能量损失的修正？

3. 为什么用 γ 放射源进行能量定标的闪烁探测器可以直接用来测量 β 粒子的能量？

4. NaI 闪烁探测器中为什么要用到射极跟随器？

六、扩展实验

1. γ 吸收实验

实验中用到 γ 放射源和 NaI(Tl) 闪烁探测器。可以自己设计实验，在 γ 放射源与 NaI(Tl) 闪烁探测器间加入不同的材料进行 γ 射线吸收实验，研究不同材料对 γ 射线吸收系数的测量。

2. 单能电子在 Al 膜中的吸收实验

由于 β 放射源产生的电子能量是连续的，可利用实验中的磁谱仪进行 β 粒子能量的选择，然后入射 Al 膜，可进行不同的单能电子在 Al 膜中的吸收实验，研究电子在 Al 中的吸收。

3. 原子核 β 衰变能谱的测量

利用磁谱仪对 β 放射源放射出的 β 粒子进行偏转，在不同的位置用 NaI(Tl) 探头进行测量，描绘能量-计数的曲线图，可得到 β 放射源的能谱，研究 β 能谱的特点。

七、研究实验

利用磁谱仪进行 β 衰变能谱的研究，进行库里厄描绘，得到原子核 β 衰变的类型，确定原子核的自旋和宇称。

1. 实验原理

按照原子核 β 衰变的费米理论得到原子核 β 衰变概率公式为

$$I(p)dp = \frac{g^2 |M_{if}|^2}{2\pi^3 c^3 \hbar^7} F(Z,E)(E_m - E)^2 p^2 dp \tag{4.1-11}$$

式中，$F(Z,E)$ 是考虑库仑场影响的修正因子；E_m 为 β 粒子的最大能量；M_{if} 为 β 衰变的跃迁矩阵元；g 是描写电子-中微子场与核子的相互作用常量，为弱相互作用常量；p 为 β 粒子的动量。

在非相对论近似中 $F(Z,E)$ 可表示为

$$F(Z,E) = \frac{x}{1 - e^{-x}} \tag{4.1-12}$$

对 β⁻ 衰变，$x = \dfrac{2\pi Zc}{137v}$，$v$ 为 β 粒子的速度，Z 为子核的核电荷数。

令 $K = g|M_{if}| / (2\pi^3 c^3 \hbar^7)^{1/2}$ 则

$$[I(p)/(Fp)^2]^{1/2} = K(E_m - E) \tag{4.1-13}$$

因此，从实验上测量 β 射线的动量分布，作 $[I(p)/(Fp)^2]^{1/2}$ 对 E 的图，看它是否是一条直线，然后将理论和实验进行比较。用这种方法表示实验结果的图为库里厄（Kurie）图。

若 β 衰变为容许跃迁，则 $K = g|M_{if}| / (2\pi^3 c^3 \hbar^7)^{1/2} = g|M| / (2\pi^3 c^3 \hbar^7)^{1/2}$ 为常量，M 是原子核的矩阵元，则库里厄图使得 β 能谱的实验结果画成一条直线，可以比较精确地确定 β 谱的最大能量 E_m。

若 β 衰变为禁戒跃迁，跃迁矩阵元 M_{if} 不等于原子核矩阵元 M，与原子核的波函数有关。引入 n 级形状因子 $S_n(E)$，对于选择定则 ΔI（原子核衰变前后能级自旋变化）$= \pm 2$ 的禁戒跃迁，其 $S_1(E)$ 值为

$$S_1(E) = (W^2 - 1) + (W_0 - W)^2 \tag{4.1-14}$$

式中，$W = (E + m_0 c^2)/(m_0 c^2)$，$W_0 = (E_m + m_0 c^2)/(m_0 c^2)$，$E$、$E_m$ 和 m_0 分别为 β 粒子的能量、最大能量和静止质量。则 $M_{if} = M[S_n(E)]^{1/2}$，于是 $[I(p)/(Fp^2 S_n)]^{1/2} = K(E_m - E)$。经过修正后，禁戒跃迁的库里厄图仍然可能是一条直线，分析跃迁的性质并确定禁戒跃迁的级次，从而可以获得有关原子核能级自旋和宇称的知识。

参考文献

［1］复旦大学，清华大学，北京大学. 原子核物理实验方法［M］. 北京：原子能出版社，1996.

［2］周志成. 核电子学基础［M］. 北京：原子能出版社，1986.

［3］王芝英. 核电子学［M］. 北京：原子能出版社，1989.

［4］卢希庭，叶沿林，江栋兴. 原子核物理［M］. 北京：原子能出版社，2000.

4.2　核衰变统计规律实验

一、实验要求与预习要点

1. 实验要求

① 了解并验证原子核衰变及放射性计数的统计性。

② 了解统计误差的意义,掌握计算统计误差的方法。

③ 学习检验测量数据的分布类型的方法。

2. 预习要点

① 了解二项式分布、泊松分布和高斯分布。

② 学习盖革-弥勒计数器的工作原理。

③ 学习 χ^2 检验法的原理。

二、实验原理

在重复的放射性测量中,即使保持完全相同的实验条件(放射源的半衰期足够长、在实验时间内认为其活度基本上没有变化、源与计数管的相对位置始终保持不变、每次测量时间不变、测量仪器足够精确,不会产生其他的附加误差等),每次的测量结果也不完全相同,而是围绕着平均值上下涨落,这种现象称为放射性计数的统计性。放射性计数的统计性反映了放射性原子核衰变本身固有的特性,这种涨落不是由观测者的主观因素造成的,也不是由测量条件变化引起的,而是微观粒子运动过程中的一种规律性现象,是放射性原子核衰变的随机性引起的。

放射性原子核衰变的过程是一个相互独立、彼此无关的过程,即每一个原子核的衰变是完全独立的,和别的原子核是否衰变没有关系。而且哪一个原子核先衰变,哪一个原子核后衰变也纯属偶然并无一定次序。假定在 $t=0$ 时刻有 N_0 个不稳定的原子核,则在某一时间 t 内将有一部分核发生衰变。设在某一时间间隔 Δt 内放射性原子核衰变的概率为 p,它正比于 Δt。因此 $p=\lambda\Delta t$,λ 是该种放射性核素的特征值,称为该放射性核素的衰变常数。那么未衰变的概率为 $1-\lambda\Delta t$。若将时间 t 分为许多很短时间间隔的 Δt,$\Delta t=t/i$,经过时间 t 后未衰变的概率为 $(1-\lambda t/i)^i$。令 $i\to\infty$,则

$$\lim_{i\to\infty}[1-\lambda t/i]^i = e^{-\lambda t} \tag{4.2-1}$$

因此,一个放射性原子核经过 t 时间后未发生衰变的概率为 $e^{-\lambda t}$,那么 N_0 个原子核经过时间 t 后未发生衰变的原子核数目为 $N=N_0 e^{-\lambda t}$。上面的衰变规律只是从平均的观点来看大量原子核的衰变规律。从数理统计学来看,放射性衰变的随机事件服从一定的统计分布规律。二项式分布是最基本的统计分布规律。放射性原子核的衰变可以看成数理统计中的伯努利试验问题,在时间 t 内发生核衰变数为 n 的概率为

$$P(n) = \frac{N_0!}{(N_0-n)!n!} (1-e^{-\lambda t})^n (e^{-\lambda t})^{(N_0-n)} \tag{4.2-2}$$

对任何一种分布,有两个最重要的数字特征。一个是数学期望值(即平均值),用 m 表示,它表

示随机数 n 取值的平均位置;另一个是方差,用 σ^2 表示,它表示随机数 n 取值相对期望值的离散程度。方差的开方根值称为均方根差,用 σ 表示。对二项式分布

$$m = N_0(1 - e^{-\lambda t}),$$

$$\sigma^2 = N_0(1 - e^{-\lambda t})e^{-\lambda t} = me^{-\lambda t}$$

假如 $\lambda t \ll 1$,即时间 t 远小于半衰期,则 $\sigma^2 = m$ 或 $\sigma = \sqrt{m}$。

在 m 数值较大时,由于 n 值出现在平均值 m 附近的概率较大,σ 可以表示为 $\sigma = \sqrt{n}$,即均方根值可用任意一次观测到的衰变核数代替平均值来进行计算。

对于二项式分布,当 N_0 很大,且 $\lambda t \ll 1$,则 $p = 1 - e^{-\lambda t} \ll 1$,$m = N_0 p \ll N_0$,这意味着 n 和 m 与 N_0 相比很小,则

$$\frac{N_0!}{(N_0 - n)!} = N_0(N_0 - 1)(N_0 - 2)\cdots(N_0 - n + 1) \approx N_0^n$$

$$(1 - p)^{N_0 - n} \approx (e^{-p})^{N_0 - n} \approx e^{-N_0 p}$$

因此

$$P(n) \approx \frac{N_0^n}{n!} p^n e^{-N_0 p} = \frac{m^n}{n!} e^{-m} \tag{4.2-3}$$

这就是泊松分布。当 N_0 不小于 100 且 p 不大于 0.01 时,泊松分布能很好地近似于二项式分布。在泊松分布中,n 取值范围为所有正整数,并在 $n = m$ 附近时 $P(n)$ 有较大值。当 m 较小时,分布是不对称的。若 m 较大时,则分布逐渐趋于对称。泊松分布的均方根差为 $\sigma = \sqrt{m}$。

当 $m \geqslant 20$ 时,泊松分布一般可用正态分布(高斯)分布来代替:

$$P(n) = \frac{1}{\sqrt{2\pi}\sigma} e^{-\frac{(n-m)^2}{2\sigma^2}} \tag{4.2-4}$$

式中,$\sigma = \sqrt{m}$。期望值与方差为 m 和 $\sigma^2 = m$。

在放射性测量中,原子核衰变的统计现象服从的泊松分布和正态分布也适用于计数的统计分布。因此将分布公式中的放射性核的衰变数 n 改换成计数 N,将衰变粒子的平均数 m 改换成计数的平均值 M。

$$P(N) = \frac{M^N}{N!} e^{-M}$$

$$P(N) = \frac{1}{\sqrt{2\pi}\sigma} e^{-\frac{(N-M)^2}{2\sigma^2}}$$

式中,$\sigma^2 = m$,当 M 值较大时,由于 N 值出现在 M 值附近的概率较大,σ^2 可用某一次计数值 N 来近似,所以 $\sigma^2 \approx N$。

由于核衰变的统计性,在相同条件下作重复测量时,每次测量结果并不相同,有大有小,围绕平均值 M 有一个涨落,涨落大小可以用均方根差 $\sigma = \sqrt{N}$ 描述。

计数值处于 $N \sim N + dN$ 内的概率为

$$P(N)dN = \frac{1}{\sqrt{2\pi}\sigma} e^{-\frac{(N-M)^2}{2\sigma^2}} dN$$

令 $z = \dfrac{N - M}{\sigma} = \dfrac{\Delta}{\sigma}$,则

$$P(N)dN = \frac{1}{\sqrt{2\pi}} e^{-\frac{z^2}{2}} dz \tag{4.2-5}$$

而 $\int_0^z \frac{1}{\sqrt{2\pi}} e^{-\frac{z^2}{2}} dz$ 称为正态分布概率积分,此积分数值可以在数值表中查到。

如果对某一放射源进行多次重复测量得到一组数据,平均值为 $\overline{N}$,那么计数值 N 落在 $\overline{N} \pm \sigma$ 范围内的概率为

$$\int_{\overline{N}-\sigma}^{\overline{N}+\sigma} P(N) dN = \int_{-1}^{1} \frac{1}{\sqrt{2\pi}} e^{-\frac{z^2}{2}} dz = 0.683$$

这就是说,在某实验条件下进行单次测量,如果计数值为 N_1,可以说 N_1 落在 $\overline{N} \pm \sigma$ 范围内的概率为 68.3%,或者说在 $\overline{N} \pm \sigma$ 范围内包含真值的概率是 68.3%。实质上,从正态分布的特点来看,由于出现概率较大的计数值与平均值 $\overline{N}$ 的偏差较小,所以对于单次测量值 N_1,可以近似地说在 $N_1 \pm \sqrt{N_1}$ 范围内包含真值的概率是 68.3%,这样用单次测量值就大体上确定了真值所在的范围。这种由于放射性衰变统计性引起的误差叫做统计误差。放射性统计涨落服从正态分布,当采用标准误差表示放射性的单次测量值 N_1 时,可以表示为 $N_1 \pm \sigma \approx N_1 \pm \sqrt{N_1}$。将 68.3% 称为置信概率或者置信度,相应的置信区间为 $\overline{N} \pm \sigma$。当置信区间为 $\overline{N} \pm 2\sigma$、$\overline{N} \pm 3\sigma$ 时,相应的置信概率分别为 95.5% 和 99.7%。

1. 盖革-弥勒计数器工作原理

入射带电粒子通过气体时,由于与气体分子的电离碰撞而逐渐损失能量,碰撞的结果使气体分子电离或激发,并在粒子通过的径迹上生成大量的离子对。气体探测器是利用收集辐射在气体中产生的电离电荷来探测辐射的探测器,它由高压电极和收集电极组成,电极间充入气体并外加一定的电压,生成的离子对在电场作用下漂移,最后收集到电极上。离子对收集数随着工作电压的变化而变化,当电压增大到一定值时,离子对数剧烈倍增形成自激放电。此时,电流强度不再与原电离有关。原电离对放电只起到点火作用。这段工作区称为盖革-弥勒区（G-M）。G-M 探测器的优点是灵敏度高,脉冲幅度大,稳定性高,不受外界电磁场的干扰,而且它对电源的稳定度要求不高,使用方便、成本低廉,制作的工艺要求和仪器电路较简单;缺点是不能鉴别粒子的类型和能量,分辨时间长,不能进行快速计数,有乱真计数。G-M 计数器常用于放射性同位素的应用和剂量监测工作中,它体型轻巧,适于携带。

（1）G-M 计数管的输出波形

G-M 计数管波形如图 4.2-1 所示。

① 失效时间（死时间 t_D）

计数管在一次放电后,正离子鞘空间电荷使阳极附近气体放大区域内的电场减弱,即使有带电粒子射入也不会引起放电,一直到正离子鞘漂移一段距离后,阳极表面电场恢复到阈值以上,这时有带电粒子入射才会引起放电而输出信号。t_D 一般为 100 μs 左右。

② 恢复时间（t_R）

正离子鞘继续向阴极运动,经过 t_R 后到达

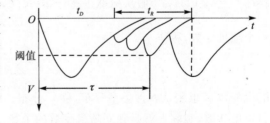

图 4.2-1　G-M 计数管的波形

阴极,这时计数管完全恢复到放电前的状态,此后入射粒子产生的脉冲幅度与最初一样。

③ 分辨时间(τ)

记录脉冲时,电子线路总有一定的甄别阈 V。只有在经过 $t > t_D$ 后,待入射粒子的脉冲恢复到高于甄别阈后才能计数。τ 称为计数装置的分辨时间,由计数管和记录装置共同决定,一般为几百微秒左右。

（2）G-M 计数管的坪曲线

在强度不变的放射源照射下,测量计数率随工作电压的变化,称为坪曲线,G-M 计数管的坪曲线如图 4.2-2 所示。它是衡量 G-M 计数器性能的重要标志,在使用计数管之前必须测量它以鉴定计数管的质量,并确定工作电压。对坪曲线来说,当工作电压超过起始电压 V_a 时,计数率由零迅速增大。工作电压继续增大时,计数率仅略随电压增大并有一个明显的坪存在。工作电压继续增大,计数率急剧增加,这是因为计数管失去猝熄作用,形成连续放电。

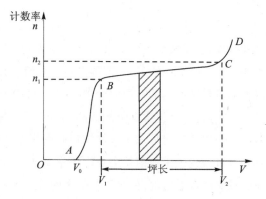

图 4.2-2 G-M 计数管的坪曲线

通常坪长定义为 $V_2 - V_1$（单位为 V）。G-M 计数器的工作区域,工作电压一般选在坪区中央或三分之二处附近。在坪区计数率随电压升高略有增加,表现为坪有斜度,称为坪斜,常用来表示坪区内工作电压每增加 100 V 的计数率增长的百分率。

$$坪斜 = \frac{n_B - n_A}{\frac{1}{2}(n_B + n_A)(V_B - V_A)}$$

2. χ^2 检验法

放射性衰变是否符合于正态分布或泊松分布,χ^2 检验法为其提供了一种较精确的判别准则。它的基本思想是比较被测对象应有的一种理论分布和实测数据分布之间的差异,然后从某种概率意义上来说明这种差异是否显著。如果差异显著,则说明测量数据有问题;反之,测量数据正常。

设在同一条件下测得一组数据 $N_i (i = 1, 2, 3, \cdots, k)$,将每个 N_i 作为一个随机变量看待,假设它们服从同一正态分布 $N(m, \sigma^2)$。由于 m 未知,用平均值 $\overline{N}$ 来代替,σ 用 $\sqrt{\overline{N}}$ 来代替,则 $z \approx \frac{N_i - \overline{N}}{\sqrt{\overline{N}}}$,$N(m, \sigma^2)$ 服从标准正态分布（$N(0, 1)$）。此标准分布的随机变量 z 的平方和也是一个随机变量,称作 χ^2。

$$\chi^2 = \sum_{i=1}^{k} \frac{(N_i - \overline{N})^2}{\overline{N}} \tag{4.2-6}$$

随机变量 χ^2 也服从一种类型分布,称 χ^2 分布。设某个预定值 χ_a^2 的概率为 a。χ^2 分布中有一个自由度参数,实际上就是独立随机变量的个数。若在 k 个随机变量中存在 γ 个约束条件,则自由度为 $\nu = k - \gamma$。使用中 a 和自由度对应的 χ_a^2 可用数值表查。

对于 N_i 个数据的 χ^2 分布,约束条件只有一个,自由度为 $\nu = k - 1$。用 χ^2 分布对一组测量数据的检验具体操作如下:先用实验值按照上式算出 χ^2 值,再根据预先给定的一个小概率值 a,从表上查出相应自由度下对应 a 的 χ_a^2 值。将 χ^2 与 χ_a^2 进行比较,若 $\chi^2 \geqslant \chi_a^2$,说明这是比预定概率还要小的一个小概率事件,这样事件是不大可能出现的,说明这组数据不全是服从同一正态分布的随机变数;反之,认为这组数据是正常的。接着对 χ^2 分布的另一侧作类似的检验,给定一个较大概率 $1-a$。查表得到相应的 χ_{1-a}^2,将 χ^2 与 χ_{1-a}^2 作比较,若 $\chi^2 > \chi_{1-a}^2$,说明这组数据的出现不是小概率事件,是可以接受的;反之,需要怀疑这组数据的精确性。

三、实验装置

实验装置如图 4.2-3 所示。

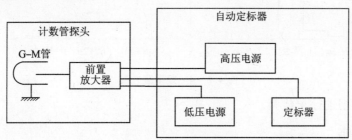

图 4.2-3　实验装置

计数管探头 1 个,G-M 计数管 1 支,自动定标器 1 台,γ 放射源^{60}Co 或 ^{137}Cs 1 个。

① 按图 4.2.3 连接各仪器设备,并检查自动定标器的自检信号检验仪器是否处于正常工作状态。

② 测量计数管坪曲线,选择计数管的合适工作电压、合适的计数率等实验条件。

③ 重复进行至少 100 次以上的独立测量,并算出这组数据的平均值。

四、实验内容

① 在相同条件下,对某放射源进行重复测量,画出放射性计数的频率直方图,并与理论正态分布曲线作比较。

② 用 χ^2 检验法检验放射性计数的统计分布类型。

五、结果分析及数据处理

① 做频率直方图。把测量数据按一定区间分组,统计测量结果出现在各区间内的次数 k_i。以 k_i 为纵坐标测量值为横坐标,这样做出的图形在统计上称为频率直方图,如图 4.2-4 所示。它可以形象地表明数据的分布状况。为了便于与理论分布曲线进行比较,在做频率直方图时,将平均值置于组的中央来分组,组距为 $\dfrac{\sigma}{2}$,这样各组的分界点是 $\overline{N} \pm \dfrac{1}{4}\sigma$、$\overline{N} \pm \dfrac{3}{4}\sigma$、$\overline{N} \pm \dfrac{5}{4}\sigma \cdots$,而各组的中间值为 $\overline{N}$、$\overline{N} \pm \dfrac{1}{2}\sigma$、$\overline{N} \pm \sigma \cdots$

$$\sigma = \sqrt{\dfrac{\sum_{i=1}^{A}(N_i - \overline{N})^2}{A-1}}$$

② 配置相应的理论正态分布曲线。

③ 计算测量数据落在 $\overline{N} \pm \sigma$、$\overline{N} \pm 2\sigma$、$\overline{N} \pm 3\sigma$ 范围内的频率。

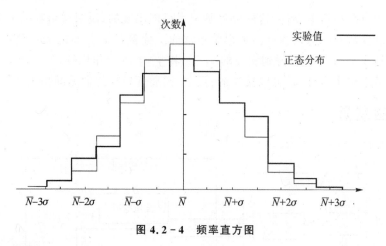

图 4.2－4　频率直方图

④ 对此组数据进行 χ^2 检验。

六、思考题

1. 什么是放射性原子核衰变的统计性？它服从什么规律？

2. σ 的物理意义是什么？以单次测量值 N 来表示放射性测量值时，为什么用 $N\pm\sqrt{N}$ 表示？其物理意义是什么？

3. 为什么说以多次测量结果的平均值来表示放射性测量值时，其精确度要比单次测量值高？

七、扩展实验

利用双源法测量计数装置的分辨时间。

1. 实验原理

设单位时间内计数装置实际测得的平均粒子数为 m，n 为单位时间内真正进入计数管的平均粒子数。τ 为计数装置的分辨时间，则在分辨时间 τ 不变且 $m\tau\ll1$ 时，单位时间漏记的粒子数为 $n-m=nm\tau$，这样 $n=\dfrac{m}{1-m\tau}$。

在完全相同的实验条件下，测量放射源 1、2 单独的计数率 m_1、m_2 以及 1、2 同时存在时的计数率 m_{12}，（假定它们包含相同的本底计数率 m_b）。所以，
源 1 的真实计数率为

$$n_1=\frac{m_1}{1-m_1\tau}-\frac{m_b}{1-m_b\tau}$$

源 2 的真实计数率为

$$n_2=\frac{m_2}{1-m_2\tau}-\frac{m_b}{1-m_b\tau}$$

源 1 和源 2 同时存在的真实计数率为

$$n_{12}=\frac{m_{12}}{1-m_{12}\tau}-\frac{m_b}{1-m_b\tau}$$

由于实验条件相同，源 1 和源 2 在单位时间内入射计数管的粒子数等于源 1、源 2 在单位时间

内分别入射到计数管的粒子数之和,即

$$n_{12} = n_1 + n_2$$

亦即

$$\frac{m_{12}}{1 - m_{12}\tau} + \frac{m_b}{1 - m_b\tau} = \frac{m_2}{1 - m_2\tau} + \frac{m_1}{1 - m_1\tau}$$

解得

$$\tau = \tau_1 \Big[1 + \frac{\tau_1}{2}(m_{12} - m_b) \Big]$$

其中

$$\tau_1 = \frac{m_1 + m_2 - m_{12} - m_b}{2(m_1 - m_b)(m_2 - m_b)}$$

实验时,一般取 $\tau = \tau_1$。

2. 实验仪器

定标器 1 台、J142 型圆柱形计数管 1 个、2 个 ^{137}Cs 源。

3. 注意事项

① 计数率不能太低也不能太高。一般选取计数率在 200/s 左右。

② 源 1、2 单独入射与共同入射时的位置应保持一致。

③ 计数管工作后会有光敏作用产生,实验应注意适当避光,不能暴露在强光下。

④ 测量过程中应注意防止 G–M 计数管上的高压过高引起的连续放电损坏 G–M 计数管。

⑤ 实验时不要放置能增加本底计数率的带有放射性的物体,如铅砖、铝块。

⑥ 测坪曲线时,改变电压后稍等一会待其电压稳定后再测其计数率。

参考文献

[1] 复旦大学,清华大学,北京大学. 原子核物理实验方法[M]. 北京:原子能出版社,1996.

[2] 复旦大学,北京大学. 核物理实验[M]. 北京:原子能出版社,1989.

4.3 计算机断层扫描成像(CT)技术

计算机断层成像技术(Computed Tomography,CT)是一种与一般辐射成像完全不同的成像方法。一般辐射成像将三维物体投影到二维平面成像,由于各层面影像重叠,从而造成相互干扰,不仅图像模糊而且损失深度信息,不能满足分析评价要求。CT 是将被测体的某一需检验的截断层孤立出来成像,避免其余部分干扰和影响,能清晰、准确展示所测物此断层面的内部结构、物质组成及缺陷情况,其图像质量和检测效果是其他传统无损检验方法所不及的。

CT 技术首先应用于医学领域,形成医学 CT(MCT)技术,其重要作用被评价为医学诊断上的革命。CT 技术成功应用于医学领域后,美国率先将其引入到航天及其他工业部门,形成 CT 技术又一个分支——工业 CT(Industrial Computed Tomography, ICT),其重要作用被评价为无损检测领域的重大技术突破。医学 CT 和工业 CT 在基本原理和功能组成上是相同的,但因检测对象不同,技术指标及系统结构有较大差别。前者检测对象是人体,单一而确定,性能指标及设备结构较规范,适于批量生产;工业 CT 检测对象是工业产品,形状、组成、尺寸及重量等千差万别,且测量要求不一,由此造成了技术的复杂性及结构的多样化,专用性较强。

我国于 1993 年研制成功首台可供实用的工业 CT 样机,1996 年设计生产了主要用于航天产品检测的第一台工业 CT 商品机,现已开发系列化工业 CT 产品,工业 CT 的应用领域正迅速扩大,尤其在航空、航天、兵工、部队等领域应用广泛。

一、实验要求和预期要点

1. 实验要求

① 了解 CT 成像的基本原理。

② 了解最基本的 CT 教学实验仪的结构。

③ 掌握使用 CT 教学仪进行断层扫描成像的操作步骤。

④ 掌握初步的图像处理方法。

2. 预习要点

① 什么是 CT?它有哪些应用?

② CT 成像的基本原理是什么?

③ 有关放射源的活度、半衰期等基本概念以及量纲。

二、实验原理

1. CT 的基本原理

CT 是一种先进的技术,需要一定的数学、物理等技术基础给予其支撑。早在 1917 年,丹麦数学家雷当(J. Radon)的研究工作已为 CT 技术建立了数学理论基础。他从数学上证明:某种物理参量的二维分布函数,由该函数在其定义域内的所有线积分完全确定。该理论指出,需要无穷多个且积分路径互不完全重叠的线积分,才能精确无误地确定该二维分布函数,否则只能是实际分布的一个估计。也就是说,只要能知道一个未知二维分布函数的所有线积分,就能求得该二维分布函数。有了此反映断层内部结构和组成的二维分布函数,计算机便能显示为图像,即获得 CT 断层图像。因此,如何获取反映被测断层面内部结构组成的某物理参量的二维分布函数的线积分是首要问题。

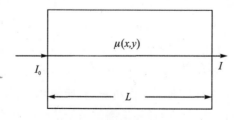

图 4.3 - 1　射线穿过衰减系数为 $\mu(x,y)$ 的物质面

物理研究指出:一束射线穿过物质并与物质相互作用后,射线强度将受到射线路径上物质的吸收或散射而衰减,衰减规律由比尔定律确定,可用衰减系数度量衰减程度。如图 4.3 - 1 所示,当强度为 I_0 的 X 射线穿过厚度为 L 的均匀物质时,出射强度 I 的变化满足指数衰减规

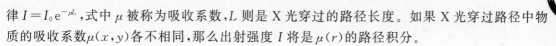

律 $I = I_0 e^{-\mu L}$，式中 μ 被称为吸收系数，L 则是 X 光穿过的路径长度。如果 X 光穿过路径中物质的吸收系数 $\mu(x,y)$ 各不相同，那么出射强度 I 将是 $\mu(r)$ 的路径积分。

$$I = I_0 e^{-\int_L \mu dL} \qquad \Rightarrow \qquad \int_L \mu dL = \ln \frac{I_0}{I} = J \qquad (4.3-1)$$

上式表明：射线路径 L 上衰减（吸收）系数 $\mu(x,y)$ 的线积分 J 等于射线入射强度 I_0 与出射强度 I 之比的自然对数。I_0 和 I 可用探测器测得，因此可算得线积分 J。推广可知，当射线以不同的方向和位置穿过该物质面，对应的所有路径上的线积分 J 均可求出，从而得到一个线积分集 K。当线积分集 K 无穷大时，可精确确定该物质断面的衰减系数的二维分布 $\mu(x,y)$，否则是具有一定误差的估计。由于物质衰减系数与物质的质量密度相关，因而 $\mu(x,y)$ 也体现了密度的二维分布，即 $\mu(x,y)$ 的差异反映了物体内部的结构变化，一幅 $\mu(x,y)$ 的分布图实际上就是该物体内部结构的清晰图像。

有了上述数学和物理基础后，为了在工程技术上的实现，并且避开硬件技术要求，在方法上还需解决两个主要问题：如何提取物体断层衰减系数线积分 J 的数据集 K。解决方法可采用扫描检测，即用射线束有规律地（含方向、位置、数量等）穿过被检测体的检测断层面，并相应进行射线强度测量。由入、出射线强度比算出线积分 J，从而可得线积分 J 的数据集 K。围绕提高扫描检测效率，可采用各具特色的扫描检测模式。利用该线积分数据集 K 确定出衰减系数的二维分布 $\mu(x,y)$ 的解决方法是：用图像重建算法，即利用衰减系数线积分 J 的数据集 K，按一定的重建算法进行数学运算，由式（4.3-1）反推出衰减系数的二维分布函数 $\mu(x,y)$，并予以显示。由于工程实现时，射线束总有一定的宽度，只能与具有一定厚度的切片或断层物质相互作用，故所确定的衰减系数或密度的二维分布图像应是一定体积的积分效应，而不是理想的点、线、面结果。

由此看出，CT 成像与一般辐射成像最大的不同之处在于它用射线束扫描检测一个断层，将该断层从被测体中孤立出来，使扫描检测数据免受其他部分结构及组成信息干扰；对所扫描检测断层，并非直接应用穿过断层的射线在成像介质上成像，而仅仅是将不同方向穿过被测断层的射线强度作为重建算法中作数学运算所需之数据。或者说，断层图像是通过数学运算才得到的。

2. 扫描检测模式

扫描检测是获得被测断层内衰减系数线积分数据集的过程。其基本结构是将被测体置于射线源和探测器之间，让射线束穿过所需检测断层，由探测器测量穿出的射线强度。其基本要求是：射线束应从不同方向穿过被测体的需测断层；在每个检测方位上，射线束两个边缘路径应遍及或包容整个断层；应使射线穿过断层的路径互不完全重叠，避免产生不必要的冗余数据；整个扫描检测过程应遵守一定的规律。扫描检测也是射线源-探测器组合与被测体间作相对运动的过程，该过程由精确控制的扫描机械实现（将射线源和探测器称为组合，表示在每次扫描检测过程中，它们间的几何关系不变）。

扫描检测模式有多种，只选择其中三种介绍：

（1）平行束扫描检测模式

这是最早使用的 CT 技术，被称为第一代扫描检测模式。其基本结构特点是：射线源产生一束截面很小的射线，每个单位检测时间里检测空间只存在这束截面很小的射线，仅有一个探测器检测该射线强度。重建 $N \times N$ 像素阵列断层图像，一般有 $N \times N$ 个衰减系数线积分组成的数据集，故常采用从 N 个方向且每个方向均有 N 束射线供探测器检测的数据，结构如

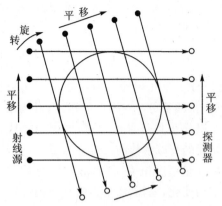

图 4.3-2　平行束扫描检测模式射线源

图 4.3-2 所示。

本模式的扫描检测特点是:在每个检测方位上,射线源-探测器组合与被测体间按等距步进量及等单位检测时间相对平行移动(N-1)次,逐步形成由 N 束射线构成的平行射线束,相应的也逐步遍及并穿过所测断层。取得 N 个检测数据,按设定角步进量,射线源-探测器组合与被测体间以被测体的某一固定回转轴线为中心,在检测断层平面内相对转动一个步进量角度,在恢复到起始位置条件下,重复同步等距平移的过程,完成第二个方位上对断层的检测,又获得 N 个检测数据,按此重复进行。为免去数据冗余,只需在 180°圆周角度上,等分为 N 个检测方位并在每个方位上完成检测,最终获得一个由 N×N 个检测数据构成的数据集。

平行束扫描检测的运动方式为平移+旋转。为完成扫描检测,可以有三种具体形式,即被测体固定,射线源-探测器组合既平移又旋转;射线源-探测器组合固定,被测体平移和旋转;"射线源-探测器"组合平移,被测体旋转。此扫描检测模式虽有很多优点,但由于只用一个探测器完成 N×N 个数据检测,存在检测效率过低的致命弱点,在实际应用中已被淘汰。不过,它仍不失原理上说明和了解的作用。

(2)窄角扇形束扫描检测模式

这是为改善平行束扫描检测效率低而发展的,被称为第二代扫描检测模式。其基本结构特点为:射线源产生角度小、厚度薄的扇形射线束,使用数量不多的 n 个(n<N)检测器同时检测。断层内最多有 n 条射线路径上的衰减系数线积分值可同时测量,在每个检测方位的每个检测点上射线束未能包容所有测断层,如图 4.3-3 所示。

其扫描检测特点与平行束的相似,即每个检测方位,射线源-探测器组合与被测体间按等距步进量及等单位检测时间,相对平移(N/n-1)次,穿过并遍及所测断层,取得 N 个检测数据。按设定角步进量,射线源-探测器组合与被测体间以某

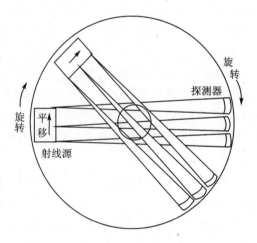

图 4.3-3　窄角扇形束扫描检测模式

一固定回转轴线为中心相对转动一角步进量,在恢复起始位置条件下,重复前一过程,完成第二个方位对断层的检测后,又获 N 个检测数据。按此重复进行,可在 180°的圆周角上,等分 N 个检测方位,并在每个方位上完成相同检测,最终获得由 N×N 个数据所组成的数据集。

(3)广角扇形束扫描检测模式

这是在窄角扇形束扫描检测模式基础上进一步提高扫描检测效率,被称为第三代扫描检测模式。其基本结构特点为:射线源产生角度大、厚度薄的扇形射线束,一般使用 N 个探测器同时检测。断层内最多有 N 个射线源路径上衰减系数线积分值可同时测量,射线束的边缘全包容所测断层,如图 4.3-4 所示。

其扫描检测特点为:对每个检测断层,射线源-探测器组合与被测体间仅有相对旋转运动。在 360°的圆周角上等分为 N 个扫描检测方位,每个检测方位射线束全包容并穿过所测断层,均可取得 N 个检测数据。相对旋转一周,完成一个断层扫描检测,获得由 $N \times N$ 个数据组成的数据集。

3. 图像重建

断层图像重建是一个对检测数据进行数学运算和对图像数据进行显示的过程。该过程以扫描检测所得衰减系数的线积分数据集 K 为基础,经必要的数据校正,按一定的图像重建算法,通过计算机运算得到衰减系数具体的二维分布函数 $\mu(x,y)$,再将其以灰度形式显示,从而生成断层图像。图像重建的关键是重建算法,既要考虑图像质量,又要注意运算速度。重建算法多种多样,各有特色,归纳起来大致可分为迭代求解和变换求解两类。图像重建涉及数学较多,在此只作概念性介绍。

（1）重建的初步概念

这里列举用解连立方程组的方法建立图像重建的初步概念。为简单计算,设有一个由 3×3 单元组成的断层,各单元衰减系数分别为 μ_1 至 μ_9,它们是未知待求的。显然,只要能建立包含这些变量并相互独立的 9 个方程,即可求出 μ_1 至 μ_9 的变量,得到该断层衰减系数的具体分布并显示为图像,从而完成图像重建。为建立这样的方程,用 9 条射线按互不完全重叠的路径穿过该断层,检测其衰减系数线积分,基本结构如图 4.3-5 所示。由图 4.3-5 建立方程组:

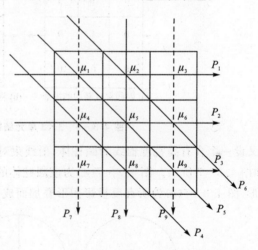

图 4.3-4　广角扇形束扫描检测模式　　图 4.3-5　9 条路径互不完全重叠的射线穿过断层

$$
\left.
\begin{aligned}
\mu_7 + \mu_8 + \mu_9 &= P_1 \\
\mu_4 + \mu_5 + \mu_6 &= P_2 \\
\mu_1 + \mu_2 + \mu_3 &= P_3 \\
\mu_4 + \mu_8 &= P_4 \\
\mu_1 + \mu_5 + \mu_9 &= P_5 \\
\mu_2 + \mu_6 &= P_6 \\
\mu_1 + \mu_4 + \mu_7 &= P_7 \\
\mu_2 + \mu_5 + \mu_8 &= P_8 \\
\mu_3 + \mu_6 + \mu_9 &= P_9
\end{aligned}
\right\}
\qquad (4.3-2)
$$

式中的 P_1 至 P_9 为不同射线路径上衰减系数线积分值（用取和近似），由探测器检测得到并视为已知数。解此方程组则 μ_1 至 μ_9 即可求出，以图像形式表示其分布即可生成断层图像，图像重建完成。

上述简单结构的例子可推广为 $N \times N$ 的一般性结构，对 N 取值很大的实际情况，原理上虽可实现，但实际完成却很困难，故此方法无实用价值。

（2）反投影法

反投影法是一种古老的图像重建算法，图像质量虽不好，但却是实用的卷积反投影法的基础，而卷积反投影法是一种最常用的变换求解法。

将射线穿过断层所检测的数据称为投影，而把射线路径对应于图像上的所有像素点赋以相同的投影值则称反投影，把反投影用灰度表示将形成一个图形或图案。对断层各个方向上的投影完成反投影并形成相应的图形或图案，将所有的反投影图形或图案叠加，则得到由反投影法重建的断层图像。

为简单计算，设断层是 3×3 单元结构，仅中心单元的衰减系数为 1，其余均为 0。当射线经中心单元穿出后，检测到的投影值（即射线路径上衰减系数线积分值）为 1，将此值反投影，即是将此射线路径上所有单元所对应的图像区全部赋以相同的投影值 1，如图 4.3-6 所示。

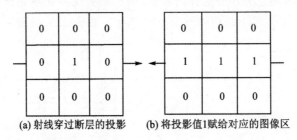

(a) 射线穿过断层的投影　　(b) 将投影值1赋给对应的图像区

图 4.3-6　3×3 单元结构的投影和反投影

又设一个含有高密度轴线的圆柱体，射线束对一个断层扫描检测，用反投影法进行图像重建，如图 4.3-7 所示。图 4.3-7(a) 为该圆柱体的横截面，图 4.3-7(b) 为一个方向上的反投影图形，图 4.3-7(c) 为所有反投影图形叠加而成的断层图像。

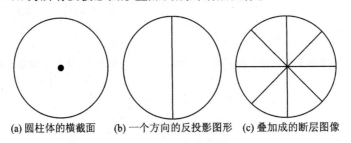

(a) 圆柱体的横截面　　(b) 一个方向的反投影图形　　(c) 叠加成的断层图像

图 4.3-7　反投影法图像重建

由图看出，本来截断面是中心点状结构，经反投影法重建的图像则降质为模糊的星状结构，这种变化可用点扩散函数描述。点扩散函数效应可推广到断层图像的所有像点，而不仅局限于中心点。由此表明，反投影法虽然简单，但重建图像模糊，质量不高。

（3）卷积反投影法

这是至今为止最实用的重建算法，被 CT 设备普遍采用，因为它兼顾了图像质量和重建速度。卷积反投影法是在反投影法基础上发展起来的一种图像重建算法，这种算法较复杂，在此仅从其实现思想来加以说明。

一幅图像是由像素点构成的面阵，可用二维函数描述，常称为图像函数。若断层物理结构对应的图像称为真实图像，其图像函数用 F 表示。反投影法重建所得图像是一副模糊图像，它是真实图像函数 F 与点扩散函数 R 卷积运算的结果，其图像函数用 FB 表示，即 $FB = R * F$，符号 * 表示卷积。反过来，若以点扩散函数的反函数 R^{-1} 对反投影图像函数 FB 进行卷积（即 $R^{-1} * FB = F$)，则可消除点扩散函数的模糊效应，得到真实图像的图像函数 F。而点扩散函数 R 并不知道，从而无法确定其反函数 R^{-1}。但可以根据造成模糊的基本机理选用一定形式的函数 W 代替此反函数 R^{-1}，对反投影图像函数 FB 进行卷积运算校正，以减弱星状模糊或点扩散函数效应的影响，得到较接近真实图像的图像函数 F，称该校正函数 W 为卷积核，其具体形式将明显影响图像质量。

在实际工作中，既可以对反投影图像 FB 整体卷积修正，也可以先对投影数据卷积修正后再反投影和叠加，一般以后者为主。

（4）逐步逼近法

逐步逼近法是迭代算法，在此介绍其中的代数重建技术。它是事先对未知断层图像的各像素给予一个初始估值，然后利用这些假设数据去计算各射线束穿过断层像素时可能得到的投影值，再用这些投影值和实测数据值进行比较，根据差异获得一个修正值。用此修正值修正各对应射线穿过的断层诸像素值，如此反复迭代直至计算值和实测值接近要求的精确度为止。如图 4.3-8 的所示，实测数据值 $P_1, P_2, P_3, P_4, P_5, P_6$ 已知，具体步骤如下：

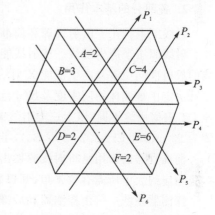

图 4.3-8　逐步逼近法

① 假设初始图像像素集合为 $A = B = C = D = E = F = 0$；

② 计算各条射线的投影值 P_1^*, P_2^*, P_3^*, P_4^*, P_5^*, P_6^*；

③ 计算各条射线的投影修正值 $\Delta_1 = (P_1^* - P_1)/9$，$\Delta_2 = (P_2^* - P_2)/9$，$\Delta_3 = (P_3^* - P_3)/9$，$\Delta_4 = (P_4^* - P_4)/9$，$\Delta_5 = (P_5^* - P_5)/9$，$\Delta_6 = (P_6^* - P_6)/9$，各式除 9 是为保持射线密度不变；

④ 计算每一像素的投影修正值：$\Delta A = \Delta_1 + \Delta_3 + \Delta_5$，$\Delta B = \Delta_1 + \Delta_3 + \Delta_6$，$\Delta C = \Delta_2 + \Delta_3 + \Delta_5$，$\Delta D = \Delta_1 + \Delta_4 + \Delta_6$，$\Delta E = \Delta_2 + \Delta_4 + \Delta_5$，$\Delta F = \Delta_2 + \Delta_4 + \Delta_6$；

⑤ 将各像素的修正值和前次迭代的结果加起来，得到修正后的像素，本次迭代值 $A_2 = A_1 + \Delta A$，$B_2 = B_1 + \Delta B$，$C_2 = C_1 + \Delta C$，$D_2 = D_1 + \Delta D$，$E_2 = E_1 + \Delta E$，$F_2 = F_1 + \Delta F$，将集合 A_2、B_2、C_2、D_2、E_2、F_2 作为下一次迭代的初始值，重复上述过程，直到前后两次迭代误差小于给定值为止。

三、实验装置

本实验使用的 CD-50BG 型 CT 教学实验仪的组成如图 4.3-9 所示。实验仪包括扫描仪，计算机，显示器，标准测试工件：条测试卡（铜、铝）、孔测试卡（铜）、密度测试卡（大小各一个),少许橡皮泥等。CD－50BG 型 CT 教学实验仪系统的基本组成、基本作用及主要指标如下：

1. CT 系统的基本组成

无论医学 CT 和工业 CT 均有射线源系统、探测器系统、数据采集系统、控制系统、机械扫描运动系统、计算机系统及图像复制输出设备等基本组成部分,由它们组成的 CT 系统框图见图 4.3－9。

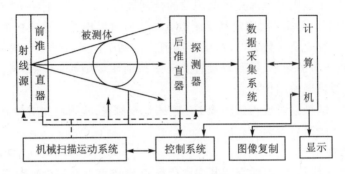

图 4.3－9 CT 系统的基本组成

2. 各部分的基本作用

射线源系统——由射线源和前准直器组成,用以产生扫描检测用的射线束。

射线源用来产生射线。按射线能量分,射线源有产生高能 X 射线的加速器,产生中能 γ 射线的放射性同位素及产生低能 X 射线的 X 射线管源三类。射线能量决定了射线的穿透能力,也就决定了被测体物质密度及尺寸范围。医学 CT 使用产生较低能谱段的 X 射线管源,而工业 CT 根据用途不同,以上三类射线源均在实际中使用,本仪器使用铯(^{137}Cs) γ 射线源,活度约为 20 mCi(1 Ci＝3.7 ×10^{10} Bq),半衰期为 30.2 年。

前准直器的作用是将射线源发出的射线处理成所需形状的射束(如扇形束等),扇形束开口张角应约大于所需有效张角,开口高度根据断层厚度确定。

探测器系统——由探测器和后准直器组成。探测器是一种换能器,它将包含被测体断层检测物理信息的辐射转换为电信号,提供给后面的数据采集系统作再处理。常用的有"闪烁体＋光电器件"和气体电离室两种类型,一般是有多个探测器组成探测器阵列,探测器数越多其阵列就越大,扫描检测断层的速度就越快。探测器按信号转换方式有电流积分和光子计数两类。

后准直器用高密度材料(钨合金)构成,紧位于探测器之前。它开有一条窄缝或一排小孔,小孔被称为准直孔。探测低能量射线时,具有窄缝的金属薄片就可完成准直。要探测中能及高能射线则需具有一定孔深的后准直器完成准直。其作用有两点:一是限制进入探测器的射束截面尺寸,二是与前准直器配合进一步屏蔽散射射线。其有效孔径可确定断层的厚度,并直接影响断层图像的空间分辨率。

机械扫描运动系统——机械扫描运动系统为 CT 提供了基础结构,提供射线源、探测系统、被测体的安装载体及空间位置,并为 CT 机提供所需扫描检测的多自由度高精度的运动功能。CT 多采用第二代扫描检测或第三代扫描检测的运动方式,本仪器采用单探测器的旋转＋平移的扫描方式。

数据采集系统——数据采集系统用以获取和收集信号,它将探测器获得的信号进行转换、收集、处理和存储以供图像重建。它是 CT 设备关键部分之一,其主要性能包括:信噪比、稳定性、动态范围、采集速度及一致性等。

控制系统——控制系统决定了 CT 系统的控制功能,它实现了扫描检测过程中机械运动的精确定位控制,系统的逻辑控制,时序控制及检测工作流程的顺序控制和系统各部分协调,并担负系统的安全连锁控制。

计算机系统——计算机系统是 CT 设备的核心,它必须具有优质和丰富的系统资源以满足以下几个方面的需要:高速有效的数学运算能力,以满足系统管理、数据校正、图像重建等大量运算操作;大容量的图像存储和归档要求,包括随机存储器、在线存储器和离线归档存储器;专用的高质量、高分辨率、高灰度级的图像显示系统;丰富的图像处理、分析及测量软件,为操作人员提供强大的分析,评估的辅助支撑技术;友好的用户界面,操作灵活,使用方便;CT 的计算机系统,可以是单机系统或多机系统,采用的机型可以是小型机、工作站或微机,这些均视用途及要求确定。

图像的复制输出设备——CT 的图像一般可选用高质量的胶片输出设备、视频复制输出设备或高质量的激光打印输出设备。

3. 主要性能指标

性能指标确定了 CT 设备的主要技术性能、适用范围及检测能力。

检测对象——CT 机的被测体。医学 CT 机检测对象是人体,相对确定;工业 CT 机检测对象是各种工业产品,故每台设备对被测物都有一定的适用范围及相应的限定参数,包括:最大回转直径,指被测体作扫描检测时回转的最大尺寸,由 CT 机的安装空间及有效扫描视场确定;最大检测长度,指一次性置放被测体能够检测的断层的最大距离变化范围;最大载荷,指对被测体的最大承载能力;最大等效钢的穿透厚度,指在断层图像满足信噪比要求条件下所能检测的钢厚度,主要由射线源的射线能量确定。

辐射源——CT 机辐射源的类型及主要参数。对 X 射线源,主要参数有高压数值、束流大小、焦斑尺寸及稳定性等;对 γ 射线源,主要参数有同位素类型、活度及活性区尺寸等。

扫描检测数据量及重建图像矩阵——扫描检测数据量反映了 CT 设备所获取信息的多少,它直接影响 CT 系统的分辨率及扫描检测时间。重建图像矩阵反映了 CT 图像的尺寸大小及图像像素的多少,它也直接影响空间分辨率和重建时间。一般情况下,重建图像矩阵与扫描检测数据量是相互对应的。扫描检测数据量越大,重建图像矩阵就越大,图像像素代表的实际尺寸就越小,空间分辨率越高,但扫描检测和图像重建时间就增长。本仪器扫描重建图像矩阵有 64×64、128×128。

采样时间——扫描检测时单次采样的时间。由射线源射线的能量及强度、被测体等效钢厚度、探测器与射线源的距离、准直器窗口尺寸及系统的信噪比要求等确定。

扫描时间——断层扫描检测获得一个断层完整数据量所需要的时间,它与单次采样时间、扫描检验数据量及探测器数量有关,本仪器的典型扫描时间为 30 min。

重建时间——获得扫描检测数据后,对此扫描原始数据进行处理、校正并按重建方法重建出被测体断层图像所需时间。它与图像矩阵、重建方法及计算机硬件资源等因素有关。

空间分辨率——表明 CT 系统的重建图像反映被测体几何结构细节的能力。其测定的方法较多,实际使用时由模拟被测体的类型确定。常用的模拟被测体有两种:一种是用高密度材料做成大小不同孔径与孔距相等的孔卡,扫描检测并图像重建后,在图像上能清晰分辨出小孔的直径(单位 mm),将它作为 CT 系统的空间分辨率参数;另一种是用高密度材料做成的厚度变化但占空比总为 50% 的梳状条形卡,并对其进行扫描检测,近似 CT 系统的调制传递函数(MTF)曲线,根据曲线能分辨的黑白相间的条形带的单位尺寸的成对数,用每毫米线对(lp/mm)表示。空间分辨率与射线源的焦斑或活性区尺寸、准直器窗口尺寸、有效的扫描检测数据量、重建图像矩阵大小及被测体在扫描检测空间的位置等因素有关。本仪器的空间分辨率≤0.8mm。

对比灵敏度——也称对比分辨率,实际应用中习惯称作密度分辨率。它是指 CT 系统区分被测体断层上最小物理特征(如衰减系数、密度等)差别的能力,是确定需要检测到的相对于统一背景和给定尺寸区域的相同特征的最小相对量,用百分数表示。这一指标具有统计特征,从而具有一定的区域限制。对比灵敏度可用专门的测试卡检验。影响对比灵敏度的主要因素是信噪比(SNR),噪声的主要来源是射线源的量子噪声、探测系统的电子噪声以及数据处理计算中的量化噪声等。干扰及重建算法也对对比灵敏度有影响,本仪器的密度分辨率≤5%。

分层厚度——也称断层厚度,是 CT 扫描检测时射线束作用的有效厚度。分层厚度可通过调节后准直器窗口高度实现,由检测要求确定。分层厚度反映了断面垂直方向上的灵敏度,层后增加可提高信噪比或扫描检测速度,但却降低了垂直方向变化的特征信息灵敏度。

4. 操作提示

(1) 注意事项

① 本仪器含放射源,工作时(开源状态),严禁人员停留在射线出束方向,如图 4.3 - 10 所示。

② 请不要擅自打开源顶盖板,否则会造成源的开关不到位,影响图像质量,甚至出现事故。

③ 请不要超时使用,本仪器的连续工作时间为 8 h。

④ 请不要在该计算机上安装其他无关程序,否则会影响仪器的正常运行。

⑤ 请不要改变系统程序的位置和目录结构,否则会影响仪器的正常运行。

⑥ 请不要更改计算机的系统参数,否则会影响仪器的正常运行。

⑦ 请不要拆卸仪器的任何部分,否则会影响仪器的正常运行。

⑧ 禁止在系统运行过程中强行关电源,关电源之前必须退出相应的系统。

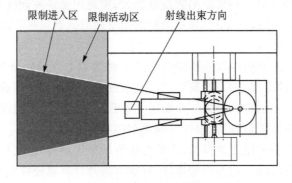

图 4.3 - 10　CT 扫描仪

（2）操作提示

① 安全准备工作

本仪器的辐射源是具有放射性的^{137}Cs，故在做所有工作前必须确定当前源的状态，当前源的状态可从三个地方观察到。

在源塔的机械结构中有一个导向槽和导向螺钉，如图 4.3-11 所示，根据导向螺钉在导向槽中的位置，便可了解当前源的状态是在安全位还是在工作位。在塔源射线出束孔上方有一个指示灯，灯熄灭表示源在安全位，灯亮（红色）表示源已离开安全位，但此方式并不指示工作位。在计算机扫描工作主画面的控制面板上有塔源指示框，框为暗色表示源在安全位，框为红色表示源已离开安全位，同样此方式不指示工作位。当前源状态必须处于安全位，若不处于安全位则应关源，关源操作参看③中的辐射源启闭。

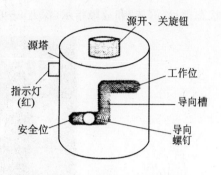

图 4.3-11 源塔开、关控制示图

② 工件安装

根据所测工件高度粗估工作台高低，旋转工作台下的银白色大螺母，升降工作台高度到适度位置。将所测工件放在工作台上，按检测断面位置，使工件准备检测的断层位置对准后准直器孔中心线。调好后，用少许橡皮泥将被检测的工件粘牢在工作台上，注意工件与工作台之间不能有相对移动，并使工件不要倾斜。注意工件大小不能超过工作台面（φ50 mm），否则会引起碰撞和图像模糊。

③ 系统电源、辐射源及系统的进入

系统电源——在前面的安全准备工作和工件安装完成后，方可开系统电源。本仪器电源包含三部分：CT 扫描仪电源、计算机电源与动力电源。动力电源受控于计算机电源，在扫描仪电源开通时，计算机进入 CT 扫描程序后才能由程序打开或关闭动力电源。系统工作时，应先开扫描仪电源，后开计算机电源和显示器电源。系统关机时，应先关计算机电源，后关扫描仪电源。扫描仪电源在扫描仪黑色控制盒侧面，靠计算机这边的下半部位置处。系统电源开启后，才能开启辐射源。

辐射源的开启——站在射线出束相反方向，手动旋转源容器顶部的中心柱旋钮。先逆时针旋转使源离开安全位，再向上提升，逆时针旋转使源到达工作位（手感觉转不动为止），源到工作位后就完成了开源过程。在开源状态下，源塔顶端旋钮的下半部红色会显示出来。源处于工作状态时，射线出束方向严禁人员进入。

开源过程是否完成，即源是否到达工作位，只能由导向螺钉到达导向槽上面右侧端点的工作位来确定，源塔上的指示灯和计算机扫描工作主画面的控制面板上的"源塔指示"只能说明源离开安全位，并不指示已到工作位。

辐射源的关闭——当 CT 扫描完成，不需要做实验时应关源。关源的过程与开源的过程相反，利用源塔顶端的旋钮，先顺时针旋转使源离开工作位，再向下放置，顺时针旋转使源到达安全位，指示灯熄灭，源到安全位后就完成了关源过程。

关源过程是否完成，即源是否到达安全位，不能只看导向槽中导向螺钉的位置，还要看源塔上指示灯和计算机扫描工作主画面的控制面板上的源塔指示，指示灯熄灭和"源塔指示"框由红变暗说明源到了安全位。

系统的进入——开启了辐射源,系统也已启动,双击计算机桌面图标 ICT1 进入 CT 扫描系统主画面,再按任意键即可进入 CT 扫描工作主画面,如图 4.3-12 所示。CT 的扫描控制工作都在此扫描工作主画面的菜单中完成,此主画面有控制面板,其中有电源开关(深绿)、源状态指示(深蓝)和故障指示(深蓝)三项。

图 4.3-12　CT 扫描工作主画面

单击“电源开关”按钮,系统自动自检,完成后电源开关变成绿色,表示已打开系统动力电源,源状态指示变红。同时在源状态指示下面出现一排控制按钮(见图 4.3-12):系统设置、断层扫描、图像处理、系统测试和退出系统,若再单击“电源开关”按钮或直接退出此扫描程序均可关闭动力电源。

当系统出现故障时,“故障指示”框变红,单击“故障指示”框,屏幕右下角出现所发生故障的信息画面,若再单击“故障指示”框,屏幕右下角的故障信息画面消失,“故障指示”框变暗。

四、实验内容

系统设置——在进行 CT 扫描前,还需进行扫描参数设置,单击“系统设置”按钮,便出现扫描参数设置画面,如图 4.3-13 所示。其中文件名称由系统自动产生禁止改动;扫描方式有两种选择,扫描方式 1 是先平移后旋转,扫描方式 2 是边平移边旋转。图像矩阵有 64×64 和 128×128 两种选择。采样时间从 0.1~0.8 s 可选择设定,不同采样时间所对应的 CT 扫描参考时间如表 4.3-1 所列。选择后单击“确认”按钮,扫描参数设置画面消失。

图 4.3-13　扫描参数设置画面

表 4.3-1　采样时间与扫描时间表

采样时间/s	方式 1		方式 2	
	扫描时间/min		扫描时间/min	
	64×64	128×128	64×64	128×128
0.1	25	60	8	32
0.2	32	125	15	60
0.3	39	160	22	90

采样时间/s	方式 1		方式 2	
	扫描时间/min		扫描时间/min	
	64×64	128×128	64×64	128×128
0.4	45	180	29	120
0.5	52	210	35	140
0.6	59	240	42	170
0.7	66	260	49	200
0.8	73	280	56	230

系统扫描——设置好扫描参数便可进行 CT 扫描。单击"断层扫描"按钮,显示器画面上出现 CT 扫描进程显示。系统扫描完成后,会自动进行图像重建和保存图像数据并显示在屏上。若在 CT 扫描进程中想退出扫描只需关闭进展画面,即可中断扫描回到 CT 工作主画面。

系统扫描完成后请记住:手动关辐射源,关源到位时,源容器上的指示灯熄灭。

重建图像分析——考虑具体的扫描时间,选择一种样品和不同的扫描参数,对比不同扫描参数下的重建图像,分析不同扫描方式、图像矩阵和采样时间对重建图像的质量(空间分辨率和密度分辨率)和重建速度的影响。

图像处理——扫描自动重建的图像,观察完毕后,可关闭此图像,同时回到 CT 工作主画面(见图 4.3－12),这时可退出系统,也可进行图像处理。单击"图像处理"按钮便进入图像重建处理系统。此软件系统各项功能选择是通过相应的菜单来完成的,选择一幅重建图像,对其进行灰度直方图分析和长度或面积测量以及空间分辨率或密度分辨率测量,并写出相应的操作步骤。

系统退出——在 CT 工作主画面下,若想退出 CT 扫描系统,可单击"退出系统"按钮,则退出 CT 扫描主画面回到计算机桌面。在退出 CT 扫描主画面时,若动力电源未关闭,系统将自动关闭动力电源,但并不自动关闭辐射源。

实验完毕,计算机正常关机后,再关扫描仪电源,然后关总电源。

五、思考题

1. 简述医学 CT 和工业 CT 的区别与联系。

2. 采样时间的长短对图像信噪比有何影响? 在图上如何反映?

3. 什么是空间分别率? 什么是密度分别率? 它们分别与哪些因素有关? 在系统一定的情况下,实验进入扫描参数设置时,哪些参数的设置主要与空间分别率有关? 哪些参数设置主要与密度分别率有关? 各如何影响?

参考文献

[1] 复旦大学,清华大学,北京大学. 原子核物理实验方法[M]. 北京:原子能出版社,1996.

4.4　X 射 线 实 验

X 射线是 19 世纪末 20 世纪初物理学的三大发现之一。其中,X 射线发现于 1895 年,放射性发现于 1896 年,电子发现于 1897 年。X 射线的发现标志着现代物理学的产生。1895 年 12 月 22 日,伦琴给他夫人拍下了第一张 X 射线照片。1895 年 12 月 28 日,伦琴向德国维尔兹堡物理和医学学会递交了第一篇研究通讯《一种新射线——初步研究》。伦琴在他的通讯中把这一新射线称为 X 射线,因为他当时无法确定这一新射线的本质。后人为纪念伦琴的这一伟大发现又把它命名为伦琴射线。

一、实验要求与预习要点

1. 实验要求

① 了解 X 射线管产生连续谱线和特征射线谱的基本原理,熟悉 X 射线机器的基本结构和 X 射线产生的基本原理。

② 掌握用 NaCl 晶体的布拉格衍射分析射线谱的基本原理,测量 Mo 射线管的特征谱线。

③ 研究 X 射线谱与 X 射线光机电压与电流的关系,验证测量普朗克常数。

④ X 射线被应用于晶体结构的分析,测量 LiF 晶体的晶面间距。

⑤ 研究不同材料对 X 射线的吸收,验证莫塞莱定律,测量里德伯常数。

2. 预习要点

① 了解由 X 射线管产生 X 射线的机制及连续 X 射线谱和特征 X 射线谱的含义。

② 观察和测量 X 射线的衍射为什么要使用晶体?

③ 什么叫晶体的布拉格衍射?必须满足哪些条件?

④ 材料对 X 射线的吸收和哪些因素有关?遵循哪些规律?

二、实验原理

X 射线的发现在人类历史上具有极其重要的意义,它为自然科学和医学开辟了一条崭新的道路,为此 1901 年伦琴荣获第一个诺贝尔物理学奖。X 射线是一种波长很短的电磁波,其波长约在 0.001 nm 到 100 nm 之间。X 射线具有很高的穿透力,能穿透一些不透明的物质,如墨纸、木料等。这种肉眼看不见的射线可以使很多固体材料发生可见的荧光,使照相底片感光以及空气电离等效应,波长短的 X 射线能量较高,称为硬 X 射线,波长长的 X 射线能量较低,称为软 X 射线。

在真空中高速运动的电子轰击金属靶时,靶就放出 X 射线,这就是 X 射线管的结构原理。放出的 X 射线分为两种:一种辐射是被靶阻挡的电子的能量不越过一定限度时,只发射连续光谱的辐射,这种辐射叫做轫致辐射;另一种辐射只有几条特殊的线状光谱,这种发射线状光谱的辐射叫做特征辐射。连续光谱的性质和靶材料无关,而特征光谱的性质与靶材料有关,不同的材料有不同的特征光谱。这就是将其称之为特征的原因。

X 射线的特征是波长非常短但频率很高。因此,X 射线是原子在能量相差悬殊的两个能级之间的跃迁而产生的。所以 X 射线光谱是原子中最靠内层的电子跃迁时发出来的,而光学光谱则是外层的电子跃迁时发射出来的。X 射线在电场磁场中不偏转,这说明 X 射线是不带电的粒子流。1906 年,实验证明 X 射线是波长很短的一种电磁波,因此能产生干涉、衍射现象。X 射线可用来帮助人们进行医学诊断和治疗或用于工业上的非破坏性的材料检查。在基础科学和应用科学领域内,X 射线被广泛用于晶体结构分析,以及通过物质 X 射线光谱和 X

射线的吸收率进行化学分析和原子结构的研究。

1．发射原理

（1）连续光谱

当电子的能量未越过一定限度时，高速电子在靶上骤然减速时会伴随着辐射，这种辐射叫做轫致辐射。连续 X 射线的产生是由于高速电子运动到原子核的附近时，会受到原子核的斥力而减速形成非弹性散射。电子速度的急剧变化，引起电子周围电磁场的急剧变化，必然产生一个或几个电磁脉冲。每个电子运动轨迹里原子核的距离是不一样的，所以能量损失不一样，从而产生波长连续变化的 X 射线。连续光谱又称为"白色"X 射线，包含了从短波限 λ_m 开始的全部波长，其强度随波长变化连续地改变。从短波限开始随着波长强度的增加迅速达到一个极大值，之后再逐渐减弱趋向于零（见图 4.4-1）。连续光谱的短波限 λ_m 只决定于 X 射线管的工作高压。

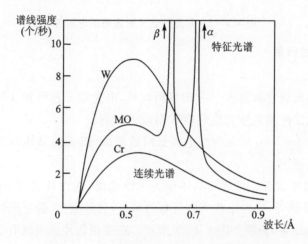

图 4.4-1　X 射线管产生的 X 射线的波长谱

（2）特征光谱

阴极射线的电子流轰击到靶面，如果能量足够高，靶内一些原子的内层电子会被轰出，使原子处于能级较高的激发态。图 4.4-2(b)表示的是原子的基态和 K、L、M、N 等激发态的能级图。K 层电子被轰出称为 K 激发态，L 层电子被轰出称为 L 激发态，依次类推。原子的激发态是不稳定的，内层轨道上的空位将被离核更远的轨道上的电子所补充，从而使原子能级降低，多余的能量便以光量子的形式辐射出来。图 4.4-2(a)描述了上述激发机理。处于 K 激发态的原子，当不同外层（L、M、N…层）的电子向 K 层跃迁时放出的能量各不相同，产生的一系列辐射统称为 K 系辐射。同样，L 层电子被轰出后，原子处于 L 激发态，所产生的一系列辐射统称为 L 系辐射，依次类推。基于上述机制产生的 X 射线，其波长只与原子处于不同能级时发生电子跃迁的能级差有关，而原子的能级是由原子结构决定的。当电子跃迁到 K 层时，称这些分立谱线为 K 系，K 系又可能因为能级差异分别标定为 K_α、K_β、K_γ 等，同理也有 L 系。这些跃迁均遵守量子跃迁定则 $\nu = \dfrac{E_{初} - E_{末}}{h}$。这些谱线也称为阳极材料的特征谱线。

得到的能谱图是 X 射线特征谱与轫致辐射谱的叠加，图像上的尖峰便是对应的特征谱线的作用，实验中可以通过峰值所对应的波长来计算阳极材料的特征谱线。

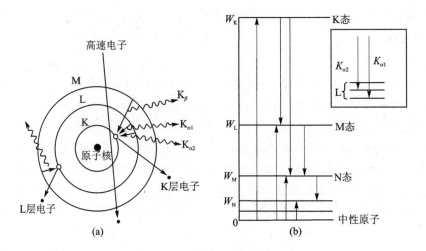

图 4.4 - 2　元素特征 X 射线的激发机理

2. 晶体的 X 射线衍射

（1）劳厄实验

因为一般光栅的光栅常数远大于 X 射线的波长，由光栅方程可知各级明纹对应的衍射角太小，难以分辨，故无法使用普通光栅观察 X 射线的衍射。

因原子间距约为 10^{-10} m，与 X 射线的波长同数量级，故天然晶体可以看做是光栅常数很小的空间三维衍射光栅。

1912 年德国物理学家劳厄设想将晶体作为三维光栅，他设计了如下实验：X 射线经晶体片 C 衍射后使底片 E 感光，得到一些规则分布的斑点（劳厄斑）。劳厄斑的出现是 X 射线通过晶体点阵发生衍射的结果，装置如图 4.4 - 3 所示。在照相底片上发现有很强的 X 射线束在一些确定的方向上出现。图 4.4 - 4 分别是将 X 射线通过红宝石晶体和硅单晶体所拍摄的劳厄斑照片。

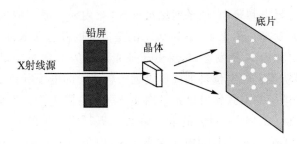

图 4.4 - 3　劳厄实验装置

（2）布拉格衍射

劳厄解释了劳厄斑的形成，但他的方法比较复杂。1913 年，英国物理学家布拉格父子提出了一种比较简单的方法来说明 X 射线的衍射。他们简化了晶体空间点阵，把它当作反射光栅处理。

当以 θ 角掠射的单色平行的 X 光束投射到晶面间距为 d 的晶面上时，在各晶面所散射的

　　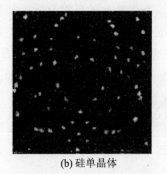

(a) 红宝石晶体　　　　　　　　　(b) 硅单晶体

图 4.4-4　劳厄斑照片

射线中,只有按反射定律反射的射线的强度为最大。

　　如图 4.4-5(a)所示的中反射线 1 和 2 的光程差为 $\Delta = AC + CD = 2d\sin\theta$,反射线互相加强时满足

$$2d\sin\theta = k\lambda, \qquad k = 1,2,3\cdots \qquad (4.4-1)$$

上式称为布拉格公式或布拉格条件。

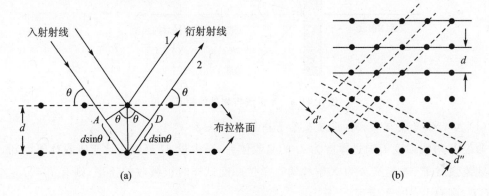

图 4.4-5　布拉格公式的推导

　　布拉格方程的讨论:

　　① 选择反射,即只有满足布拉格方程时才有反射。

　　② 晶体衍射的极限条件 $2d\sin\theta = k\lambda$,即 $\lambda = \dfrac{2d\sin\theta}{k} \leqslant 2d$ 。也就是说,能够被晶体衍射的

X 射线的波长必须小于参加反射的晶面中最大面间距的二倍。或 $d = \dfrac{n\lambda}{2\sin\theta} \geqslant \dfrac{\lambda}{2}$,即当入射

X 射线波长 λ 一定时,只有满足晶面距 $d \geqslant \dfrac{\lambda}{2}$ 的晶面才能产生衍射。

　　在晶体中,晶面的划分不唯一,不同方向上的晶面簇具有不同的 d。因此,对不同的反射晶面,晶体衍射的反射波方向也不同。若一波长连续分布的 X 射线以一定方向入射到取向固定的晶体上,对于不同的晶面 d 和 θ 都不同。只要对某一晶面,X 射线的波长满足 $\lambda = \dfrac{2d\sin\theta}{k}(k = 1,2,3\cdots)$ 时就会在该晶面的反射方向上获得衍射极大,对每簇晶面而言,凡符合

布拉格公式的波长，都在各自的反射方向干涉使得在底片上形成劳厄斑。由于晶体有很多组平行晶面，所以劳厄斑是由空间分布的衍射亮斑组成的。

当晶体的晶格常数已知时，由 X 射线的布拉格衍射实验可以测出阳极材料的特征谱线，利用已知的 X 射线特征谱线波长又可以测量出未知晶体的晶面间距。

3. X 射线的吸收

X 射线束透过物质后，其减弱服从指数衰减定律。吸收系数包括光电吸收和散射吸收两部分，一般是前者远大于后者。就其能量而言，一束 X 射线与物质相互作用后分成三部分：吸收、散射和原方向透射，如图 4.4-6 所示。

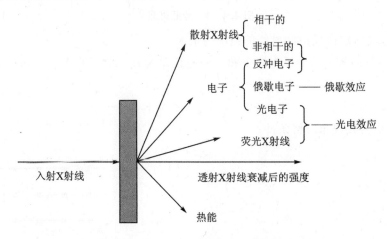

图 4.4-6　X 射线与物质的相互作用

（1）X 射线衰减与吸收体厚度及原子序数 Z 的关系

假设 X 射线强度 I_0 通过厚度为 dt 的吸收体后，减少量 dI 显然正比于吸收体厚度 dt，也正比于束流强度 I。若定义 μ 为 X 射线通过单位厚度试样时被吸收的比率，则有 $I = I_0 e^{-\mu t}$，令 $T = I/I_0$，则有 lambert 定理

$$T = e^{-\mu t} \tag{4.4-2}$$

式中，μ 称为线衰减系数，t 为试样厚度，射线强度 I 与盖革计数器测量的粒子数 R 成正比。射线的衰减至少应该被视为物质对入射 X 射线的散射和吸收的结果，系数 μ 也应该是这两部分作用之和。但由于散射而引起的衰减远小于因吸收而引起的衰减，故通常直接称 μ 为线吸收系数而忽略散射的部分。

线吸收系数 μ 表示单位体积物质对 X 射线强度的衰减程度。它与物质密度 ρ 成正比，单位为长度的倒数（m^{-1}、cm^{-1} 等），线吸收系数与物质的密度有关，计算不便。常用物质的质量吸收系数 μ_m 表示（$\mu_m = \mu/\rho$）。质量吸收系数 μ_m 表示单位重量物质对 X 射线强度的衰减程度，单位为 cm^2/g。质量吸收系数与物质的密度和状态无关，与物质的原子序数 Z 和入射 X 射线的波长有关。它反映了不同物质对 X 射线的吸收程度。如果吸收体是由两种以上的元素组成的化合物或混合物，其总体的质量吸收系数是其组成元素的质量吸收系数的加权平均值。不同吸收体对不同谱线的质量吸收系数见表 4.4-1。

近代物理实验

· 136 ·

表 4.4-1　不同吸收体对不同谱线的质量吸收系数

波长①/Å 元素	Ag K_α 0.560 8	Ag $K_{\beta1}$ 0.497 0	Mo K_α 0.710 7	Mo $K_{\beta1}$ 0.632 3	Zn K_α 1.436 4	Zn $K_{\beta1}$ 1.295 2	Cu K_α 1.541 8	Cu $K_{\beta1}$ 1.392 2	Ni K_α 1.659 1	Ni $K_{\beta1}$ 1.500 1	Co K_α 1.790 3	Co $K_{\beta1}$ 1.620 8
1 H	0.371	0.366	0.380	0.376	0.425	0.414	0.435	0.421	0.448	0.431	0.464	0.443
2 He	0.195	0.190	0.207	0.200	0.347	0.306	0.383	0.333	0.430	0.368	0.491	0.414
3 Li	0.187	0.177	0.217	0.200	0.611	0.492	0.716	0.571	0.851	0.673	1.03	0.804
4 Be	0.229	0.208	0.298	0.258	1.25	0.959	1.50	1.15	1.82	1.39	2.25	1.71
5 B	0.279	0.244	0.392	0.327	1.97	1.49	2.39	1.81	2.93	2.21	3.63	2.74
6 C	0.400	0.333	0.625	0.495	3.76	2.81	4.60	3.44	5.68	4.26	7.07	5.31
7 N	0.544	0.433	0.916	0.700	6.13	4.56	7.52	5.60	9.31	6.95	11.6	8.70
8 O	0.740	0.570	1.31	0.981	9.34	6.92	11.5	8.52	14.2	10.6	17.8	13.3
9 F	0.976	0.732	1.80	1.32	13.3	9.86	16.4	12.2	20.3	15.1	25.4	19.0
10 Ne	1.31	0.969	2.47	1.80	18.6	13.8	22.9	17.0	28.4	21.1	35.4	26.5
11 Na	1.67	1.22	3.21	2.32	24.5	18.1	30.1	22.3	37.3	27.8	46.5	34.8
12 Mg	2.12	1.54	4.11	2.96	31.4	23.2	38.6	28.7	47.7	35.6	59.5	44.6
13 Al	2.65	1.90	5.16	3.71	39.6	29.3	48.6	36.2	60.1	44.9	74.8	56.2
14 Si	3.28	2.35	6.44	4.61	49.4	36.6	60.6	45.1	74.9	56.0	93.3	70.1
15 P	4.01	2.85	7.89	5.64	60.5	44.8	74.1	55.2	91.5	68.5	114	85.5
16 S	4.84	3.44	9.55	6.82	72.8	54.1	89.1	66.5	110	82.4	136	103
17 Cl	5.77	4.09	11.4	8.14	86.3	64.3	106	79.0	130	97.6	161	122
18 Ar	6.81	4.82	13.5	9.62	101	75.3	123	92.4	151	114	187	142
19 K	8.00	5.66	15.8	11.3	117	87.6	143	107	175	132	215	164
20 Ca	9.28	6.57	18.3	13.1	133	100	162	122	198	150	243	186
21 Sc	10.7	7.57	21.1	15.1	152	114	184	139	223	170	273	210
22 Ti	12.3	8.70	24.2	17.3	172	130	208	158	252	193	308	237
23 V	14.0	9.91	27.5	19.7	193	146	233	178	282	217	343	266
24 Cr	15.8	11.2	31.1	22.3	216	164	260	199	314	242	381	296
25 Mn	17.7	12.6	34.7	24.9	237	181	285	219	343	265	114	323
26 Fe	19.7	14.0	38.5	27.7	258	198	308	238	370	288	52.8	340
27 Co	21.8	15.5	42.5	30.6	278	214	313	257	49.0	310	61.1	4.8
28 Ni	24.1	17.1	46.6	33.7	297	230	45.7	275	56.5	42.2	70.5	52.8
29 Cu	26.4	18.8	50.9	36.9	43.1	246	52.9	39.3	65.5	48.9	81.6	61.2
30 Zn	28.8	20.6	55.4	40.2	49.1	36.3	60.3	44.8	74.6	55.7	93.0	69.7
31 Ga	31.4	22.4	60.1	43.7	55.3	40.9	67.9	50.5	83.9	62.7	105	78.4

①指阳极靶材料辐射的 X 射线波长。

波长/Å 元素	Ag		Mo		Zn		Cu		Ni		Co	
	K_α 0.560 8	$K_{\beta 1}$ 0.497 0	K_α 0.710 7	$K_{\beta 1}$ 0.632 3	K_α 1.436 4	$K_{\beta 1}$ 1.295 2	K_α 1.541 8	$K_{\beta 1}$ 1.392 2	K_α 1.659 1	$K_{\beta 1}$ 1.500 1	K_α 1.790 3	$K_{\beta 1}$ 1.620 8
32 Ge	34.1	24.4	64.8	47.3	61.6	45.6	75.6	56.2	93.4	69.8	116	87.3
33 As	36.9	26.5	69.7	51.1	68.0	50.4	83.4	62.1	103	77.0	128	96.2
34 Se	39.8	28.6	74.7	54.9	74.6	55.3	91.4	68.1	113	84.5	140	105
35 Br	42.7	30.8	79.8	58.8	81.3	60.4	99.6	74.4	123	92.1	152	115
36 Kr	45.8	33.1	84.9	62.8	88.2	65.6	108	80.7	133	99.9	165	124
37 Rb	48.9	35.4	90.0	66.9	95.4	71.0	117	87.3	143	108	177	134
38 Sr	52.1	37.8	95.0	70.9	103	76.6	125	94.0	154	116	190	144
39 Y	55.3	40.3	100	75.0	110	82.3	134	101	165	124	203	154
40 Zr	58.5	42.8	15.9	79.0	118	88.2	143	108	176	133	216	165

吸收体的质量吸收系数是入射 X 射线波长及吸收元素原子序数 Z 的函数,即

$$\mu_m = C\lambda^3 Z^4 \tag{4.4-3}$$

C 在一定波长范围内为常数。由图 4.4 - 7 可知,对一定波长而言,吸收系数随原子序数 Z 的增加而增加。但到 40 时,吸收系数会突然降级然后又增加。这一突变原因可以用荧光散射解释(查阅相关资料,解释突变现象)。

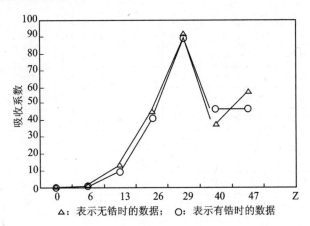

图 4.4 - 7 X 射线的吸收系数与吸收体原子序数 Z 的关系

(2) 验证莫塞莱定律

当吸收材料原子序数 Z 一定时,吸收系数先是近似随波长的三次方而增加,但到某一波长时则发生陡然下降,随后又会出现类似的增长和下降规律。这些吸收跃变所对应的波长称为吸收限。吸收限是吸收元素的特征量,标志入射 X 射线的光子能量恰好能够逐出该原子中的 K、L、M ……层上电子的能量。这是原子能量子化的生动体现。为了在实验中观察这种现象,一般需要测量波长与透射率的关系。利用吸收限的测量值,可以做出原子能级图,这也是选择滤波片材料的依据。进一步地分析表明,吸收曲线在吸收限短波侧附近的变化并不是单调平滑的,而是表现出不同程度的振荡现象,称为 X 射线吸收限的精细结构 XAFS(X 射线

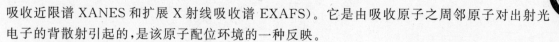

吸收近限谱 XANES 和扩展 X 射线吸收谱 EXAFS)。它是由吸收原子之周邻原子对出射光电子的背散射引起的,是该原子配位环境的一种反映。

X 射线吸收谱分析法测量透过样品的 X 射线强度随波长的变化,根据所揭示的吸收限的波长即可鉴定样品中所存在的元素。再通过测定各吸收限上所出现的吸收强度的变化,还可对材料含量进行定量分析。

对于 X 射线的实验技术而言,最有用的是 K 吸收限。莫塞莱定律的发现是理解元素周期律的重要里程碑,也是 X 光谱学的开端,在历史上有重要意义。该定律可表示为

$$1/\lambda_k = R(Z - \sigma_k)^2 \qquad (4.4-4)$$

式中,λ_k 是原子的 K 吸收边缘,R 是里德伯常数,Z 是原子序数,σ_k 是屏蔽系数。由于原子序数 Z 是介于 40~50 之间的物质,屏蔽系数 σ_k 基本上与 Z 无关,因此本实验通过测量锆(Zr,$Z=40$)、钼(Mo,$Z=42$)、银(Ag,$Z=47$)和铟(In,$Z=49$)四种材料的 K 吸收边缘,从而确定里德伯常数和 σ_k。

三、实验装置

本实验使用的是德国莱宝教具公司生产的 X 射线实验仪,如图 4.4-8 所示。该装置分为三个工作区:中间是 X 光管区,是产生 X 射线的地方,右边是实验区,左边是监控区。

X 光管的结构如图 4.4-9 所示。它是一个抽成高真空的石英管,1 是接地的电子发射极,通电加热后可发射电子。2 是钼靶,工作时加以几万伏的高压。电子在高压作用下轰击钼原子而产生 X 射线,钼靶受电子轰击的面呈斜面,以利于 X 射线向水平方向射出。3 是铜块。4 是螺旋状热沉,用以散热。5 是管脚。

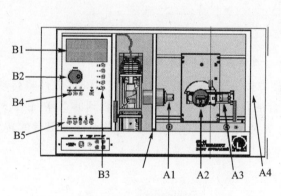

图 4.4-8　X 射线实验仪

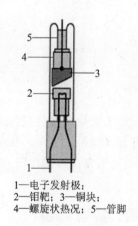

1—电子发射极;
2—钼靶;3—铜块;
4—螺旋状热况;5—管脚

图 4.4-9　X 光管

图 4.4-8 中右边的实验区可安排各种实验。A1 是 X 光的出口,A2 是安放晶体样品的靶台,A3 是装有 G-M 计数管的传感器,用来探测 X 光的强度。A2 和 A3 都可以转动,并可通过测角器分别测出它们的转角。左边的监控区包括电源和各种控制装置。B1 是液晶显示区。B2 是个大转盘,各参数都由它来调节和设置。B3 有五个设置按键,由它确定 B2 所调节和设置的对象。

B4 有扫描模式选择按键和一个归零按键。SENSOR——传感器扫描模式,COUPLED——耦合扫描模式。按下此键时,传感器的转角自动保持为靶台转角的 2 倍,如图 4.4-10 所示。

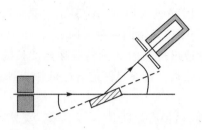

图 4.4 - 10　COUPLED 模式下靶台和传感器的角位置

B5 有五个操作键,它们是:RESET,REPLAY,SCAN(ON/OFF),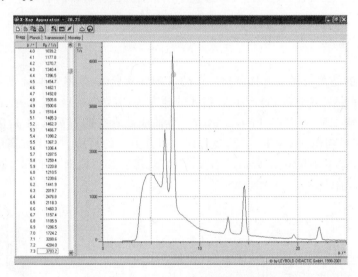是声脉冲开关,HV(ON/OFF)键是 X 光管上的高压开关。

软件 X - ray Apparatus 的界面如图 4.4 - 11 所示。

图 4.4 - 11　一个典型的测量结果画面

数据采集是自动的,当在 X 射线装置中按下 SCAN 键进行自动扫描时,软件将自动采集数据和显示结果。工作区域左边显示靶台的角位置 β 和传感器中接收到的 X 光光强 R 的数据,而右边则将此数据作图,其纵坐标为 X 光光强 R(单位是 1/s),横坐标为靶台的转角(单位是:°)。

四、实验内容

1. 熟悉 X 射线仪,并将 X 光机和配套软件调整到研究 X 射线衍射状态。

2. $U=35$ kV,$I=1.0$ mA,用 NaCl 晶体测量钼的特征谱线波长 $\lambda_{K\alpha}$ 和 $\lambda_{K\beta}$。

① 固定 $I=1.0$ mA,改变 U 多次重复上述实验,分析实验结果的异同。由轫致辐射的极限波长 $\lambda_{\min}$ 计算普朗克常数。

② 固定 $U=35$ kV,改变 $I=0.8$ mA,0.6 mA,0.4 mA,重复上述实验,分析实验结果的异同。

3. $U=35$ kV,$I=1.0$ mA,测量 LiF 单晶的晶面间距。

4. 研究不同材料对 X 射线的吸收,验证莫塞莱定律和测量里德伯常数。找出适合靶材料

Mo 的滤波片。

5. 研究同种材料(铝)不同厚度(样品材料每转动 10°,厚度增加 0.5 mm)的吸收体对 X 射线的吸收规律,并分析吸收系数在不同实验条件下的变化原因。

① 取下晶体载物台,安装吸收体,自动调零。

② 固定电流 $I=0.05$ mA,$U=30$ kV(电流、电压可变化,观察电流电压变化对实验结果的影响),SENSOR 角度固定为零度,TARRGET 角度范围为 $0°\sim60°$,角步幅 $\Delta\beta=10°$,$\Delta t=100$ s(时间可变化,观察采样时间对实验结果有无影响),按 SCAN 键自动扫描,扫描完毕按 REPLAY 键记录数据,计算铝的吸收系数。

③ 准直器前安装滤波片,重复上述实验,分析实验结果的异同。

6. 研究相同厚度($t=0.5$ mm)不同材料对 X 射线的吸收规律。0° 时无吸收材料,每转动 10° 吸收体材料原子序数 Z 发生变化($Z=6,13,26,29,40,47$)。

① 安装吸收材料,自动调零。

② 设置 X 光管高压 $U=30$ kV,电流 $I=0.02$ mA,SENSOR 角度固定为零度,TARRGET 角度范围为 $0°\sim20°$,角步幅 $\Delta\beta=10°$,$\Delta t=30$ s,按 SCAN 键自动扫描,扫描完毕按 REPLAY 键记录数据。

③ 设置 X 光管高压 $U=30$ kV,电流 $I=1.00$ mA,TARRGET 角度范围为 $30°\sim60°$,角步幅 $\Delta\beta=10°$,$\Delta t=300$ s,按 SCAN 键自动扫描,扫描完毕按 REPLAY 键记录数据,计算不同材料的吸收系数。

④ 准直器前安装滤波片,重复上述实验,分析实验结果的异同。

五、思考题

1. 观察不同管电压和管电流对 X 射线光谱有何影响,并分析连续光谱和特征光谱由什么因素决定。

2. 要使阳极材料 Mo 产生特征谱线 K_α、K_β,射线管上加载的最小电压是多少?

3. 请说明劳厄斑与布拉格衍射的关系。

4. 分析吸收系数与吸收体原子序数 Z 的关系,为什么会发生突变?X 射线穿过同种材料时不同波长的吸收系数也会发生突变,这两种突变机理一样吗?

六、扩展实验

X 射线经物体散射后波长会发生变化,这是由于射线的光子与物体中自由电子发生碰撞后将部分能量转化为电子的动能而自身能量减小,表现为波长变长,这就是历史上著名的康普顿效应。康普顿效应实验仪要求测量不同散射角的波长,而 X 射线实验仪根本没有测量波长的装置,如何观察康普顿效应?

提示:X 光经散射体散射后由探测器在与入射方向成 θ 角的方向接收,把铜吸收片放在散射前和散射后测量得到的透射率会不同,原因是散射前后波长变了。设计实验步骤观察并定量验证康普顿效应,如何采取措施提高实验精度?

七、研究实验

在粉末样品上进行 X 射线衍射分析,用射线法测量样品厚度,利用 K 吸收限鉴定样品成份及含量。

参考文献

[1] 刘粤惠,刘平安. X射线衍射分析原理与应用[M]. 北京：化学工业出版社,1993.

[2] 严燕来. 关于晶体衍射的劳厄方程和布拉格反射公式的关系[J]. 大学物理：1991，(5)：23-26.

[3] 许顺生. X射线金属学[M]. 上海：上海科学技术出版社,1962.

[4] 黄胜涛. 固体X射线学[M]. 北京：高等教育出版社,1985.

[5] BERTIN E P. Principles and Practice of X-Ray Spectrometric Analysis[M]. London：Plenum Press New York, 1975.

[6] JANSSENSK H A, ADAMS F C V, RINDBY A. Microscopic X-Ray Fluorescence Analysis[M]. England：John Wiley & Sons Ltd, 2000.

4.5　塞曼效应实验

1896年,塞曼(P. Zeeman)发现把光源放置于足够强的磁场中时,磁场作用于光体会使其光谱发生变化,可把每一条谱线分裂成几条偏振化的谱线,这种现象称为塞曼效应。塞曼效应实验证实了原子具有磁矩和空间取向量子化,这一现象之后得到了洛仑兹理论的解释。1902年塞曼因这一发现与洛仑兹共享诺贝尔物理学奖。

一、实验要求与预习要点

1. 实验要求

① 观察汞546.1 nm光谱线的塞曼效应。

② 了解用法布里-波罗(F-P)干涉仪波长差值的方法。

③ 测量汞546.1 nm塞曼分裂光谱线的波长差,并且测定e/m的值。

2. 预习要点

① 产生塞曼效应的原理和它的意义是什么？

② F-P标准具的结构和用途？

③ 测量电子荷质比的方法。

二、实验原理

1. 原子的磁矩

原子由原子核和电子组成,电子绕原子核具有轨道运动和自旋运动,相应的轨道磁矩、轨道角动量、自旋磁矩及自旋角动量可表示为

$$\mu_L = eP_L/2 \tag{4.5-1}$$

$$P_L = [L(L+1)]^{1/2} h/(2\pi) \tag{4.5-2}$$

$$\mu_S = eP_S/m \tag{4.5-3}$$

$$P_S = [S(S+1)] h/(2\pi) \tag{4.5-4}$$

式中,L 为轨道量子数,S 为自旋量子数,e 为电子电荷,m 为电子质量,h 为普朗克常数。

轨道角动量和自旋角动量合成原子的总角动量 $\boldsymbol{P}_J$,轨道磁矩和自旋磁矩合成原子的总磁矩 $\boldsymbol{\mu}$,但由于 $\boldsymbol{\mu}_L:\boldsymbol{\mu}_S\neq\boldsymbol{P}_L:\boldsymbol{P}_S$,因此原子的总磁矩 $\boldsymbol{\mu}$ 不在总角动量 $\boldsymbol{P}_J$ 的方向上,如图 4.5-1 所示。将 $\boldsymbol{\mu}_L$ 分解为平行于 $\boldsymbol{P}_J$ 方向的分量 $\boldsymbol{\mu}_J$ 和垂直于 $\boldsymbol{P}_J$ 方向的分量 $\boldsymbol{\mu}_S$,$\boldsymbol{\mu}_J$ 为确定的量,而 $\boldsymbol{\mu}_L$ 方向不确定,绕 $\boldsymbol{P}_J$ 轴旋转对外平均效果为零,故将 $\boldsymbol{\mu}_J$ 称为原子的总磁矩,并表示为

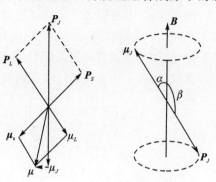

$$\boldsymbol{\mu}_J = ge\boldsymbol{P}_J/(2m) \qquad (4.5-5)$$

g 称之为郎德(Lande)因子。

$$g = 1+\frac{J(J+1)-L(L+1)+S(S+1)}{2J(J+1)}$$

$$(4.5-6)$$

图 4.5-1 　原子磁矩合成图

它表征了单电子的总磁矩 $\boldsymbol{\mu}_J$ 与总角动量 $\boldsymbol{P}_J$ 的关系,决定了能级在磁场中分裂的大小。

2. 外磁场对原子的作用

在外磁场中,原子受外力矩的作用绕磁场 $\boldsymbol{B}$ 作拉莫进动,其进动频率为

$$\nu_L = \omega_L/(2\pi) = \mu_J B/(2\pi P_J) = \mu_0 geH/(4\pi m) = \gamma H \qquad (4.5-7)$$

式中,$\gamma = \mu_0 ge/(2m)$,称之为旋磁比。由于进动引起附加能

$$\Delta E = Mg\, heB/(4\pi m) \qquad M = J,\cdots,-J \qquad (4.5-8)$$

式中,$\mu_B = he/(4\pi m) = 0.927\times10^{-23}\,\mathrm{J/T^2}$,称之为玻尔磁子。在磁场作用下,能级解除简并,而劈裂为 $(2J+1)$ 个子能级,相邻子能级的间隔正比于 g 和 B。

3. 塞曼效应

当光源放在足够强的磁场中时,所发谱线就会分裂为若干条。通常把原子光谱谱线在外磁场中的分裂现象称为塞曼效应。塞曼效应谱线裂距与磁感应强度 B 成正比,谱线分裂的条数可分为 3 条与多条两种。谱线分裂成 3 条的称为正常塞曼效应,谱线分裂成多条的称为反常塞曼效应。在塞曼效应中,与跃迁 $\Delta m_j=0$ 相应的光称为 π 光,与跃迁 $\Delta m_j=\pm1$ 相应的光称为 σ 光,它们都是偏振光。

在未加磁场时,设原子的跃迁能级为 E_2 和 E_1 谱线的频率为 ν,则有

$$h\nu = E_2 - E_1$$

当加上磁场时,E_2 能级劈裂为 $(2J_2+1)$ 个子能级,E_1 能级劈裂为 $(2J_1+1)$ 个子能级,相应每个子能级的附加能量为 ΔE_2 和 ΔE_1。

$$\Delta E_2 = M_2 g_2 \mu_B B$$

$$\Delta E_1 = M_1 g_1 \mu_B B$$

设新的谱线频率为 ν',则得分裂谱线的频率差为

$$\Delta\nu = \nu' - \nu = \mu_B B(M_2 g_2 - M_1 g_1)/h \qquad (4.5-9)$$

分裂谱线的波数差为

$$\Delta\tilde{u} = \mu_B B(M_2 g_2 - M_1 g_1)/(hc) = (M_2 g_2 - M_1 g_1)L$$

式中,L 为洛仑兹单位。

三、实验装置

图 4.5-2 为塞曼效应实验装置图。S 为光源,A 为会聚透镜,B 为偏振片,C 为滤波片,D 和 E 为 F-P 标准具,F 为望远镜,上面带有螺旋测微器。本实验采用汞灯,光源 S 发出多种波长的光,用干涉滤波片把汞灯中 546.1 nm 的光谱线选出。该谱线经过 F-P 标准具后产生干涉条纹,这些干涉条纹通过望远镜观察,能得到实验现象和干涉圆环的直径。

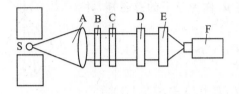

图 4.5-2　塞曼效应实验装置图

本实验研究汞的绿色光谱线 546.1 nm 的塞曼效应,这条谱线是由 7^3S_1 到 6^3P_2 跃迁的结果。能级跃迁图如图 4.5-3 所示。塞曼效应各成分光如表 4.5-1 所列。

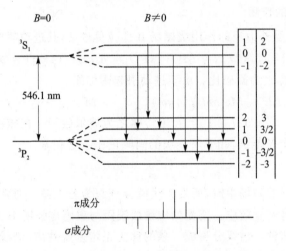

图 4.5-3　汞 546.1 nm 谱线的能级跃迁图

表 4.5-1　汞 546.1 nm 谱线塞曼效应各成分的光性质

ΔM	垂直于磁场方向观察 (横向塞曼效应)	沿着磁场方向观察 (磁场指向观察者) (纵向塞曼效应)
0	π 成分(线偏振,电矢量与磁场方向平行)	观察不到
+1	σ 成分(线偏振,电矢量与磁场方向垂直)	左旋圆偏振
-1	σ 成分(线偏振,电矢量与磁场方向垂直)	右旋圆偏振

1. 法布里-波罗(F-P)标准具

由于塞曼分裂的波数间隔较小,用一般棱镜光谱仪很难观测,因此选用高分辨率的仪器——法布里-波罗(F-P)标准具,它是一种利用多光束干涉原理制成的高分辨率仪器。F-P

标准具是由两块平行放置的平面玻璃板及板间的一个间隔圈组成。平面玻璃板的内表面加工精度要求优于 1/30 波长，表面镀有高反射膜，膜的反射率高于 90%。间隔圈用膨胀系数很小的熔融石英材料精加工成一定的厚度，用来保证两块平面玻璃板之间精确的平行度和稳定的间距。

如图 4.5-4 所示，当单色平行光束 S_0 以小角度 θ 入射到标准具的 P_1 平面时，入射光束 S_0 经过 P_1 表面及 P_2 表面多次反射和透射，分别形成系列相互平行的反射光束 1，2… 和透射光束 $1'$，$2'$…。

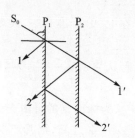

图 4.5-4　F-P 标准具光路图

在透射的诸光束中，相邻两光束的光程差 $\Delta = 2nd\cos\theta$，这一系列平行并有一定光程差的光束在无穷远处或透镜的焦平面上发生干涉。当光程差为波长的整数倍时产生干涉极大值。对于空气介质 $n\approx 1$，干涉极大值可表示为

$$2d\cos\theta = k\lambda \qquad (4.5-10)$$

其中，k 为整数，称为干涉级。由于标准具的间隔 d 是固定的，在波长 λ 不变的条件下，不同的干涉级对应于不同的入射角 θ。因此，在使用扩展光源时，F-P 标准具产生等倾干涉。其干涉条纹是一组同心圆环。中心处 $\theta=0$，$\cos\theta=1$，级次 k 最大为 $k_{\max}=2d/\lambda$。向外不同半径的同心圆环依次为 $k-1$，$k-2$，…，如图 4.5-5 所示。

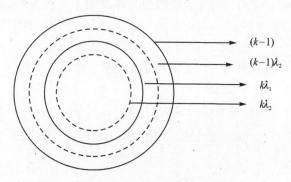

图 4.5-5　F-P 标准具等倾干涉图 ($\lambda_2 > \lambda_1$)

标准具有两个特征参量，即分辨本领和自由光谱范围。

2. 分辨本领

定义 $\lambda/\Delta\lambda$ 为光谱仪的分辨本领，对于 F-P 标准具分辨本领为

$$\lambda/\Delta\lambda = kN_e \qquad (4.5-11)$$

k 为干涉级数，N_e 为精细常数，它的物理意义是在相邻两个干涉级之间能够分辨的最大条纹数。它又依赖于平板内表面反射膜的反射率 R，即

$$N_e = \pi R^{1/2}/(1-R) \qquad (4.5-12)$$

可以看出，反射率越高，精细度越大，则仪器能够分辨的条纹数越多。使用标准具时光近似于正入射，则得

$$\lambda/\Delta\lambda = kN_e = \frac{2\pi d R^{1/2}(1-R)}{\lambda} \qquad (4.5-13)$$

如对于标准具，若入射光 $\lambda=500.0$ nm，可得仪器分辨本领为

$$\lambda/\Delta\lambda = 6\times 10^5，\qquad \Delta\lambda \approx 0.001 \text{ nm} \qquad (4.5-14)$$

可见 F-P 标准具是一种分辨本领很高的光谱仪器。

3. 自由光谱范围

考虑同一光源发出的两束具有微小波长差的单色光 λ_1 和 λ_2(设 $\lambda_1 < \lambda_2$)入射的情况,它们将分别形成一套圆环花纹。若 λ_1 和 λ_2 的波长差逐渐加大,则 λ_1 的第 k 级亮环与 λ_2 的第($k-1$)级亮环重叠,即有

$$2d\cos\theta = k\lambda_1 = (k-1)\lambda_2$$

由于在 F-P 标准具中,大多数情况下 $\cos\theta \approx 1$,因此上式中 $k \approx 2d/\lambda_1$,因此有

$$\Delta\lambda = \lambda_1\lambda_2/(2d)$$

若近似认为 $\lambda_1\lambda_2 = \lambda_1^2 = \lambda^2$,则有

$$\Delta\lambda = \lambda^2/(2d) \tag{4.5-15}$$

$\Delta\lambda$ 定义为标准具的自由光谱范围。它表明在给定间隔圈厚度 d 的标准具中,若入射光的波长在 $\lambda \sim \lambda + \Delta\lambda$ 之间,则所产生的干涉圆环不重叠。若被研究的谱线波长差大于自由光谱范围,两套花纹之间就会发生重叠或错级,给分析辨认带来困难。

应用 F-P 标准具测量各分裂谱线的波长或波长差是通过测量干涉圆环的直径实现的。用透镜把 F-P 标准具的干涉圆环成像在焦平面上,则出射角为 θ 的圆环,其直径 D 与透镜焦距 f 间的关系为 $\tan\theta = D/(2f)$。对于近中心的圆环,θ 很小可认为 $\theta \approx \sin\theta \approx \tan\theta$,而

$$\cos\theta = 1 - 2\sin^2(\theta/2) = 1 - \theta^2/2 = 1 - D^2/(8f^2)$$

$$2d\cos\theta = 2d(1 - D^2/(8f^2)) = k\lambda \tag{4.5-16}$$

因此,同一波长 λ 相邻两级 k 和($k-1$)级圆环直径的平方差可表示为

$$\Delta D^2 = D_{k-1}^2 - D_k^2 = 4f^2\lambda/d$$

设波长 λ_a 和 λ_b 第 k 级干涉圆环的直径分别为 D_a 和 D_b,则得

$$\lambda_a - \lambda_b = \frac{d(D_b^2 - D_a^2)}{4f^2k} = \frac{\lambda(D_b^2 - D_a^2)}{k(D_{k-1}^2 - D_k^2)}$$

将 $k = 2d/\lambda$ 代入上式得

$$\Delta\lambda = \frac{\lambda^2(D_b^2 - D_a^2)}{2d(D_{k-1}^2 - D_k^2)} \tag{4.5-17}$$

测量时用($k-2$)或($k-3$)级圆环。由于标准具间隔圈厚度比波长大得多,中心处圆环的干涉级数 k 是很大的,因此用($k-2$)或($k-3$)代替 k,引入的误差可忽略不计。

$$e/m = \frac{2\pi c(D_b^2 - D_a^2)}{(M_2g_2 - M_1g_1)dB(D_{k-1}^2 - D_k^2)} \tag{4.5-18}$$

可见,若已知 B,则可通过塞曼分裂的照片或用测微目镜直接测出各环直径,从而可计算出 e/m。

四、实验内容

1. 进行横向塞曼效应,观察汞 546.1 nm 谱线的塞曼分裂现象,找出谱线塞曼分裂的规律。

2. 进行纵向塞曼效应,观察汞 546.1 nm 谱线的塞曼分裂现象,找出谱线塞曼分裂的规律。

3. 测量分裂谱线的波数差及电子荷质比 e/m,并进行分析讨论。

五、思考题

1. 已知标准具间隔圈厚度 $d=5$ mm，该标准具的自由光谱范围为多大？根据标准具自由光谱范围及 546.1 nm 谱线在磁场中的分裂情况，对磁感应强度 B 有何要求？若磁感应强度达到 0.62 T，分裂谱线中哪几条将会发生重叠？

2. 使用 F-P 标准具观测塞曼分裂时，应如何识别同一级次光谱？

3. 垂直于磁场观察时，怎样鉴别分裂谱线中的 π 成分和 σ 成分？

4. 沿着磁场方向观察，$\Delta M=+1$ 与 $\Delta M=-1$ 的跃迁各产生哪种圆偏振光？试用实验现象说明。

5. 怎样观察和分辨成分的左旋和右旋偏振光？

6. 分析研究钠黄线 589.0 nm 的塞曼分裂情况，画出能级跃迁图。

参考文献

[1] 褚圣麟. 原子物理学[M]. 北京：人民教育出版社，1979.

[2] 钟锡华. 大学物理（光学）[M]. 北京：北京大学出版社，2002.

第5章　现代物理实验技术及应用专题

5.0　引　言

现代物理实验研究中经常会碰到一些实验技术,如真空技术、X光与电子衍射技术、磁共振技术、薄膜生长技术、微弱信号提取技术等,掌握这些实验技术对于提高学生的实验工作能力、扩大知识面、培养学生的综合能力具有巨大的促进作用。近些年出现的许多高新实验技术都有着丰富的物理内涵,已经成为现代物理研究中的常用手段,有的技术还获得了诺贝尔物理学奖,如扫描隧道显微镜的发明获得1986年诺贝尔物理学奖。了解和掌握有关高新实验技术的基本物理思想和实验方法对于深刻理解相关的物理理论内涵、理解现代物理学的发展历史和趋势具有重要意义。另外,掌握了高新实验技术的方法和手段,可以研究分析物理现象,探索未知的物理世界。

本专题包括6个实验,涉及了目前物理研究常用的微弱信号提取技术、扫描隧道显微镜技术、原子力显微镜技术、光学精密测量技术等实验技术及其应用。磁共振技术、X光衍射技术、核探测技术等实验技术已在其他专题中介绍,真空技术、电子衍射技术、薄膜生长技术将在综合系列实验中介绍,本专题不再重复涉及。扫描隧道显微镜实验:学习并了解纳米科技中的重要工具——扫描隧道显微镜的原理和使用方法。原子力显微镜实验:了解掌握在扫描隧道显微镜基础上发展起来的、应用更为广泛的另一纳米科技的重要工具——原子力显微镜的原理和使用方法。椭偏光法测量薄膜折射率和厚度实验:通过测量折射率及薄膜厚度,学习在精密测量领域有重要应用的椭偏法测量的基本原理及方法。单边 p - n 结杂质分布的锁相检测实验:通过利用锁相放大器测量 $C - V$ 曲线,掌握微弱信号检测技术中常用的锁相放大检测的原理和方法。光纤光栅传感实验:掌握光纤光栅传感技术,学习光纤光栅的传感原理(弹光效应、热光效应),掌握光纤光栅的解调方法(边沿滤波法、扫描滤波法),学会用光纤光栅两种解调方法测量微应变、微位移和微载荷。超巨磁阻(CMR)材料的交流磁化率测量实验:了解超巨磁阻材料中铁磁转变的基本原理和实验方法,掌握锁相放大器测量超巨磁阻材料交流磁化率的方法。

5.1　扫描隧道显微镜

20世纪80年代初,IBM瑞士苏黎世实验室的 Binnig 和 Rohrer 发明了扫描隧道显微镜(Scanning Tunneling Microscope,STM),他们因此获得了1986年的诺贝尔物理学奖。当初他们的动机仅仅是为了了解很薄的绝缘体材料的局域结构、电子特性以及生长性质,可是当他们想到用电子隧穿可进行局域探测后,STM便应运而生了。STM一出现,人们就被它的威力所震撼,随后它的其他家族成员如原子力显微镜(Atomic Force Microscope,AFM)、磁力显微镜(Magnetic Force Microscope,MFM)及扫描近场光学显微镜(Scanning Near-Field Optical Microscope,SNOM)相继诞生,并在科学技术领域迅速地发挥越来越大的作用。

作为显微镜,STM 的优越性首先在于其极高的空间分辨本领。它平行于表面的(横向)分辨本领为 1 埃,而垂直于表面的(纵向)分辨本领优于 1 埃。其他显微镜存在一些弊端,例如扫描电子显微镜(Scanning Electron Microscope,SEM)不能对材料表面原子进行成像;高分辨透射电子显微镜(Transmission Electron Microscope,TEM)主要用于对材料的体或界面进行成像,并且只局限于非常薄的样品;场发射显微镜(Field Emission Microscope,FEM)和场离子显微镜(Field Ion Microscope,FIM)只能探测半径小于 1 000 埃的针尖表面的二维原子几何结构,并且要求表面在强电场的作用下是稳定的。而 STM 却避开了这些缺点,它与其他显微镜的主要区别在于它不需要粒子源,也不需要电磁透镜来聚焦。

和常规的原子级分辨仪器(如光衍射及低能电子衍射等)相比,其优越性则在于:①它能给出实空间的信息,而不是较难解释的 K 空间的信息;②它可以对各种局域结构或非周期结构(如缺陷、生长中心等)进行研究,而不只限制于晶体或周期结构。

除此之外,STM 不仅能提供样品表面形貌的三维实空间信息,给出表面的局域电子态密度和局域功函数等信息,而且还能在介观尺度上对表面进行可控的局域纳米加工并对加工产生的纳米结构进行各种研究。这些前所未有的局域特性使 STM 成为在纳米科技、介观物理以及生物、化学上非常有价值的研究工具。

一、实验要求与预习要点

1. 实验要求

① 学习和了解扫描隧道显微镜的原理和结构。

② 观测和验证量子力学中的隧道效应。

③ 学习 STM 的操作和调试步骤,用 STM 获取样品的表面形貌。

④ 学习使用处理软件来处理原始图像数据。

2. 预习要点

① 扫描隧道显微镜的原理。

② STM 的仪器构成,STM 是如何工作的?

③ STM 针尖的制备方法。

二、实验原理

1. STM 的工作原理

在经典理论中,动能是非负的量,因此一个粒子的势能 $V(r)$ 若要大于它的总能量 E 是不可能的。而在量子理论中,在 $V(r) > E$ 的区域,薛定谔方程(Schrödinger equation)的解并不一定是零(如果 V 不是无限大的话),因此一个入射粒子穿透一个 $V(r) > E$ 的有限区域的几率是非零的。STM 利用的正是这个原理。薛定谔方程如下:

$$[-(\hbar^2/2m)\nabla^2 + V(r)]\psi(r) = E\psi(r) \qquad (5.1-1)$$

作为局域探测手段,必须有四个要素:与距离有强烈依赖关系的相互作用,局域探头,探针和样品之间极近的距离以及在几埃的有效相互作用范围内精确地保持针尖和样品位置的相对稳定。前三个要素决定了仪器分辨率的大小,第四个要素则是得到理想分辨率的保证。STM的核心是一个能在表面上扫描并与样品间有一定偏置电压的针尖,由于电子隧穿的几率与势

垒 $V(r)$ 的宽度成负指数关系,当针尖与样品十分接近时,它们之间的势垒变得很薄,在实验中就能观察到隧道电流。通过记录针尖与样品间的隧道电流的变化就可以得到样品表面形貌的信息。STM 针尖与样品之间构成势垒的间隙 S 约为 10 埃。式(5.1-2)给出隧道电流 I 与两极间的距离 S 的负指数关系,其中,$K = \sqrt{2m\Phi}/\hbar$,m 作为自由原子的质量,Φ 作为有效平均势垒高度,B 为样品偏压 V_b 有关的系数

$$I \propto B\exp(-KS) \tag{5.1-2}$$

可以看出,粗略说来,S 每改变一埃,隧道电流 I 就会改变一个量级,从而隧道电流几乎总是集中在间隔最小的区域,如图 5.1-1 所示。

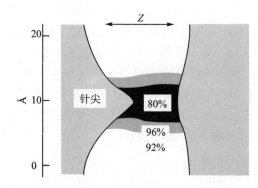

图 5.1-1 从针尖到起伏表面的电流密度分布图

根据隧道电流这一特性,在 STM 中把针尖装在压电陶瓷构成的三维扫描架上,通过改变在压电陶瓷上的电压来控制针尖位置,在针尖和样品之间加偏压 V_b(几毫伏至几伏)以产生隧道电流,再把隧道电流送回到电子控制单元来控制加在 Z 陶瓷上的电压,工作时在 X、Y 压电陶瓷上施加扫描电压,针尖便在表面上扫描,扫描过程中形貌起伏引起的电流的任何变化都会被反馈到 Z 陶瓷,使针尖能跟踪表面的起伏,以保持隧道电流的恒定。记录针尖高度作为横向位置的函数 $Z(x,y)$ 得到的表面形貌的图像,这便是 STM 最常用的恒定电流的工作模式,如图 5.1-2 所示。

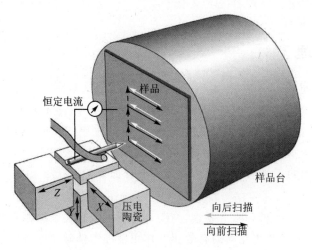

图 5.1-2 STM 工作原理示意图

STM 另一种工作模式为恒定高度模式,如图 5.1－3 所示,此时控制 Z 陶瓷的反馈回路虽然仍在工作但反应速度很慢,以致不能反映表面的细节,只跟踪表面的大起伏。这样,在扫描中针尖基本上停留在同样高度,而通过记录隧道电流的大小得到表面的信息,一般高速 STM 便是在此模式下工作。但由于扫描中针尖高度几乎不变,在遇到起伏较大的表面(如起伏超过样品间距 5～10 埃的表面)时,针尖容易被撞坏。因此这种模式只适于测量小范围、小起伏的表面。

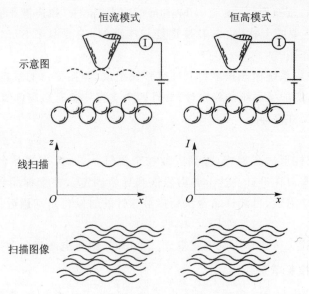

图 5.1－3　STM 的工作模式(恒定电流模式和恒定高度模式)

2. STM 探头的构造

STM 探头主要由减震系统、样品台、扫描头构成,如图 5.1－4 所示。

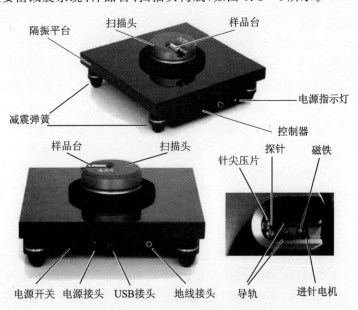

图 5.1－4　STM 探头构造示意图

（1）减震系统

机械稳定性是一个好的 STM 的设计关键。对于许多样品表面,尤其是金属表面,用 STM 得到的原子分辨率的起伏一般是 0.1 埃或更小。这要求 STM 系统的机械稳定性要好于这个值的 10% 或更好。外部干扰下的 STM 性能是由以下两个因素决定的:到达 STM 的振动量和 STM 对这些振动的反应量。虽然增加 STM 本身的稳定性比使减振系统完美无缺要方便一些,但改进减振系统可使 STM 的性能得到大的改善。

STM 必须排除的几种干扰:振动(vibration)、冲击(hock)和声波干扰(acoustic interference)。振动是一种主要的干扰,它一般是重复和连续的,主要源于 STM 所处的建筑物的共振,所涉及的是瞬时作用。

本系统配置的减震系统由隔振平台和减震弹簧组成,隔振平台的材料为花岗岩,使得整个 STM 探头重心降低,增加了系统的稳定性,并且四个支脚均装有减震弹簧,从而很大程度上减小了外界震动对 STM 的影响。

（2）样品台

样品台是一个圆柱形的金属杆,样品安放在金属杆一端,操作样品台时使用另一端的把手。实验时,样品台安放在进针马达上并由磁铁和导轨固定。整个样品台由进针马达进行驱动,操作过程中先手动逼近,目测样品台快要接触探针的时候再自动逼近。

（3）扫描头

扫描头由探针、针尖压片和压电陶瓷组成。工作时,由压电陶瓷驱动探针进行扫描成像。

3. STM 的电子控制单元

STM 由一台 PC 机与电子单元控制。电子单元分为工作电源和隧道电流反馈控制与信号采集几大部分。前一部分提供 X,Y 扫描电压和 Z 高压,后一部分则包括样品偏压、马达驱动、隧道电流的控制和信号采集的模数转换等。

4. STM 针尖的制备

（1）钨丝针尖的制备

针尖由直径 0.2 mm 的钨丝经电化学腐蚀而成。针尖质量关系到 STM 最高可达到的分辨率,因此得到好的、可靠的针尖对 STM 来说是很重要的。好的 STM 针尖应该短而尖,这是因为长的针尖在实验中容易振动。得到好的针尖一般需要两步:实验前针尖的制备和实验中针尖的锐化。

实验前针尖的制备是用两种浓度的 NaOH 溶液在三种电压下进行针尖的电化学腐蚀。把清洁的钨丝垂直浸入 5 mol/L 的 NaOH 溶液中约 1 mm,在它与另外一个电极间加恒定的直流电流。当在空气和液面交界处形成一个明显的缩颈时切断电源,把针尖移到溶液浓度较低的(1 mol/L 的 NaOH 溶液)另一个容器中。在幅度为 5 V 的交流电压的作用下,缩颈将缓慢变细,直至缩颈断掉时立即切断电源。最后可在针尖上加几个脉冲电压以得到稳定性好的针尖。做好的针尖必须经大量的清水冲洗后才能使用。

针尖的制作过程中变换溶液的浓度是为了在反应较缓的情况下更容易控制电化学腐蚀的强度,抓住切断电源的时机。同交流电压相比,直流电压下样品表面产生的气泡较少,这有利于使腐蚀反应更集中在某些区域(如空气和液面交界处),便于形成短的缩颈,最终得到短而尖的针尖。而交流电压下的腐蚀可以形成比较多的气泡,有利于把针尖表面钝化的膜腐蚀掉。

脉冲式电压则可通过控制脉冲宽度来控制腐蚀过程的强度。

在有些表面（如金属表面），只有很尖的针尖才能得到高分辨的图像。这种针尖只有通过实验中的实时微观处理过程才可能得到。利用计算机上 STM 程序进行控制，在针尖和样品间加±2.5 V 的脉冲电压，脉冲的高度、幅度、间隔和次数视具体的针尖和样品表面情况而定。也可以在针尖和样品间加几伏到十几伏的大电压，使针尖处于场发射的状态，以清洁和锐化针尖。不过在这种处理过程中，由于会发生针尖和样品间物质的转移，处理过程中针尖应该避开正在观察的表面。

（2）铂铱丝针尖的制备

针尖由直径 0.25 mm 的铂铱丝（Pt/Ir）经机械剪切而成。首先用酒精棉球擦拭剪钳、扁嘴钳、尖口镊子、圆口镊子及铂铱丝等，然后从仪器中取出上次测量结束后留下的铂铱丝，如果该探针长度依然适合剪切，只需重新剪切即可。

铂铱丝的剪切是使用扁嘴钳夹住金属丝的一端，再用虎口钳夹住金属丝的前端，适当用力剪切的同时向前拉，使得金属丝在剪切力及向前的拉力作用下断开，如图 5.1-5 所示。一般长度不低于 3 mm 的金属丝都可以使用。

如果是从铂铱线中制作针尖，则用扁口钳夹住金属线的末端，使用虎口钳夹住金属丝的前端，适当用力剪切的同时向前拉，使得金属丝在剪切力及向前的拉力作用下断开，剪取一端长约 7 mm 的金属丝（取这个长度能节约材料，实现金属丝的多次使用）。

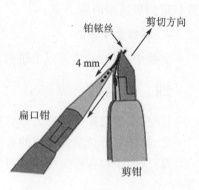

图 5.1-5　铂铱丝剪切示意图

三、实验内容

1. 准备样品、针尖

本实验中用的样品有两个：高定向热解石墨（HOPG）和蒸镀在玻璃上的金膜。HOPG 和金膜已用导电银胶粘在金属样品台上。由于 HOPG 可被层状解理，因此在实验前可用胶带解理以得到清洁的表面。

利用直径为 0.2 mm 的钨丝或者直径为 0.25 mm 的铂铱丝，按照制备针尖的步骤做两个针尖，再把探针装入扫描头中，用镊子夹住制作好针尖的中部，按照图 5.1-6 所示的方式将针尖卡入固定槽中。如果要取下针尖，应先上提探针，再按照相反的方向滑行探针取出即可。

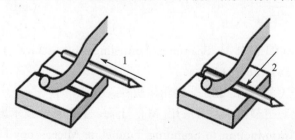

图 5.1-6　探针安装方式示意图

将样品台从盒子中取出。注意操作样品台时，只能用手拿样品台末端的黑色塑料把手，不可用手触摸样品台表面有金属光泽的地方。若不小心触碰，需要用酒精清洗后才能进行实验。

用镊子取出的样品安放在样品台上,再将安放有样品的样品台安放在 STM 的导轨上,使其尽可能近地接近针尖末端,完成后盖好保护盖。

2. 熟悉控制和处理程序

打开计算机和 STM 电子控制系统,运行 STM 控制程序 Nanosurf NaioSTM。通过菜单可以了解各种功能。

3. 观测石墨的原子像

设置合适的隧道电流(如 1 nA)和样品偏压(如 25 mV),根据菜单提示开始手动逼近。从保护盖的放大镜中观察样品与探针的距离,距离很近时选择自动逼近。软件下方状态栏红灯表示进针失败或已经撞针,绿灯表示进针完成开始扫描,橙灯表示正在进针。

在输入隧道电流、样品偏压后便可以开始扫描、记录数据。在扫描过程中可以改变实验参数以得到更清晰的原子像。

4. 观察金膜表面

更换金膜样品,重复以上过程,记录大范围(100~200 nm)图像。

四、思考题

① 扫描隧道显微镜的工作原理是什么?什么是量子隧道效应?
② 扫描隧道显微镜常用的有哪几种扫描模式?各有什么特点?
③ 仪器中加在针尖与样品间的偏压是起什么作用的?针尖偏压的大小对实验结果有何影响?
④ 实验中隧道电流设定的大小意味着什么?

五、扩展实验

实验讨论不同的制备参数对 STM 针尖形状的影响,并利用扫描电子显微镜观察针尖的形状。

六、研究实验

利用廉价的压电蜂鸣器作为 STM 扫描器,设计并制作 STM 探头的机械结构。利用数据采集卡等设计 STM 的驱动、反馈电路和数据采集装置,自制 STM 并使用它扫描石墨样品。

参考文献

[1] BINNIG G,ROHRER H. Scanning Tunneling Microscopy [J]. Helvetica Physica Acta,1982,55:726-735.
[2] 曾谨严. 量子力学[M]. 北京:科学出版社,2008.
[3] 白春礼. 扫描隧道显微术及其应用[M]. 上海:上海科学技术出版社,1992.
[4] CHEN C J. Introduction to Scanning Tunneling Microscopy [M]. New York:Oxford University Press,1993.

5.2　原子力显微镜技术及应用

1981 年 IBM 苏黎世实验室的 Binnig 博士和 Rohrer 教授发明了扫描隧道显微镜(Scanning Tunneling Microscope,STM),人类第一次能够直接在单个原子尺度上对物质表面进行探测并成像。然而由于 STM 利用隧道电流对样品表面成像,所以无法用来对绝缘样品进行成像研究。为解决这一问题,Binnig 等人于 1986 年发明了原子力显微镜(Atomic Force Microscope,AFM)。

原子力显微镜具有原子、亚原子级分辨率,而且可以适用于真空、大气以及液相环境。原子力显微镜的分析对象不仅包括导体、半导体,还包括绝缘体样品,可以在特定环境下实现对样品的原位测量,且对样品制备基本没有特殊要求。原子力显微镜除了能对样品表面形貌、力学性质成像之外,还能够实现对单个原子的操纵,因此得到了广泛的应用。简单地说,原子力显微镜是一种可以在真空、大气和液相环境中对样品进行纳米级分辨率成像、具备纳米操纵与组装能力的、可以测量小到 pN 量级作用力的一种强有力的微观表面分析仪器。

原子力显微镜在物理学、化学、材料科学、生命科学以及微电子技术等研究领域有着十分重大的意义和广阔的应用前景。在物理和材料科学中,原子力显微镜不仅能对样品形貌进行成像,还能对样品的电、磁和机械性质进行测量;在纳米技术中,原子力显微镜可以对纳米材料的三维信息及局部性质进行高分辨率测量,也可以用来改变甚至构造纳米结构;在数据存储和半导体等高新技术产业中,随着器件的尺寸越来越小,生产加工及检测中的一些问题必须依靠原子力显微镜来解决;生命科学无疑是原子力显微镜最重要的应用领域之一,原子力显微镜可以在生理条件下对生物分子直接成像,对活细胞进行实时动态观察。原子力显微镜能提供生物表面的高分辨率的三维图像,能以纳米尺度的分辨率观察局部的电荷密度和物理特性,测量分子间(如受体和配体)的相互作用力,还能对单个生物分子进行操纵,可以说原子力显微镜是理解生命现象的一把钥匙。

一、实验要求与预习要点

1. 实验要求

① 了解原子力显微镜的工作原理及系统组成。
② 了解原子力显微镜的几种常用工作模式,能够根据样品选择合适的工作模式。
③ 掌握原子力显微镜的基本操作方法。
④ 利用原子力显微镜测量待测样品表面形貌。

2. 预习要点

① 原子力显微镜的原理是什么？与光学显微镜和电子显微镜有何区别？
② 原子力显微镜能对什么样品进行成像？对样品有何要求？
③ 原子力显微镜的三种工作模式各有什么特点？适合扫描什么样品？

二、实验原理

1. 原子力显微镜的基本原理

原子力显微镜利用一个微悬臂探针来探测样品表面形貌信息。微悬臂探针的一端固定，另一端有一个极细的针尖，带有针尖的一端接近样品表面，使探针受到来自样品的作用力，如图 5.2-1 所示。探针在样品上方平行于样品的方向扫描，当样品表面形貌有起伏时探针样品间距离就会发生变化，由于探针样品间作用力与距离有关，该作用力也会随之变化。这将导致探针状态的变化，如形变量、共振频率等。通过调整探针与样品间的距离使微悬臂的状态保持恒定，这个调整量就对应着样品表面对应点的高度。探针在样品表面进行二维逐点扫描，同时记录各点的调整量就获得了样品表面的三维形貌信息。

2. 针尖样品间作用力

原子力显微镜探测的是原子、分子之间的力，本质上都来源于电磁相互作用，但是对于不同的探针样品组合表现为不同的形式，如长程范德华力、短程排斥力、金属黏附力、毛细作用等。

长程范德华力是分子或原子之间的吸引力，起源于分子正负电荷中心间距的波动，在针尖与样品间距为几埃到几百埃时，范德华力较为显著。短程排斥力起源于泡利不相容作用和离子间的斥力，作用范围约为 0.1 nm 以下。因此，当针尖样品距离较远时，它们之间的作用力表现为吸引力；当针尖样品足够接近时，表现为斥力作用。针尖样品间作用力随距离变化，如图 5.2-2 所示。

在大气环境中，亲水材料样品表面总是覆盖着一层水膜，针尖和样品之间会被水连接，产生一个较强的吸引力，而且水膜还会增加针尖运动阻尼。当针尖和样品都是导电的且电势差不为零时，二者之间还会产生静电力作用。由此可见，针尖样品间的作用力不仅由二者之间的距离决定，还与实验环境、二者的材料性质以及几何形状等因素有关，作用机制复杂。

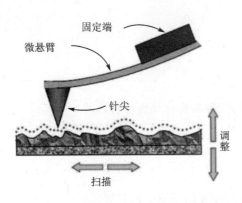

图 5.2-1　原子力显微镜原理示意图

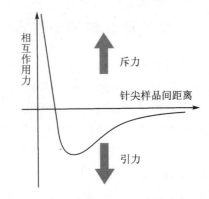

图 5.2-2　针尖样品作用力与距离曲线

3. 原子力显微镜的工作模式

原子力显微镜有多种工作模式，常用的有以下三种：接触模式（Contact Mode）、非接触模式（Non-Contact Mode）和轻敲模式（Tapping Mode）。在使用过程中，应该根据样品表面的结构特征和材料的特性以及不同的研究需要选择合适的工作模式。

（1）接触模式

在接触模式中,针尖始终与样品保持轻微的接触。针尖与样品间的接触力使微悬臂发生微小形变,通过检测微悬臂的形变即可判断针尖样品间作用力的大小,进而判断针尖样品间距的大小。根据成像过程中是否调整扫描头的高度,接触模式又分为两种子模式:恒高模式和恒力模式。

在恒高模式中,扫描头的高度固定不变,从微悬臂在空间内的偏转信息中可以直接获取样品的形貌像,如图 5.2－3(a)所示。恒高模式常被用于微悬臂的偏转和所受作用力的变化非常小且表面非常平整的样品(比如样品的原子级像),而且因其扫描速度快,常被用于即时测量表面动态变化的样品。

在恒力模式中,根据反馈系统的信息,精确控制扫描头随样品表面形貌在 Z 方向上的上下移动来维持微悬臂所受作用力的恒定,从扫描头的 Z 向移动值即可得出样品的形貌像,如图 5.2－3(b)所示。恒力模式由于需要改变扫描头高度使得扫描速度会受反馈系统响应速度的限制,但可适应样品表面形貌较大的变化,所以应用范围较广。本实验采用恒力模式。

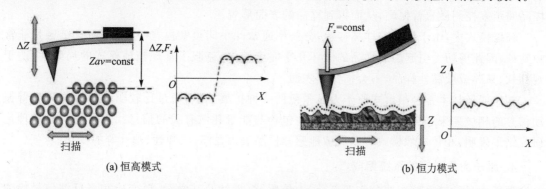

(a) 恒高模式　　　　　(b) 恒力模式

图 5.2－3　原子力显微镜接触模式示意图

接触模式下为了保证足够的灵敏度来探测原子力的变化,需要使用较软的微悬臂,其弹性系数一般在 1 N/m 量级。虽然接触模式成像原理比较直观,但为了保证成像的稳定性,要求探针与样品之间的斥力不能太小,这导致了探针在样品表面扫描时会造成样品表面形变、探针损坏,所以难以得到高分辨率的图像。

在接触模式扫描过程中,原子力显微镜的探针除了可以探测到针尖与样品垂直方向的原子力外,还可探测到横向的摩擦力。摩擦力使微悬臂发生扭转,通过该扭转可以了解样品表面的摩擦性质,根据此原理,已研制出侧向力显微镜(LFM)。

（2）非接触模式

在非接触模式中,针尖保持在样品上方数十个到数百个埃的高度上,此时,针尖与样品之间的相互作用力为引力(大部分是长程范德华力作用的结果)。在扫描过程中,针尖不接触样品而是以通常小于 10 nm 振幅始终在样品表面吸附的液质薄层上方振动。针尖与样品之间的吸引力会改变微悬臂的振动状态(频率),类似于恒力模式。反馈系统通过调节扫描头在 Z 向的高度来保持微悬臂的频率恒定,从扫描头的 Z 向移动值得出样品的形貌像。

非接触模式不破坏样品表面,适用于较软的样品。但由于针尖与样品分离,横向分辨率低,为了避免接触吸附层而导致针尖胶黏,其扫描速度低于接触模式和轻敲模式。样品表面的吸附液层必须薄,如果太厚针尖会陷入液层,引起反馈不稳并刮擦样品。由于上述缺点,非接触模式的使用受到了一定的限制。

（3）轻敲模式

轻敲模式是介于接触模式和非接触模式之间的成像技术。扫描过程中微悬臂也是振动的并具有比非接触模式更大的振幅（大于20 nm），针尖在振荡时间断地与样品接触。探针与样品作用时,受到的作用力使其振动参数（振幅、频率和相位）发生变化,图5.2-4给出了探针受力变化前后幅频特性的变化。探针在不受样品作用力的自由状态下,共振频率为ω_0,激励频率ω_d略高于共振频率,探针受到来

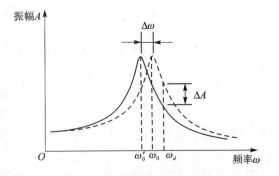

图 5.2-4　探针受力后振幅和共振频率变化示意图

自样品的引力作用后共振频率变化为ω_0',达到稳态后探针振幅下降了ΔA,同时振动信号与激励信号之间的相位差也会发生相应的变化。反馈系统根据检测器测量的振幅,通过调整针尖样品间距来控制微悬臂振幅,从而得到样品的表面形貌。

轻敲模式中,由于针尖与样品接触,分辨率通常几乎同接触模式一样好;而且接触是非常短暂的,因此剪切力引起的对样品的破坏几乎完全消失,克服了常规扫描模式的局限性,适于观测软、易碎或胶黏性样品,不会损伤其表面。

相位成像技术是轻敲模式原子力显微镜的一种扩展技术,通过比较驱动信号与微悬臂振动信号的相位差来进行成像,相位差信号中包含与能量耗散有关的信息。大量的实验和理论研究结果表明,相位成像模式可以灵敏地感知样品表面黏滞性、弹性、塑性等的变化。

4. 原子力显微镜的系统组成

原子力显微镜系统主要分为四部分:力传感器（探针及其激励、形变检测）、反馈信号检测电路（信号放大及解调）、反馈控制器以及三维扫描器,如图5.2-5所示。

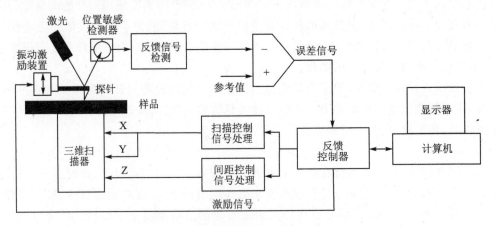

图 5.2-5　原子力显微镜系统结构示意图

（1）力传感器

原子力显微镜的探针需要检测小至 pN 级的探针样品间作用力,因此需要有很好的力检测灵敏度。最初的原子力显微镜探针是由一个前端粘接了金刚石针尖的非常细的金丝制成的。随后又出现了铝丝切削法和钨丝腐蚀法制备的探针。目前,商用原子力显微镜多采用微

机械加工工艺制作的半导体微悬臂探针作为力敏感元件，如图 5.2-6 所示，微悬臂探针一般呈几百微米长、几十微米宽的矩形，厚度约为几个微米，弹性常数在几牛每米到几十牛每米。

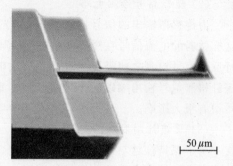

图 5.2-6　商用原子力显微镜探针的 SEM 图

探针形变的检测最普遍的方法是采用光杠杆方法。在激光光杠杆法中，一束激光经过微悬臂前端反射进入光电检测器，当探针远离样品表面时微悬臂处于自由状态，经过悬臂前端反射回来的光斑正好落在光电检测器的中心部位，当微悬臂发生偏转时，光斑在光电检测器上移动产生探针的位置信号。激光光杠杆法中使用的光电检测器的位置检测灵敏度通常在几百纳米这一量级，光路产生的放大倍数多在千倍左右。因此，激光光杠杆法检测探针 Z 向弯曲偏转的灵敏度约为 0.01～0.1 nm。图 5.2-7 是激光光杠杆法的示意图。

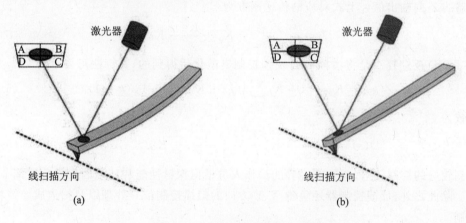

图 5.2-7　激光光杠杆法示意图

图 5.2-7(a)给出的是探针在 Z 向发生弯曲偏转时光斑在光电检测器上的移动示意，这时光电检测器输出的微悬臂 Z 向弯曲信号可以表示为

$$e = (A+B) - (C+D) \tag{5.2-1}$$

为了减少激光光强波动对计算微悬臂 Z 向弯曲造成的干扰，可以将 Z 向弯曲信号除以总光强以得到与光强无关的偏转信号：

$$f_{\text{nor}} = \frac{(A+B)-(C+D)}{A+B+C+D} \tag{5.2-2}$$

图 5.2-7(b)是探针横向发生扭曲偏转时光斑在光电检测器上的移动示意。同理，这种与光强无关的横向扭曲偏转信号可以表示为

$$f_{\text{tor}} = \frac{(A+D)-(B+C)}{A+B+C+D} \tag{5.2-3}$$

探针横向发生的扭曲偏转可以反映样品表面局域摩擦性质，具有重要的实际意义，而这种扭曲偏转利用其他的检测手段如隧道电流法、电容检测法、光干涉法等都是很难检测的。

（2）反馈信号检测电路

力传感器输出的信号比较微弱，如光电四象限检测器输出的电流信号一般在毫安量级。这样微弱的电流信号在经导线传输时会因导线引入的寄生电容而发生明显的衰减。因此在进行反馈信号检测之前需要经过前置放大电路对信号进行放大。前置放大电路要尽可能地接近探针检测信号输出端以减小导线长度。前置放大电路性能（增益带宽、信噪比）对 AFM 成像质量有很大影响。

（3）反馈控制器

为了保持探针与样品之间距离恒定，需要一个反馈控制器来调整扫描器的 Z 向输出以使反馈参数维持在参考值。通常情况下 AFM 中采用的是数字 PID 控制器。传统的模拟 PID 控制器的算法为

$$Z = K_p e + K_I \int e \mathrm{d}t + K_D \frac{\mathrm{d}e}{\mathrm{d}t} \qquad (5.2-4)$$

其中，K_p、K_I、K_D 分别为反馈控制器的比例增益、积分增益和微分增益，e 为误差信号，Z 为三维扫描器的 Z 向输出值。上式对应的传递函数为

$$D(s) = \frac{Z(s)}{E(s)} = K_p + \frac{K_I}{s} + K_D s \qquad (5.2-5)$$

数字 PID 反馈控制是将模拟 PID 反馈控制离散化后得到的，其算法可表示为

$$Z(k) = K_p e(k) + K_I \sum_{j=0} e(j) + K_D (e(k) - e(k-1)) \qquad (5.2-6)$$

传递函数为

$$D(s) = \frac{Z(s)}{E(s)} = K_p + K_I \frac{1}{1-z^{-1}} + K_D (1 - z^{-1}) \qquad (5.2-7)$$

为了达到较好的控制效果，需要有经验的操作人员根据探针性能和环境因素来反复调节 P、I、D 参数。除此之外，反馈控制器还负责 X、Y 方向的扫描控制信号处理以及扫描成像等功能的流程控制。

（4）三维扫描器

原子力显微镜要完成样品表面的三维形貌成像，首先需要在 Z 向调整探针样品间距离保持恒定，调整精度要在埃米甚至是亚埃米量级，总调整范围一般为几微米。其次需要在 X、Y 两个方向调整探针和样品的相对位置以实现探针对样品的扫描，扫描精度为纳米、埃米量级，扫描范围一般从几微米到几十微米。X、Y、Z 三个方向的精密微动装置可称为三维扫描器。三维扫描器可以通过一个器件完成 X-Y-Z 三个方向的扫描，也可以通过两个器件将 Z 方向与 X-Y 方向分离扫描。

三、实验装置

本实验使用的是韩国 PSIA（现 PARK）公司的 XE-100E 原子力显微镜。XE-100E 的扫描器采用了三轴分离技术，具有大范围高精度的特点。XY 扫描范围为 $100~\mu\mathrm{m}$，精度为 $0.15~\mathrm{nm}$；Z 扫描范围为 $12~\mu\mathrm{m}$，精度为 $0.02~\mathrm{nm}$。

XE-100E 主要由四部分组成：照明器、控制器、扫描台和计算机（PC）。

1. 照明器

照明器用于为光学显微镜提供照明光源，照明器发出的光通过光纤传入扫描台。

2. 控制器

控制器是扫描台和 PC 机之间的纽带,一方面接收 PC 机的命令,对扫描台进行控制;另一方面,在 AFM 成像时提供反馈控制,并将图像数据传递给 PC 机。

3. 扫描台

扫描台置于隔离罩内,而隔离罩放在一个气浮光学平台上,在成像过程中,隔离罩可以隔绝空气流动,而气浮减震平台可以通过实时调节维持平台的稳定,最大限度地减少由于空气和地面震动对成像的影响。

扫描台是 XE-100E 的主体部分如图 5.2-8 所示,XE-100E 提供了一个光学显微镜用于辅助成像。由原子力显微镜原理可知,为了检测微悬臂形变,需要将激光点打在微悬臂前端,但是微悬臂很小,肉眼几乎无法看到,因此,光学显微镜可以大大方便激光点的调节。同时,在扫描时也可以利用光学显微镜寻找感兴趣的样品区域。光学显微镜的成像结果由图像传感器(CCD)转换为电信号,再通过控制器将图像信息传到 PC 机。

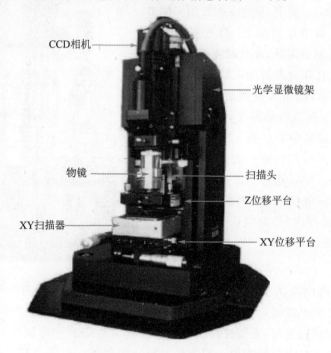

图 5.2 - 8　XE - 100E 扫描台

XE-100E 采用的是三轴分离扫描器,即 Z 扫描器和 XY 扫描器是分开的。由于消除了 XY 和 Z 向的耦合,所以大范围扫描时也不会出现图像的畸变。从图中可以看出,最下方是 XY 位移平台,可以手动调节样品水平位置,XY 扫描器置于 XY 位移平台上,样品放在 XY 扫描器上。扫描头是在成像过程中与样品作用和测量的部分,光杠杆检测系统、Z 扫描器和微悬臂探针都在扫描头上。因此,安装和拆卸扫描头时必须轻拿轻放,并注意不要碰到微悬臂探针。扫描头固定在 Z 位移平台上,Z 位移平台的高度可以通过步进电机调节,实现探针与样品的逼近。

XE-100E 的光杠杆检测系统的光路如图 5.2-9 所示,激光器发出的激光经过反射镜 1

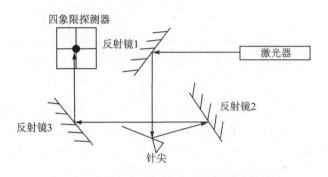

图 5.2 - 9　XE - 100E 激光光路示意图

的反射打在微悬臂前端,反射后的激光通过反射镜 2 和反射镜 3(不可调节),打在四象限探测器上。通过调节反射镜 1 和 2 即可完成对光路的调节。

扫描头上有 4 个微调旋钮,用于调节激光点的位置,如图 5.2 - 10 所示。其中,旋钮 1 和 2 用来调节反射镜 1,旋钮 3 和 4 调节反射镜 2。当更换新的探针后,激光点的位置是不确定的,此时就需要调节旋钮 1 和旋钮 2,使激光点打在微悬臂的末端。其中,旋钮 1 控制激光点垂直移动,旋钮 2 控制激光点水平移动。旋钮 3 和旋钮 4 用于调节微悬臂反射后的激光点,使其打在四象限探测器的中心位置。其中旋钮 3 主要调节激光点在垂直方向的位置。旋钮 4 调节激光点在水平方向的位置。可以通过 XE - 100E 控制软件 XEP 中显示的 A - B 和 C - D 值判断激光点位置,当两者都在 ±0.3 V 范围内时,即可认为激光点已经相当接近四象限探测器中心了。

图 5.2 - 10　激光位置调节旋钮示意图

4. PC 机

XE - 100E 为用户提供了三个应用程序:XEC、XEP 和 XEI。XEC 用于控制光学 CCD 和显示 CCD 影像。XEP 是 XE - 100E 的操作和控制程序,用来与控制器进行通信,进而控制扫描台进行扫描。XEP 中可以设置扫描和成像的各项参数,扫描结果也会显示在程序中。XEI 是图像处理和分析程序,XEP 的扫描结果可以直接导入到 XEI 中,XEI 可以进行图像处理、定量分析和统计、导出测量结果和图像。

四、实验内容及步骤

1. 开　机

① 检查 XE - 100E 型原子力显微镜各部件线路连接是否正常,检查减震平台是否工作正常;

② 打开控制机箱电源、计算机主机电源及配套照明光源电源,将照明光源亮度调为最低。

③ 打开 PC 程序"XEC"和"XEP",根据"XEC"中的影像调节照明光源亮度至适中。

2. 放置样品及安装探针

① 取下扫描头,在样品台放置样品,根据工作模式安装所需探针,将扫描头装回,调节配套光学显微镜,使之可以在 CCD 监控程序中看到清晰的探针。

② 按照操作手册规范依次调节光路,应可在 CCD 监控程序中清晰地看到激光光斑照射到探针的前部中心位置,扫描控制软件中光斑位置显示为中心位置,且光强最强。

3. 选择工作模式并设置对应的参数

① 工作模式一般选择"C－AFM"(接触模式)或"NC－AFM"(非接触模式),需要注意的是这里的 NC－AFM 实际上是前文提到的轻敲模式。

② 若选择"C－AFM"模式,需要设置"Set Point"(工作点)。XE－100E 采用恒力模式,工作点即为针尖样品作用力的大小,一般设置为 1 nN 左右。

③ 若选择"NC－AFM"模式,仪器会自动进行扫频,并弹出"工作频率设置"对话框。在扫频窗口通过设置激励的百分比即可改变探针振幅的大小,一般设置使第一共振峰幅度在 1 200 nm 左右,移动窗口中的红十字来选择工作频率,一般选择比第一共振频率大几十赫兹的频率,然后设置"Set Point",设置约为自由振幅的一半。最后注意勾选上"Amplitude Feedback"选项,然后单击"OK"按钮即可。

4. 光路调节和进针

① 调节显微镜探头上的光路调节螺母,观察控制窗口中的 PSPD 窗口,缓慢调节使 A－B 和 C－D 值小于 0.3(越小越好),同时应该保证 A＋B 值大于 2.5。

② 其余参数都可以采取默认值,此时就可以先手动进针到探针接近样品,然后单击操作控制窗口右下角的"approach"按钮由系统自动进针。

③ 进针完成之后,单击窗口左上角的"Auto"选项让系统自动调节样品放置的倾斜度。

④ 在进针结束后不要改动"Set Point"和激励的大小。

5. 采集图像

① 设置图像分辨率(128×128,256×256 等)、扫描区域、扫描范围、扫描速度等参数。

② 单击工具栏中"Setup"下拉菜单中"Input Config"选项,勾选上需要打开的成像通道。

③ 单击界面上的"Start"按钮,图像采集即自动开始,采集时间取决于扫描参数,一般采集一幅图需要几分钟时间。图像采集完成后,双击图像旁边的颜色条可以平滑图片。

④ 得到一幅大范围的扫面图像后,可以进入左边的"Scan Area"窗口,在扫描结果中选择感兴趣的区域并设定扫描范围进行扫图。

⑤ 注意在扫图过程中不要改变参数,也不要触碰仪器等,否则将造成较大噪声,甚至无法得到图像。

6. 图像后处理

① 在"XEP"软件中,将采集到的图片,导出到"XEI"中;

② 使用"XEI"软件进行图像处理;

③ 保存结果(文件保存为 tiff 格式,截图可以保存为 jpg,png 和 bmp 格式)。

五、思考题

1. 与传统的光学显微镜、电子显微镜相比,原子力显微镜有什么优点?

2. 原子力显微镜的分辨本领主要受什么因素限制?

3. 原子力显微镜有几种工作模式?每种模式的特点是什么?

4. 原子力显微镜有哪些应用?

六、扩展实验

1. 研究扫描参数 Set Point 对成像效果的影响。接触模式中,参数 Set Point 对应针尖样品作用力,而在轻敲模式中,Set Point 表示实际振幅与自由振幅的比值。在两种工作模式中分别改变 Set Point 的值,如接触模式的 Set Point 可设为 0.5 nN、1 nN、1.5 nN、2 nN 等,轻敲模式的"Set Point"可设为 50%、70%、90% 等,观察其对成像效果的影响,分析原因并确定最优扫描参数。

2. 利用原子力显微镜区分不同样品。在同一基底(玻璃或者云母)上生长不同组分样品,根据各样品的形貌性质差异,综合运用原子力显微镜的各种工作模式(接触模式和轻敲模式表征形貌,侧向力模式表征摩擦力,相位模式表征弹性性质)区分不同样品。

七、研究实验

利用原子力显微镜开展有关样品的观察研究。

参考文献

[1] BINNIG G, ROHRER H, GERBER C, et al. Surface Studies by Scanning Tunneling Microscopy[J]. Physical Review Letters, 1982, 49(1): 57.

[2] BINNIG G, QUATE C F, GERBER C. Atomic Forcemicroscope[J]. Physical Review Letters, 1986, 56(9): 930.

[3] MEYER G, AMER N M. Novel Optical Approach to Atomic Force Microscopy[J]. Applied Physics Letters, 1988, 53(12):1045 - 1047.

[4] MIRONOV V L. Fundamentals of Scanning Probe Microscopy [M]. Moscow: Technosfera, 2004.

5.3　椭偏光法测量薄膜折射率和厚度

当样品厚度远小于入射光的波长时,光不足以形成完整的干涉条纹,或者某些样品对光存在着强烈吸收(如晶体)时,一般用来测量折射率的几何光学方法和测量薄膜厚度的干涉方法均不再适用。本实验介绍一种用反射型椭偏仪测量折射率和薄膜厚度的方法。用此椭偏仪可以测量金属的复折射率,并且可以测量很薄的薄膜(几百 Å)。反射椭偏仪又称为表面椭偏仪,它在表面科学研究中是一个很重要的工具。

一、实验要求与预习要点

1. 实验要求

① 通过本实验了解光的偏振及其应用。

② 通过测量折射率及薄膜厚度,学习椭偏法测量的基本原理及方法。

③ 通过对实验的操作,培养实验者一丝不苟的科学精神。

2. 预习要点

① 自己推导椭偏方程。

② 了解椭偏谱仪的仪器构成及实验操作步骤。

③ 掌握利用椭偏法测量超薄膜的原理。

二、实验原理

椭偏仪测量的基本原理是用一束椭圆偏振光照射到样品上,由于样品对入射光中平行于入射面的电场分量(简称 p 分量)和垂直于入射面的电场分量(简称 s 分量)有不同的反射和透射系数,因此从样品上出射的光,其偏振状态相对于入射光来说要发生变化。

1. 光在两种介质分解面上的反射

如图 5.3 - 1 所示,光在两种均匀的、各向同性的介质分界面上发生反射,介质 1 和介质 2 都是均匀的。光线以 φ_1 入射,n_1 至 n_2 的折射角为 φ_2,(E_{ip}, E_{is}),(E_{rp}, E_{rs}),(E_{tp}, E_{ts}) 分别表示入射、反射、透射光电矢量的复振幅。定义反射和透射系数:

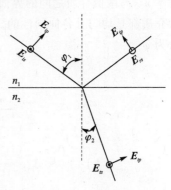

$$\begin{cases} r_p = E_{rp}/E_{ip}, \qquad r_s = E_{rs}/E_{is} \\ t_p = E_{tp}/E_{ip}, \qquad t_s = E_{ts}/E_{is} \end{cases} \quad (5.3-1)$$

根据麦克斯韦方程和界面上的连续性条件,可得光波在界面上反射的菲涅尔公式:

图 5.3 - 1 光在界面上的反射

$$\begin{cases} r_p = \dfrac{E_{rp}}{E_{ip}} = \dfrac{n_2\cos\varphi_1 - n_1\cos\varphi_2}{n_2\cos\varphi_1 + n_1\cos\varphi_2} = \dfrac{\tan(\varphi_1 - \varphi_2)}{\tan(\varphi_1 + \varphi_2)} \\[2mm] r_s = \dfrac{E_{rs}}{E_{rs}} = \dfrac{n_1\cos\varphi_1 - n_2\cos\varphi_2}{n_1\cos\varphi_1 + n_2\cos\varphi_2} = \dfrac{-\sin(\varphi_1 - \varphi_2)}{\sin(\varphi_1 + \varphi_2)} \\[2mm] t_p = \dfrac{E_{ts}}{E_{is}} = \dfrac{2n_1\cos\varphi_1}{n_2\cos\varphi_1 + n_1\cos\varphi_2} = \dfrac{2\sin\varphi_2\cos\varphi_1}{\sin(\varphi_1 + \varphi_2)\cos(\varphi_1 - \varphi_2)} \\[2mm] t_s = \dfrac{E_{ts}}{E_{is}} = \dfrac{2n_1\cos\varphi_1}{n_1\cos\varphi_1 + n_2\cos\varphi_2} = \dfrac{2\sin\varphi_2\cos\varphi_1}{\sin(\varphi_1 + \varphi_2)} \end{cases} \quad (5.3-2)$$

由上式可看出:由于 n_1 和 n_2 可能为复数,故 r_p, r_s, t_p, t_s 也可能为复数。界面对入射光的 p 分量和 s 分量有不同的反射系数和透射系数。所以,反射光偏振状态于入射光的偏振状态是不同的。把 r_p,r_s 写成复数形式以便于对光波的振幅和相位分别考察。

$$r_p = |r_p| \exp(i\delta_p), \qquad r_s = |r_s| \exp(i\delta_s) \quad (5.3-3)$$

其中,$|r_p|$ 表示反射光与入射光的 p 分量振幅值比,δ_p 表示反射后 p 分量的相位变化。与 s 分量对应的 $|r_s|$ 和 δ_s 有与以上相同的物理意义。由式(5.3-1)可知:

$$E_{rp} = r_p E_{ip}$$
$$E_{rs} = r_s E_{is} \quad (5.3-4)$$

以上两式相除,定义反射系数比:

$$G = r_p/r_s \quad (5.3-5)$$

则 $E_{rp}/E_{rs} = G E_{ip}/E_{is}$,或写作

$$\left| \frac{E_{rp}}{E_{rs}} \right| \exp\left[\,i(\beta_{rp} - \beta_{rs})\,\right] = G \left| \frac{E_{ip}}{E_{is}} \right| \exp\left[\,i(\beta_{ip} - \beta_{is})\,\right] \qquad (5.3-6)$$

由于入射光的偏振状态取决于振幅比 $|E_{ip}/E_{is}|$ 和相位差 $(\beta_{ip} - \beta_{is})$，同样的，反射光的偏振状态取决于 $|E_{rp}/E_{rs}|$ 和相位差 $(\beta_{rp} - \beta_{rs})$。这样，入射光和反射光的偏振状态便通过反射系数比 G 联系起来。常把 G 写为如下形式：

$$G = \tan\Psi \, e^{i\Delta} \qquad (5.3-7)$$

由式(5.3-3)和式(5.3-5)可知

$$\tan\Psi = |r_p/r_s|, \qquad \Delta = \delta_p - \delta_s \qquad (5.3-8)$$

偏振光在单层薄膜上反射的情况如图5.3-2所示。作如下假设：(a)薄膜两侧介质是半无限大的，折射率分别为 n_1 和 n_3。通常介质1为空气或真空，介质3为衬底材料。(b)薄膜折射率 n_2，与两侧介质之间的界面平行且都是理想的光滑平面，两界面距离即为膜厚 d。(c)三种介质都是均匀且各向同性的。光线以 φ_1 为角入射，n_1 至 n_2 的折射角为 φ_2，n_2 至 n_3 的折射角为 φ_3。

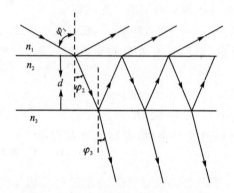

图5.3-2 光在介质薄膜上的反射

根据麦克斯韦方程和界面上的连续性条件，可得光波在界面上反射的菲涅尔公式(见式(5.3-2))。而 φ_1、φ_2、φ_3 应满足折射定理：

$$n_1\sin\varphi_1 = n_2\sin\varphi_2 = n_3\sin\varphi_3 \qquad (5.3-9)$$

对应的相位差为

$$2\delta = 4\pi d n_2 \cos\varphi_2 / \lambda \qquad (5.3-10)$$

光由 n_1 至 n_2 的反射，透射系数记为 $r_{1p}, r_{1s}, t_{1p}, t_{1s}$。$n_2$ 至 n_3 的反射，透射系数记为 $r_{2p}, r_{2s}, t_{2p}, t_{2s}$。由(5.3-2)式得

$$\begin{cases} r_{1p} = \tan(\varphi_1 - \varphi_2)/\tan(\varphi_1 + \varphi_2) \\ r_{1s} = -\sin(\varphi_1 - \varphi_2)/\sin(\varphi_1 + \varphi_2) \\ r_{2p} = \tan(\varphi_2 - \varphi_3)/\tan(\varphi_2 + \varphi_3) \\ r_{2s} = -\sin(\varphi_2 - \varphi_3)/\sin(\varphi_2 + \varphi_3) \end{cases} \qquad (5.3-11)$$

根据膜层厚度及光在界面上的多次反射关系，可导出椭偏光法测量的基本方程：

$$G = \tan\Psi \, e^{i\Delta} = \frac{R_p}{R_s} = \frac{r_{1p} + r_{2p}\,e^{-i2\delta}}{1 + r_{1p}r_{2p}\,e^{-i2\delta}} \cdot \frac{1 + r_{1s}r_{2s}\,e^{-i2\delta}}{r_{1s} + r_{2s}\,e^{-i2\delta}} \qquad (5.3-12)$$

由以上各式可看出，反射系数比 G 是 n_1、n_2、n_3、λ、φ_1、d 的函数。如果 n_1、n_3、λ、φ_1 已知，就可以由(Ψ, Δ)的测量值确定薄膜的实折射率 n_2 和厚度 d。

2. 金属复折射率的测量

金属对于光有吸收性,因此金属的折射率为复数,可分为实部与虚部:

$$n_2 = N - iNK \tag{5.3-13}$$

经过数学推导可得出

$$N = \frac{1}{\sqrt{2}} \big[(A^2 + B^2) \, 1/2 + A \big] 1/2$$

$$K = \big[(A^2 + B^2) \, 1/2 - A \big] / B \tag{5.3-14}$$

其中

$$A = a^2 - b^2 + n_1^2 \sin\varphi_1$$

$$B = 2ab$$

$$a = \frac{n_1 \sin\varphi_1 \tan\varphi_1 \cos 2\Psi}{1 + \sin 2\Psi \cos\Delta}$$

$$b = \frac{n_1 \sin\varphi_1 \tan\varphi_1 \sin 2\Psi \sin\Delta}{1 + \sin 2\Psi \cos\Delta}$$

这样,测量椭偏参数 Ψ 和 Δ,就可以求出金属的复折射率。

3. 椭偏仪测量原理

通过前面的讨论可知,反射系数比的测量是椭偏法测量的关键,而 G 的测量归结为 Ψ,Δ 的测量。由式(5.3-6)与式(5.3-7)知,为了测量 Ψ 和 Δ,需要四个量,即入射光两分量的振幅比和相位差以及反射光两分量的振幅比和相位差。为简化实验,应使入射光成为等幅偏振光(即 $|E_{ip}/E_{is}| = 1$),此时可知

$$\begin{cases} \tan\Psi = E_{rp}/E_{rs} \\ \Delta + \beta_{ip} - \beta_{is} = \beta_{rp} - \beta_{rs} \end{cases} \tag{5.3-15}$$

因此,对于确定的 Ψ 和 Δ,如果入射光两分量之间的相位差可连续调节,就有可能使反射光成为线偏振光,即 $\beta_{rp} - \beta_{rs} = 0$ 或 π。这样,只需测量 $|E_{rp}/E_{rs}|$ 和 $(\beta_{ip} - \beta_{is})$ 就可以获得 Ψ,Δ 的数值了。

(1) 等幅椭偏光的获得

如图 5.3-3 所示,设入射面是纸平面。为方便起见,对入射光和反射光分别设立两个直角坐标系 x-y 和 x'-y'。其中,x 轴和 x' 轴在入射面内,且分别垂直于入射光和反射光的传播方向。入射光经起偏器和 1/4 波片后成为椭圆偏振光,反射的线偏振光由检偏器来检测。在入射光路中,当 1/4 波片的快轴 f(快光的电振动方向)与 x 轴夹角 α 取值 $+\pi/4$ 和 $-\pi/4$

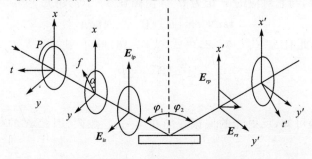

图 5.3-3　椭偏仪基本光路图

时,可以使入射到样品上的光为等幅椭圆偏光,起偏器的透光方向 t 与 x 轴的夹角为 P。

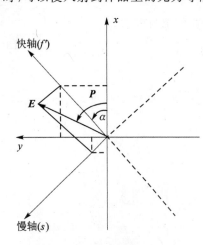

图 5.3-4 等幅椭偏光的获得

如图 5.3-4 所示,E_0 表示单色光经起偏器后形成的线偏振光的电矢量,与 x 轴的夹角为 P。当 E_0 入射到快轴与入射面的夹角 $\alpha = +\pi/4$ 的波片上时,在快轴(f)和慢轴(s)上分解为 E_f 和 E_s。通过 1/4 波片后 E_f 比 E_s 的相位超前 $\pi/2$,经计算可得

$$E_f = E_0 e^{i\pi/2} \cos\left(P - \frac{\pi}{4}\right)$$

$$E_s = E_0 \sin\left(P - \frac{\pi}{4}\right)$$

在 x 和 y 方向上的分量合成为

$$E_x = E_f \cos\left(\frac{\pi}{4}\right) - E_s \sin\left(\frac{\pi}{4}\right) = \frac{\sqrt{2}}{2} E_0 e^{i\pi/2} e^{i\left(P - \frac{\pi}{4}\right)}$$

$$E_y = E_f \sin\left(\frac{\pi}{4}\right) + E_s \cos\left(\frac{\pi}{4}\right) = \frac{\sqrt{2}}{2} E_0 e^{i\pi/2} e^{-i\left(P - \frac{\pi}{4}\right)}$$

入射光的两个分量(E_{ip}, E_{is})振幅 $|E_{ip}|$ 和 $|E_{is}|$ 均为 $\sqrt{2}E_0/2$,相位差为 $2P - \pi/2$。则改变 P 的数值便得到相位差连续可调的等幅椭圆偏振光。同理可知,当 $\alpha = -\pi/4$ 时,也获得等幅椭圆偏振光,振幅仍为 $\sqrt{2}E_0/2$,相位差变为 $(\pi/2) - 2P$。

(2) 反射光的检测

对于上面得到的等幅椭偏光,可得

$$\begin{cases} \tan\Psi = \left| E_{rp}/E_{rs} \right| \\ \Delta + 2P - \dfrac{\pi}{2} = \beta_{rp} - \beta_{rs} \end{cases} \tag{5.3-16}$$

可以改变起偏角 P 的数值,使反射光两分量的相位差为 π 或 0,即反射光成了线偏振光,这时便可用检偏器来检测它。当检偏器的透光方向 t' 与线偏振光垂直时,便构成消光状态。把 t' 与入射面的夹角记为 A(称为检偏角)。A 和 P 均可从仪器上读出。下面讨论反射线偏振光的两种情况

① $\beta_{rp} - \beta_{rs} = \pi$

反射光的偏振方向在第二、四象限(对照参考李萨如图),因此 A 的数值在第一、三象限。A 通常取一、二象限的数值,把第一象限的 A 记作 A^1,与它相应的起偏角记为 P^1,把取值在第二象限的 A 记作 A^2,与它对应的 P 记为 P^2。由图 5.3-5(a)可知

$$\tan\Psi = \left| E_{rp}/E_{rs} \right| = \tan A^1$$

则有 $\Psi = A_1$,又知此时 $\beta_{rp} - \beta_{rs} = \pi$,由式(5.3-16)得

$$\Delta = \frac{3\pi}{2} - 2P_1$$

② $\beta_{rp} - \beta_{rs} = 0$

由图 5.3-5(b)可知,反射光的偏振方向在第一、三象限,因此 A 的数值在第二、四象限,可得

$$\Psi = \pi - A_2, \qquad \Delta = \frac{\pi}{2} - 2P_2$$

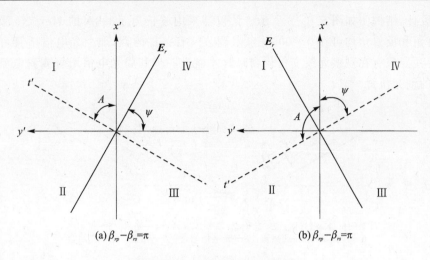

(a) $\beta_{rp} - \beta_{rs} = \pi$　　　　　　　　(b) $\beta_{rp} - \beta_{rs} = \pi$

图 5.3 - 5　反射线偏振光的检测

由以上讨论可得

$$0 < A_1 < \frac{\pi}{2}: \qquad \Psi = A_1, \qquad \Delta = \frac{3\pi}{2} - 2P_1$$

$$\frac{\pi}{2} < A_2 < \pi: \qquad \Psi = \pi - A_2, \qquad \Delta = \frac{\pi}{2} - 2P_2$$

$$(5.3 - 17)$$

实际上,薄膜的折射率和厚度与 **A** 和 **P** 的关系已经计算出并制成数据表备查。以上公式的详细推导可参见参考文献[1]第 217~227 页。

三、实验仪器

WJZ 型多功能激光椭圆偏振仪包括下列各项:

项　目	数　量
JJY - 1 分光计(包括附件)	一套
椭偏装置	
起偏器读数头(包括 1/4 波片)	一只
检偏器读数头	一只
扩束装置(包括扩束镜,不包括激光光管和电源)	一只
小孔光阑	一只
白屏目镜	一只
黑色反光镜	一块
试样台	一只
P. A~n. d 数据表	一份
He - Ne 激光器 待测薄膜 光电池及数字三用表	

本实验所使用的仪器为 WJZ 型多功能激光椭圆偏振仪,它由 JJY - 1 分光计和激光椭圆偏振装置两部分组成。因此它既具有分光计的功能又具有椭偏仪的功能。它按照图 5.3 - 3

所示光路设计,结构图如图 5.3-6 所示。此仪器采用波长为 6 328Å 的 He-Ne 激光器作为光源,入射角和反射角均可在 0~90°内自由调节。有条件的话,加上光电倍增管可增加测量精度,但要注意只有在观察光线变得相当暗时才能进一步利用光电倍增管或弱电流放大器来判断最佳的消光位置。

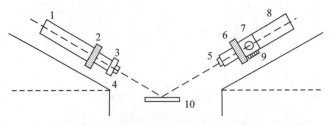

1—He-Ne激光器;2—起偏器;3—1/4波片;4—光阑;5—光阑;
6—检偏器;7—观察窗;8—光电倍增管;9—旋钮;10—样品台

图 5.3-6 WJZ 激光椭圆偏振仪结构图

四、实验内容

1. 仪器调整

实验开始前,应先点亮激光,激光点亮半小时后才可进行测量。

(1) 调整好主机。

(2) 调整水平度盘。

① 调整望远镜与平行光管同轴。

② 调整好游标盘的位置使之在使用时不被望远镜挡住。

③ 将水平度盘对准零位。

(3) 光路调整。

① 用三棱镜(或反射镜)调整分光计的自准直,使载物台的水平面平行于望远镜的光轴。

② 卸下望远镜和平行光管的物镜(本实验中不用),平行光管另一端装上小孔光阑。

③ 取下扩束装置的扩束镜(本实验不需用),调整装置的方位,使其完全平行射入小孔光阑。

④ 通过调整平行光管,望远镜的上下螺钉。水平调节螺钉,在离阿贝目镜后大约 1 m 处成一均匀圆光斑,通过调节目镜视度手轮,即见清晰的十字丝像(注意光斑不可有椭圆或切割现象),此时光路调节完成。

⑤ 卸下阿贝目镜,换上白屏目镜。

(4) 检偏器读数头位置的调整与固定。

① 将检偏器读数头套在望远镜筒上,90°读数朝上,位置基本居中。

② 将附件黑色反光镜置于载物台中央,将望远镜转过 66°(与平行光管成 114°夹角),使激光束按布儒斯特角(约 57°)入到黑色反光镜表面并反射入望远镜到达白屏成为一个圆点。

③ 转动整个检偏器读数头,调整与望远镜筒的相对位置(此时检偏器读数应保持 90°不变),使白屏上的光点达到最暗。这时检偏器的透光轴一定平行于入射面,将此时检偏器读数头的位置固定下来(拧紧三颗平头螺钉)。

(5) 调整与固定起偏器读数头的位置。

① 将起偏器读数头套在平行光管镜筒上,此时不要装上 1/4 波片,0°读数朝上,位置基本居中。

② 取下黑色反光镜,将望远镜系统转回原来位置,使起偏器、检偏器读数头共轴,并令激光束通过中心。

③ 调整起偏器读数头与镜筒的相对位置(此时起偏器读数应保持 0°不变),最暗位置设定为起偏器读数头位置,并拧紧三颗平头螺钉。

(6)调整 1/4 波片零位。

① 起偏器读数保持 0°,检偏器读数保持 90°,此时白屏上的光点应最暗。

② 将 1/4 波片读数头(即内刻度圈)对准零位。

③ 将 1/4 波片框的标记点(即快轴方向记号)向上,套在内刻度圈上,并微微转动(注意不要带动刻度圈)。使白屏上的光点达到最暗,固紧 1/4 波片框上的柱头螺钉,定此位置为 1/4 波片的零位。

2. 薄膜厚度与折射率的测量

仪器调整完毕,开始进行测量。将被测样品放在载物台的中央,旋转载物台使其转过 40°,达到入射角 70°,并使反射光在白屏上形成一亮点。

为减小系统误差,采用四点测量。先置 1/4 波片快轴于 +45°,仔细调节检偏器 A 和起偏器 P,使白屏上的亮点消失,记下 A 值和 P 值,这样可测得两组消光位置数据。其中 A 值大于 90°定为 a_1,小于 90°定为 a_2,所对应的 P 值为 p_1 和 p_2。然后将 1/4 波片快轴转到 −45°,同样可找到两组消光位置,A 值分别记为 a_3(>90°)和 a_4(<90°),所对应的 P 值为 p_3 和 p_4,如此重复,将每片薄膜如此测量,每片得 4 组数据,将测得的数据记录下来。

数据处理,将测得的 4 组数据代入下列公式换算后取平均值,便得所要求的 A 值和 P 值。

$$
\left.
\begin{aligned}
&a_1 - 90° = A_{(1)} &\quad& p_1 = P_{(1)} \\
&90° - a_2 = A_{(2)} &\quad& p_2 + 90° = P_{(2)} \\
&a_3 - 90° = A_{(3)} &\quad& 270° - p_3 = P_{(3)} \\
&90° - a_4 = A_{(4)} &\quad& 180° - p_4 = P_{(4)} \\
&A = [A_{(1)} + A_{(2)} + A_{(3)} + A_{(4)}]/4, P = [P_{(1)} + P_{(2)} + P_{(3)} + P_{(4)}]/4
\end{aligned}
\right\}
\tag{5.3-18}
$$

注意:A 值和 P 值必须在 0~180°范围内,若出现大于 180°的数值,应减去 180°后再予以换算。

通过查表,根据得到的 A 值和 P 值,分别在 A 值数表和 P 值数表的同一个纵、横位置上找出一组与测算近似的 A 值和 P 值就可对应得出薄膜厚度 d 和折射率 n。

对于金属薄膜,由于折射率为复数,所以要测量其折射率的实部和虚部,由前面原理可得复折射率的计算公式

$$
N^2 - K^2 = \sin^2\theta \left[1 + \frac{\tan\theta(\cos^2 2\Psi \sin^2\delta_s)}{(1 + \sin 2\Psi \cos\delta_s)^2} \right]
$$

$$
2NK = \sin\theta \frac{\tan^2\theta \sin 4\Psi \sin\delta_s}{(1 + \sin 2\Psi \cos\delta_s)^2}
\tag{5.3-19}
$$

其中,θ 为入射角,Ψ,δ_s 分别为检偏器、起偏器的角度值。数据转换关系如表 5.3-1 所列。

表 5.3 - 1　检偏器、起偏器的角度值的数据转换关系

1/4 波片位置	检偏器角度范围	δ_s 调整值（由 P 值得）	Ψ 值(A)
+45°	<90°	$\delta_{s1} = -90° - 2P_1$	测量值
	>90°	$\delta_{s2} = 90° - 2P_2$	测量值
-45°	<90°	$\delta_{s3} = 90° + 2P_3$	测量值
	>90°	$\delta_{s4} = -90° + 2P_4$	测量值
平均值		$\bar{\delta}_s = \dfrac{\delta_{s_1} + \delta_{s_2} + \delta_{s_3} + \delta_{s_4}}{4}$	$\Psi = \dfrac{A_1 + A_2 + A_3 + A_4}{4}$

通过查表，可计算折射率。

例：被测薄膜材料是氧化锆将 1/4 波片快轴转到 +45°，调节起偏器和检偏器，使白屏上亮点消失。得到第一组数据 $a_1 = 98.9°$，$p_1 = 146.6°$，继续调节起偏器和检偏器，可得出第二组数据 $a_2 = 81.9°$，$p_2 = 56.8°$。

将 1/4 波片快轴转到 -45°，同样操作可得出 $a_3 = 99.2°$，$p_3 = 124.2°$，$a_4 = 82°$，$p_4 = 34.2°$，将测得的数据经公式换算后得 $A = 8.35°$，$P = 146.25°$。参考对应数表，查得最近似的数据：$A = 8.38°$，$P = 146.93°$，所对应的薄膜厚度 $d = 780$ Å，折射率 $n = 1.88$。

由于误差的存在，由 A 和 P 很难在表中完全对应出 d 和 n 值，此时可适当放大 A 和 P 值，如上例中将 A 值放大至 8.36、8.37、8.39 甚至 8.40，P 值亦然，这样可轻易地查出一组近似的 d 和 n 值。

五、思考题

1. 实验开始前为何要先点亮激光，半小时后才可进行测量？
2. 试列举椭偏测量中几种可能的误差来源并分析它们对测量结果的影响。
3. 为什么椭偏仪灵敏度高？
4. 本实验对被测样品有什么要求？为什么？

参考文献

[1] 吴思诚，王祖铨. 近代物理实验[M]. 2 版. 北京：北京大学出版社，2005.
[2] 黄志高，赖发春，陈水源. 近代物理实验[M]. 北京：科学出版社，2012.

5.4　单边 p-n 结杂质分布的锁相检测

半导体器件设计与制造的核心问题是如何控制半导体内部的杂质分布，以满足实际应用所要求的器件参数。因此，杂质分布的测量是半导体材料及器件的基本测量之一。利用四探针或霍尔效应，逐次去层测量薄层霍尔电压，可以获得杂质浓度分布以及迁移率随杂质浓度的变化。但是逐次去层的方法比较繁琐，而且具有破坏性。通过测量不同直流偏压下 p-n 结势垒电容的方法（C-V 法），可以既不破坏器件本身，又比较迅速地求得杂质浓度的分布。

本实验将利用原 EG&G 公司生产的 DSP7265 型锁相放大器，采用 C-V 法测量 p-n 结的杂质浓度分布。

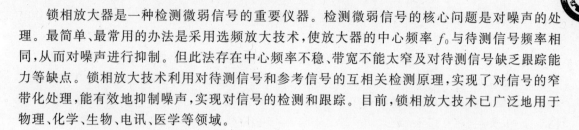

锁相放大器是一种检测微弱信号的重要仪器。检测微弱信号的核心问题是对噪声的处理。最简单、最常用的办法是采用选频放大技术,使放大器的中心频率 f_0 与待测信号频率相同,从而对噪声进行抑制。但此法存在中心频率不稳、带宽不能太窄及对待测信号缺乏跟踪能力等缺点。锁相放大技术利用对待测信号和参考信号的互相关检测原理,实现了对信号的窄带化处理,能有效地抑制噪声,实现对信号的检测和跟踪。目前,锁相放大技术已广泛地用于物理、化学、生物、电讯、医学等领域。

一、实验要求与预习要点

1. 实验要求

① 掌握锁相放大器的原理和使用方法。
② 测量 p-n 结电容–偏压(C-V)特性曲线。
③ 由突变结的 C-V 的特性曲线,计算轻掺杂的杂质分布。

2. 预习要点

① 了解杂质浓度分布与 p-n 结势垒电容之间的关系。
② 锁相放大器是如何从噪声中提取微弱信号的?

二、实验原理

如果 p-n 结一边的掺杂浓度远大于另一边的掺杂浓度,就会形成单边突变 p-n 结,加在 p-n 结上的电压几乎都降在耗尽层的轻掺杂一边。单位面积 p-n 结势垒电容(C/A)和反向偏压 V_R 的关系仅与轻掺杂的浓度(N_D)有关:

$$\frac{C}{A} = \left[\frac{q\varepsilon\varepsilon_0 N_D}{2(V_D + V_R)}\right]^{\frac{1}{2}} \tag{5.4-1}$$

其中,V_D 为无偏压时 p-n 结的接触电势差(即为单边突变异质结的自建势,是常数)。此公式改写为

$$\frac{1}{C^2} = \frac{2}{A^2 q\varepsilon\varepsilon_0 N_D}(V_D + V_R) \tag{5.4-2}$$

由上式可以看出($1/C^2$)与 V_R 呈线性关系。如果通过实验测量出($1/C^2$)-V_R 这条直线,那么由直线的斜率就可以求出杂质浓度 N_D,由直线的截距还可以求出 p-n 结的自建势 V_D。

下面将着重讨论 p-n 结势垒电容的测量方法及锁相放大器的原理。

1. 单边突变 p-n 结杂质分布的 C-V 测量

p-n 结势垒电容是一个随直流偏压变化的微分电容。因此,测量势垒电容时,要在 p-n 结上施加一定的反向直流偏压 V_R,同时在 V_R 上再叠加一个微小的交变电压信号 $v(t)$,并在交变电压信号 $v(t)$ 与待测的 p-n 结电容 C_x 之间串接一个已知电容 C_0,当 $C_0 \gg C_x$ 时,在 C_0 两端的电压为

$$v_i = \frac{v(t)}{\frac{1}{jwC_x} + \frac{1}{jwC_0}} \cdot \frac{1}{jwC_0} \approx \frac{C_x}{C_0} \cdot v(t) \tag{5.4-3}$$

上式表明电容 C_0 上的交变电压 v_i 与待测的 p-n 结电容 C_x 成正比,比例系数 $v(t)/C_0$(等于 v_i/C_x)表示单位待测电容转换为电压信号的灵敏度。能否通过增大交变电压 $v(t)$ 或降低

C_0 来提高这个灵敏度呢？式（5.4-3）成立的前提是 $C_0 \gg C_x$，此外，由于 p-n 结是一个微分电容，交变电压 $v(t)$ 必须比 p-n 结上的压降 $V_D + V_R$ 要小得多，否则将给微分电容的测量带来一定的误差。因此，只有选取适当的交流放大器，经过检波后的输出幅度如果与输入电平成正比，那么把检波后的直流信号（v_i 的幅值）作为 Y 轴，p-n 结上的反向偏压 V_R 作为 X 轴，通过调节反向偏压的大小，就可以测得 p-n 结的 C-V 曲线。p-n 结 C-V 测量的方框图如图 5.4-1 所示。

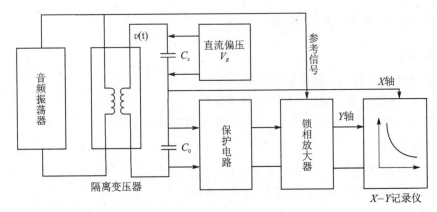

图 5.4-1　p-n 结 C-V 测量的方框图

2. 锁相放大器的工作原理

（1）锁相放大器的基本组成

目前锁相放大器的类型很多，但其基本组成只有三大部分，即信号通道、参考通道及相关检测器（如图 5.4-2 所示），其核心部分是相敏检波器（Phase Sensitive Detector, PSD）。

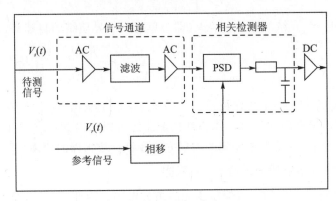

图 5.4-2　锁相放大器的基本组成

输入的交流待测信号与噪声一起进入信号通道，经低噪声前置放大再通过高低通滤波，使噪声受到初步抑制，然后送到相敏检波器 PSD 以免使 PSD 出现过载。参考信号进入参考通道后，一般也要经过放大、整形、移相等处理后再送入 PSD 与待测信号进行相关检测。可以通过调节参考通道的移相器改变参考信号与输入信号的相对相位，使参考信号与输入信号同相则相位被锁定，从而抑制了不相干的噪声信号。有些锁相放大器的参考通道中设有跟踪电路，以保证在仪器的工作范围内使参考信号与输入信号保持所需的相移值。

（2）相关检测和相关检测器

所谓相关是使两个函数之间具有一定的关系。如果它们的乘积对时间求平均（积分）为零，则表明这两个函数不相关（彼此独立）；如不为零，则表明两者相关。相关的概念按两个函数的关系又可分为自相关和互相关两种。由于互相关检测的抗干扰能力强，因此微弱信号检测大多采用互相关检测原理。根据此原理设计的相关检测器是锁相放大器的心脏。

通常相关检测器由乘法器和积分器构成。乘法器有两种，一种是模拟式乘法器，另一种是开关式乘法器，常采用方波作参考信号。而积分器通常由 RC 低通滤波器构成。

当待测信号与参考信号进入乘法器后，变换输出成以差频 $\Delta\omega$ 及和频 2ω 为中心的两个频谱，再通过低通滤波器（Low Pass Filter，LPF）滤去和频信号，于是经 LPF 输出的信号为差频信号。若两个相关信号为同频率正弦波时，经相关检测后，其相关函数与两信号幅度的乘积正比，同时与它们之间的位相差的余弦成正比，特别是当待测信号和参考信号同频同相位时输出为最大。

可见参考信号也参与了输出。为保证高质量的检测，参考信号必须非常稳定。实际常用的参考信号通常是方波。此时则应采用开关式乘法器，又称为相敏检波器（简称 PSD）。经相关检测后，其输出与待测信号的幅度及两信号的相位差 φ 的余弦成正比。当 $\varphi=0$ 或 π 时，输出最大，当 $\varphi=\pi/2$ 时输出为零。

当非同步的信号进入 PSD 经 LPF 积分后平均值为零，将受到抑制。理论上，由于噪声和信号不相关，噪声通过相关检测器后应被抑制。由于 LPF 的积分时间不可能无限大，所以实际上仍有噪声电平影响。噪声与 LPF 的时间常数密切相关，通过加大时间常数可以改善信噪比。

（3）锁相放大器的主要特性参量

① 等效噪声带宽（Equivalent Noise Band Width，ENBW）

为测量深埋在噪声中的微弱信号，必须尽可能地压缩频带宽度。锁相放大器最后检测的是与输入信号幅值、参考信号的差频电压成正比的信号。原则上与被测信号的频率无关。因此，频带宽度可以做得很窄，可以采用普通的 RC 滤波器来做频带压缩。所以，锁相放大器的等效噪声带宽（ENBW）可引用滤波器的（ENBW）来定义。等效声带带宽可由下式表示：

$$\Delta f=\int_0^\infty K^2\mathrm{d}f=\int_0^\infty\frac{\mathrm{d}f}{1+\omega^2R^2C^2}=\frac{1}{4RC} \qquad(5.4-4)$$

其中，K 为一级普通 RC 滤波器的传递系数，如取 RC 的时间常数 $T=1$ s，则 $\Delta f=0.25$ Hz。

② 信噪比及信噪比改善

锁相放大器的输入信号幅值与噪声幅值之比称为信噪比，用 S/N 来表示。而信噪比改善（Signal - Noise Improved Ratio，SNIR）为系统输出端的信噪比 S_0/N_0 与输入端信噪比 S_i/N_i 之比，即

$$\mathrm{SNIR}=\frac{S_0/N_0}{S_i/N_i} \qquad(5.4-5)$$

对于锁相放大器 SNIR 可用输入信号的噪声带宽 Δf_{ni} 与锁相检波器输出的噪声带宽 Δf_{no} 之比的平方根来表示，即

$$\mathrm{SNIR}=\sqrt{\frac{\Delta f_{ni}}{\Delta f_{no}}} \qquad(5.4-6)$$

令 $\Delta f_{ni}=10\ \text{kHz}$，$RC=1\ \text{s}$，若用一级 RC 滤波，则 $\Delta f_{no}=0.25\ \text{Hz}$，那么信噪比改善为 200 倍。

③ 动态范围

在确定的灵敏度下，可定义锁相放大器三个动态特信参量（见图 5.4-3）。图中，FS（Full-Scale）为满刻度输入电平，OVL（Overload）为最大输入电平，MDS（Minimum Discernible Signal）为最小可检测信号，于是可以定义动态储备 = OVL/FS，它表示干扰比满度输入电平大多少 dB 锁相放大器仍不过载。输出动态放围 = FS/MDS，它表示满度读数是能测量的最小信号的多少倍。输入总动态范围 = OVL/MDS，它是评价锁相放大器从噪声中提取信号能力的主要因素。输入总动态范围一般取决于前置放大器的输入端噪声及输出直流漂移，其范围往往是给定的。当噪声大时应增加动态储备，使放大器不因噪声而过载，但这是以增大漂移为代价的。噪声小时，可增大输出动态范围，相对压缩动态储备，而获得低漂移的准确值。满度信号输入位置的选择要根据测量对象，通过改变锁相放大器的输入灵敏度来达到。

图 5.4-3　三个动态特信参量

三、实验仪器

1. 本实验所用仪器：测量线路，DSP7265 型锁相放大器，信号发生器，直流稳定电源，示波器，万用表。

2. p-n 结的 C-V 曲线测量框图如图 5.4-4 所示。

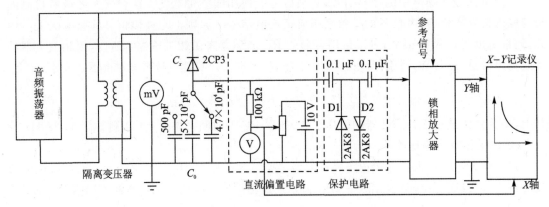

图 5.4-4　p-n 结的 C-V 曲线测量框图

四、实验内容

（1）预习。

① 阅读实验说明书，了解用 C-V 法测量 p-n 结杂质分布和锁相放大技术的原理。

② 了解 DSP7265 型锁相放大器的使用方法和基本使用步骤。

(2) 绘出以锁相放大器为核心的 C-V 法测量电路框图。

(3) 对锁相放大器进行自检。使用内部参考模式,用示波器测量锁相放大器的参考信号,观察该信号的频率和幅度。将参考信号接入锁相放大器的输入端,此时的参考信号与输入信号是同一个信号,观察锁相放大器所检测出信号的幅度和相位。

(4) 接入电容 C_x,并观测锁相放大器所测量的幅度、相位与 C_x 的关系。操作中,在校准(或测量) V_s 时务必先置锁相放大器的灵敏度于最大以保护仪器。记录相应的数据。

(5) 接入二极管测量 C-V 曲线。

接入二极管,观察测试输出信号 v_i 的幅度和相位与二极管反向偏压 V_R 之间关系,注意反向偏压 V_R 的大小、锁相放大器灵敏度和时间常数 t_c 的设置。测量实验数据,在电压频率为 $f = 30\ \text{kHz}$,幅度 $V = 200\ \text{mV}$ 的条件下测量 C-V 曲线。记录偏压 V_R 和锁相测量信号幅度与相位差的实验数据。讨论不同测量条件对测量结果造成的影响,例如改变测试电压的幅度或频率,记录相应的数据。

(6) 结束。

① 置灵敏度于最大,时间常数为 5 s,关闭锁相放大器;

② 置反偏电压于 0 V;

③ 关闭直流电源。

五、思考题

① 什么样的二极管可用本法测定杂质分布?

② 试说明各个二极管的 $\varphi \sim V_R$ 关系为什么不一样?

③ 说明锁相放大器的基本结构,画出锁相放大器的框图。

六、实验报告要求

① 概述锁相放大器的调节步骤,列出测量条件、锁相放大器的放大倍数以及交流输入信号与输出信号之间的线性关系。

② 总结 p-n 结 C-V 测量的方法要点,列出测量条件和原始数据表格,画出 C-V 曲线。

③ 作 $\dfrac{1}{C^2} \sim V_R$ 关系曲线,由此直线外推至 $\dfrac{1}{C^2} = 0$,外推直线在 V 轴之截距即为单边突变异质结的自建势 V_D,给出 V_D 值。

④ 若已知 p-n 结面积 $A = 5.03 \times 10^{-3}\ \text{cm}^2$,$\varepsilon\varepsilon_0 = 11.8 \times 8.854 \times 10^{-14}\ \text{F/cm}$,由 $\dfrac{1}{C^2} - V_R$ 的斜率求得二极管轻掺杂的杂质分布 N_D 值。

⑤ 说明不同测量条件对测量结果的影响。

七、扩展实验

若 $\dfrac{1}{C^2} \sim V_R$ 的线性度仍然较差,讨论如何对现有的模型进行改进?尝试使用 $\dfrac{1}{C^3}$ 对数据进行拟合。

八、研究实验

使用计算机连接并控制锁相放大器,编程实现参数的自动测量。

参考文献

[1] 何元金. 近代物理实验[M]. 北京:清华大学出版社,2005.

[2] 何波,史衍丽,徐静. C-V 法测量 pn 结杂质浓度分布的基本原理及应用[J].红外, 2006,27(10),5-10.

[3] 傅兴华. 半导体器件原理简明教程[M]. 北京:科学出版社,2010.

5.5　光纤光栅传感实验

光纤光栅传感技术是发展最为迅速、最有发展前途、最具有代表性的光纤传感技术之一。它以其自身独特的优势备受青睐,加之近年来光纤通信无源器件的发展,更拓宽了光纤光栅传感技术的应用领域,使其一直是人们研究的热点。本实验介绍了光纤光栅传感原理及两种光纤光栅解调方法。一种是简便的解调方法——边沿滤波解调法;另一种是工程应用中实际使用的方法——扫描滤波法,用以传感微应变、微载荷和微位移等物理量。

一、实验要求与预习要点

1. 实验要求

① 光纤光栅光谱特性实验(透射谱、反射谱)。

② 光纤光栅的传感原理(弹光效应、热光效应)。

③ 光纤光栅的解调方法(边沿滤波法、扫描滤波法)。

④ 用光纤光栅两种解调方法测量微应变、微位移和微载荷。

2. 预习要点

① 了解光纤光栅传感器的结构。

② 光纤光栅传感器的透射谱、反射谱的含义。

③ 光纤光栅传感器是如何实现传感的。

④ 了解光纤光栅解调方法的种类和原理。

二、实验原理

1. 光纤光栅的光谱特性

(1) 光纤光栅的制作方法

相位掩模法是目前最成熟的光纤光栅写入方法,由加拿大的 Hill 等人于 1993 年提出。该法是利用紫外光垂直照射相位掩模形成衍射条纹曝光载氢光纤,改变光纤纤芯折射率,产生小的周期性调制形成光纤光栅。相位掩模技术使得光纤光栅走向实用化和产业化,其原理图如图 5.5-1 所示。

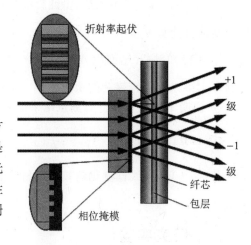

图 5.5-1　光纤光栅相位掩模法写入原理图

（2）光纤光栅分类

① 按光纤光栅的周期分类

根据光纤光栅周期的长短，通常把周期小于 1 μm 的光纤光栅称作短周期光纤光栅，又称为光纤布拉格光栅（FBG）或者反射光栅。周期为几十至几百微米的光纤光栅称为长周期光纤光栅或透射光栅。短周期光纤光栅的特点是传输方向相反的模式之间发生耦合，属于反射型带通滤波器。长周期光纤光栅的特点是同向传输的纤芯基模和包层模之间的耦合，无后向反射，属于透射型带阻滤波器，阻带宽度一般为十几到几十纳米。

② 按光纤光栅的波导结构分类

按照光纤光栅的波导结构即光栅轴向折射率分布，光纤光栅可分为以下几类：

● 均匀光纤光栅。特点是光栅的周期和折射率调制的大小均为常数如图 5.5 - 2（a）所示，这是最常见的一种光纤光栅，其反射谱具有对称的边模振动。

● 啁啾光纤光栅。特点是光栅的周期沿轴向长度逐渐变化如图 5.5 - 2（b）所示，该光栅在光纤通信中最突出的应用是作为大容量密集波分复用（DWDM）系统中的色散补偿器件。

● 高斯变迹光纤光栅。特点是光致折射率变化大小沿光纤轴向为高斯函数，如图 5.5 - 2（c）所示。其反射谱不具有对称性，在长波边缘光谱平滑，在短波边缘存在边模振动结构，并且光栅长度越长震荡间隔越密，光栅越强（折射率调制越大）震荡幅度越大。

● 升余弦变迹光纤光栅。光致折变大小沿光纤轴向分布为升余弦函数，且直流 DC 折射率变化为零，如图 5.5 - 2（d）所示。对反射谱的边模震荡具有很强的抑制作用，在 DWDM 系统中有重要应用。

● 相移光纤光栅。特点是光栅在某些位置发生相位变化，通常是 π 相位发生跳变，从而改变光谱的分布，如图 5.5 - 2（e）所示。相移的作用是在相应的反射谱中打开一个缺口，相移的大小决定了缺口在反射谱中的位置，而相移在光栅波导中出现的位置决定了缺口的深度。当相移恰好出现在光栅中央时缺口深度最大，因此相移光纤光栅可用来制作窄带通滤波器，也可用于分布反馈式（DFB）光纤激光器。

● 超结构光纤光栅。特点是光栅由许多小段光栅构成，折变区域不连续，如图 5.5 - 2（f）所示。如果这种不连续区域的出现有一定周期性则称为取样，其反射光谱出现类似梳状滤波的等间距尖峰，且光栅长度越长，每个尖峰的带宽越宽，反射率越高。

● 倾斜光纤光栅。也称为闪耀光纤光栅，特点是光栅条纹与光纤轴成一小于 90° 的夹角，如图 5.5 - 2（g）所示。倾斜光纤光栅可以有效地降低光栅的条纹可见度并显著影响辐射模耦合，从而使布拉格反射减弱，因此合理选择倾斜角度可增强辐射模或束缚模耦合，从而抑制布拉格反射。可以用作掺铒光纤放大器的增益平坦器，光传播模式转换器等。

此外，特殊折射率调制的光纤光栅，其特点是其折射率调制不能简单地归结为以上某一类，而是两种或多种光栅的结合或者折射率调制按某一特殊函数变化，这种光纤光栅往往在光纤通信和光纤传感领域有特殊的应用。

③ 按光纤的光栅的形成机理分类

按光纤光栅的形成机理，光纤光栅可分为以下两类：

● 利用光敏性形成的光纤光栅。其特点是利用激光曝光掺杂光纤导致其折射率发生变化，从而形成光纤光栅。其代表是：紫外光通过相位掩模或振幅掩模曝光氢载掺锗石英光纤，由于其紫外光敏性引起纤芯折射率周期性调制，从而形成光纤光栅。

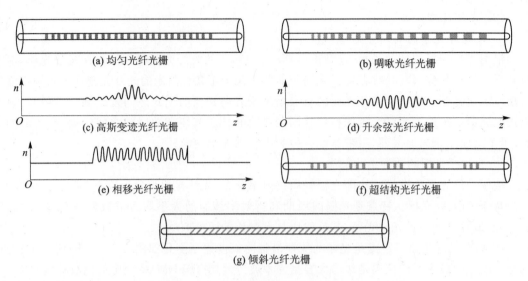

(g) 倾斜光纤光栅

图 5.5－2　按波导结构光纤光栅的分类

● 利用弹光效应形成的光纤光栅。其特点是利用周期性的残余应力释放或光纤的物理结构变化从而轴向周期性地改变光纤的应力分布,通过弹光效应导致光纤折射率发生轴向周期性变化,从而形成光纤光栅。其代表有 CO_2 激光加热使光纤释放残余应力,氢氟酸腐蚀改变光纤物理结构,电弧放电使光纤微弯和微透镜阵列法等方法形成光纤光栅。

④ 按光纤光栅的材料分类

按写入光栅的光纤材料类型,光纤光栅可分为硅玻璃光纤光栅和塑料光纤光栅。此前研究和应用最多的是在硅玻璃光纤光栅中写入的光纤光栅,最近在塑料光纤中写入的光纤光栅已引起人们越来越多的关注,该种光纤光栅在通信和传感领域有着许多潜在的应用,比如具有很大的谐振波长可调范围(可达 70 nm)及很高的应变灵敏度。

（3）布拉格光纤光栅的反射谱和透射谱

当入射到布拉格光纤光栅中时,入射光将在相应的频率上被反射回来,其余的光谱则不受影响,如图 5.5－3 和图 5.5－4 所示。

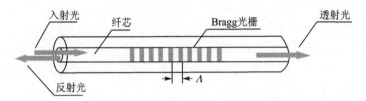

图 5.5－3　光纤光栅及其工作原理示意图

其反射中心波长由下式确定:

$$\lambda_B = 2n_{\text{eff}}\Lambda \tag{5.5-1}$$

称为布拉格条件。其中,n_{eff} 是光纤芯区的有效折射率。光栅栅距周期 Λ 可通过改变两相干紫外光束的相对角度而得以调整。

反射光带宽(半峰值全宽)为

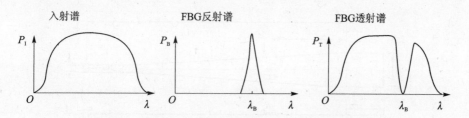

图 5.5 - 4　布拉格光纤光栅的透射光谱和反射光谱

$$\delta\lambda_B = \lambda_B \sqrt{\left(\frac{\Lambda}{L}\right)^2 + \left(\frac{\delta n}{2n_{\text{eff}}}\right)^2} \qquad (5.5-2)$$

反射率为

$$R_{\max} = \tanh^2\left(\frac{\pi \delta n L}{\lambda_B}\right) \qquad (5.5-3)$$

2. 光纤光栅的传感原理

由布拉格条件可以看出,能够引起 n_{eff} 和 Λ 变化的物理量均能够引起反射波长 λ_B 的变化。因此,可以通过检测布拉格光栅中心反射波长 λ_B 的偏移情况来检测外界物理量的变化。而 n_{eff} 和 Λ 的改变与应变和温度有关系,应变和温度通过热光效应和弹光效应影响 n_{eff},通过长度改变和热膨胀效应影响 Λ,进而影响 λ_B。

（1）应　变

光纤 Bragg 光栅的中心反射波长变化与其轴向应变 ε_x 成正比,即

$$\frac{\Delta\lambda_B}{\lambda_B} = (1 - P_e)\varepsilon_x \qquad (5.5-4)$$

$$P_e = (n^2/2)\left[(1-\mu)P_{12} - \mu P_{11}\right] \qquad (5.5-5)$$

其中,$n = 1.46$,为纤芯折射率;$\mu = 0.16$,为泊松比;$P_{11} = 0.12$,$P_{12} = 0.27$ 为 Pockel 系数,是光纤的光学应力张力分量。由式(5.5-5)可得 $P_e = 0.22$,是光纤的有效弹光系数。因而,1 550 nm 的 FBG 波长灵敏度约为 1.21 pm/$\mu\varepsilon$;1 310 nm 的 FBG 波长灵敏度约为 1.02 pm/$\mu\varepsilon$,即波长乘以有效弹光系数,如式(5.5-4)。

（2）多功能悬臂梁的微应变、微载荷和微载荷的测量

由于悬臂等强度梁上同一面、同一方向上的应变是一致的,所以可以将微位移和荷载转变到等强度梁的应变上来。悬臂梁为一端固定,另一端自由的弹性梁。如图 5.5-5 所示,设梁的长度为 L,厚度为 h。分别在梁的上表面和下表面粘贴上光纤光栅,且光栅的方向相同。同时,在梁上与光栅相同的方向贴应变片来测量梁在不同受力下的应变。当梁的自由端发生位移 f 时(或者荷载的作用时),梁上将会产生应变,此应变作用在沿光纤光栅的轴向,引起布拉格反射波长的变化,同时作用于应变片,使其阻值发生变化。由于使用的悬臂梁为等强度梁,根据材料力学,光栅处的轴向应变同应变片处的相同。悬臂梁上沿 x 轴方向上的应变 ε_x 可表示为

$$\varepsilon_x = \frac{1}{R} \cdot \frac{h}{2} \qquad (5.5-6)$$

其中,R 为考察点处的曲率半径,它与材料的杨氏模量 E,该点弯矩 M 以及所在截面的关于 y 轴的惯性矩 I_y 有关。

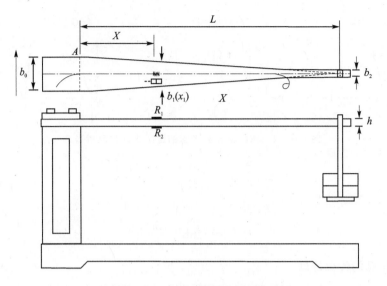

图 5.5 - 5　悬臂等强度梁的结构图

$$R = \frac{EI_y}{M} \qquad (5.5-7)$$

代入式(5.5-4)得到

$$\frac{\Delta\lambda_B}{\lambda_B} = (1 - p_e)\frac{M}{E}\frac{\frac{h}{2}}{I_y} \qquad (5.5-8)$$

假设梁自由端的挠度不大且梁自身重量不计的情况下,作用载荷为 P,弯矩 M 为

$$M = P(L - x) \qquad (5.5-9)$$

矩形截面梁 I_y 为

$$I_y = \frac{b(x)h^3}{12} \qquad (5.5-10)$$

由几何关系求 $b(x)$,再将 $b(x)$ 写成如下形式:

$$b(x) = \frac{6}{h^2}\frac{(1 - p_e)}{CE}(L - x) \qquad (5.5-11)$$

其中,$C = \dfrac{6L(1 - p_e)}{h^2 Eb_0}$ 为常数,代入式(5.5-8)得到

$$\frac{\Delta\lambda_B}{\lambda_B} = CP \qquad (5.5-12)$$

描述悬臂梁弯曲的微分方程

$$\frac{\mathrm{d}^2\omega}{\mathrm{d}x^2} = \frac{M}{EI_y} = \frac{P(L - x)}{EI_y} = \frac{2CP}{(1 - p_e)h} \qquad (5.5-13)$$

其中,$\omega(x)$ 为 P 作用下考察点偏离平衡位置的距离,称为挠度。考虑边界条件:

$$\omega(0) = 0, \quad \frac{\mathrm{d}\omega}{\mathrm{d}x}\Big|_{x=0} = 0$$

则

$$\omega(x) = \frac{CPx^2}{(1 - p_e)h}$$

对自由端有

$$\omega(L) = \frac{CPL^2}{(1 - p_e)h} \tag{5.5 - 14}$$

则式(5.5 - 12)变为

$$\frac{\Delta\lambda_B}{\lambda_B} = \frac{(1 - p_e)h}{L^2}\omega(L) \tag{5.5 - 15}$$

结合式(5.5 - 4)得到

$$\varepsilon_x = \frac{h}{L^2}\omega(L) \tag{5.5 - 16}$$

$$\varepsilon_x = \frac{6L}{h^2 E b_0}P \tag{5.5 - 17}$$

由式(5.5 - 16)和式(5.5 - 17)可以看出,应变与载荷 P 和挠度 $\omega(L)$ 呈线性关系。由式(5.5 - 15)、式(5.5 - 16)和式(5.5 - 17)可以看出,波长漂移量 $\Delta\lambda_B$ 与载荷 P 和挠度 $\omega(L)$ 呈线性关系。而 $\partial\Delta\lambda_B/\partial x = 0$ 表明漂移量与光纤光栅上各点以及光栅在梁轴向的位置无关,它意味着这种设计的悬臂梁用作调谐时,调节自由端垂直于表面的压力或挠度,既能保证对布拉格发射波长进行线性调谐,又可避免调谐过程中出现啁啾现象(中心波长发生偏移)。当偏离幅度不大时,可将千分尺处的挠度看成该处的位移。在本实验中所用的悬臂梁,$h = 6$ mm,$L = 230$ mm,$p_e = 0.22$,$\lambda_B = 1\,550$ nm,用光谱仪测得悬臂梁两根光纤光栅对微位移(挠度)的灵敏度为 0.136 pm/$\mu\varepsilon$(上侧光纤光栅)和 0.124 pm/$\mu\varepsilon$(下侧光纤光栅),代入以上公式得到光纤光栅的应变灵敏度为 1.12 pm/$\mu\varepsilon$ 和 1.09 pm/$\mu\varepsilon$,由于黏接工艺等各种因素的影响,实际测得的光纤光栅应变灵敏度会比理论值 1.2 pm/$\mu\varepsilon$ 略小一些,从实验结果来比较,实测值与理论值基本吻合。

因此,通过测量由梁的应变而引起的布拉格波长的改变,就可以间接地获得引起应变的微位移 f 和力 P。

(3) 温　度

温度一方面由于热涨效应使得 FBG 伸长而改变其光栅常数,另一方面热光效应使光栅区域的折射率发生变化。一定温度范围内两者均与温度的变化量 ΔT 成正比,可分别表示为

$$\frac{\Delta\Lambda}{\Lambda} = \alpha\Delta T \tag{5.5 - 18}$$

$$\frac{\Delta n_{\text{eff}}}{n_{\text{eff}}} = -\frac{1}{n_{\text{eff}}}\frac{\mathrm{d}n_{\text{eff}}}{\mathrm{d}V}\frac{\mathrm{d}V}{\mathrm{d}T}\Delta T \tag{5.5 - 19}$$

其中,α 为光纤材料的膨胀系数,V 为光纤的归一化频率。温度变化引起的 FBG 波长漂移主要取决于热光效应,它占热漂移量的 95% 左右,设

$$\xi = -\frac{1}{n_{\text{eff}}}\frac{\mathrm{d}n_{\text{eff}}}{\mathrm{d}V}\frac{\mathrm{d}V}{\mathrm{d}T} \tag{5.5 - 20}$$

光纤中,$\xi = 6.67 \times 10^{-6} \, ^\circ\mathrm{C}^{-1}$,则温度对 FBG 波长的漂移的总影响为

$$\frac{\Delta\lambda_B}{\lambda_B} = (\alpha + \xi)\Delta T \tag{5.5 - 21}$$

可以看出,Bragg 波长变化 $\Delta\lambda_B$ 与温度变化量 ΔT 呈线性关系。通过测量 Bragg 波长的改变,就可以测得温度的变化量。

(4) 交叉敏感

根据以上分析可以看出,任何引起有效折射率 n_{eff} 和光栅周期 Λ 变化的外界物理量都会

引起布拉格光栅反射波长 λ_B 变化,因而布拉格光纤光栅对温度和应变都是敏感的。当布拉格光纤光栅用于传感测量时,很难区分他们分别引起的被测量的变化,这就是交叉敏感问题。

解决光纤光栅交叉敏感问题也是当前光纤光栅传感研究中的一个热点问题。例如,在将布拉格光纤光栅应用于温度传感时提出了各种封装技术,一方面排除了温度测量时应变带来的干扰,另一方面也增加了光纤光栅的温度灵敏度。在将布拉格光纤光栅应用于应变传感时,提出了温度补偿等方法。

3. 光纤光栅的解调方法

通过上一节的分析可以看出光纤光栅传感器用布拉格波长来表征被测物理量,因此光纤光栅传感首要解决的问题就是如何测量波长的变化。解决该问题的经典方法是直接采用光谱仪测量波长的变化,但这种方法有局限性。一是其测量精度低,二是仪器的体积大,不适合于现场测量,三是其价格高。另一种可以使用多通道测量波长变换的仪器——多波长计,但这种仪器价格昂贵,只适用于实验室使用。常用的解决方法有多种,如边沿滤波法、可调谐滤波器扫描法、干涉仪扫描法、CCD 空间光谱分布解调法等。这里仅介绍实验中用到的边沿滤波法、可调谐滤波器法以及工程中常用的可调谐 F - P 滤波器法。

(1) 边沿滤波法

边沿滤波法原理图如图 5.5 - 6 所示。从图中可以看出,该滤波器具有的特性是不同波长的光透射率不同。因此,利用输入波长漂移量和输出光强变化量成一定关系,通过探测滤波器的输出光强度来计算输入波长漂移量的变化。

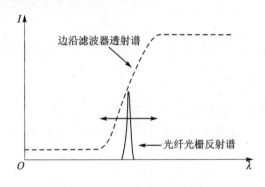

图 5.5 - 6　边沿滤波法原理图

这个滤波器可以用布拉格光纤光栅反射谱或者透射谱来实现。这里只介绍透射谱实现的原理,如图 5.5 - 7 所示。用反射谱实现的边沿滤波器原理相同,只是光路稍有变化,这里不做介绍。

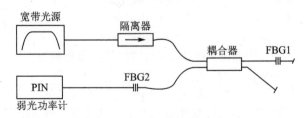

图 5.5 - 7　边沿滤波法解调原理图

从宽带光源的光经过隔离器入射到 3 dB 耦合器,再进入布拉格光纤光栅 FBG1,满足布拉格条件的光波经 FBG1 反射后进入耦合器,再经 FBG2 透射进入探测器。FBG1 和 FBG2 悬臂梁上下两侧的光纤光栅，其波长匹配。即在相同条件下，FBG1 和 FBG2 的布拉格波长相等。当悬臂梁发生弯曲时，使得悬臂梁两侧的两个 FBG 一个被拉伸，一个被压缩，使得 FBG1 的反射谱中心波长与 FBG2 的透射谱中心波长发生相对变化，从而使探测器探测到的光强发生变化。其光谱图如图 5.5-8 所示。

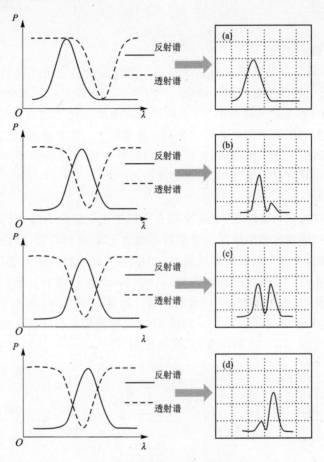

图 5.5-8　边沿滤波法光谱图

以上光谱图可以从理论上加以推导，为简化问题，光纤 Bragg 光栅的反射谱的线型可以近似为高斯分布，表示为

$$R_i(\lambda) = R_i \exp\left[-4\ln 2 \frac{(\lambda - \lambda_i)^2}{\Delta\lambda_i^2}\right] \tag{5.5-22}$$

其中，R_i 为光栅峰值的反射率，λ_i 为中心波长，$\Delta\lambda_i$ 为半强度带宽。

宽带光源的带宽远远大于光纤光栅的带宽，在光纤光栅谱宽内，光源入射光可视为恒定。所以用于传感的光纤 Bragg 光栅 FBG1 的反射光强可以表示为 $I_0 R_{FBG1}(\lambda)$，其中 I_0 是中心波长处宽带光源入射光强。用于解调的光纤 Bragg 光栅 FBG2 的反射光强为 $I_0 R_{FBG2}(\lambda) R_{FBG1}(\lambda)$。光功率计接收到的系统光功率为 FBG2 的透射光强 $I_0 R_{FBG2}(\lambda) - I_0 R_{FBG2}(\lambda) R_{FBG1}(\lambda)$ 的积分，结合式（5.5-22）并利用定积分公式

$$\int_{-\infty}^{+\infty} e^{-(ax^2+2bx+c)} \, dx = \sqrt{\frac{\pi}{a}} e^{\frac{b^2-ac}{a}}$$

化简后可得系统光功率,即

$$P = \alpha I_0 \int_{-\infty}^{+\infty} R_{FBG2}(\lambda) - R_{FBG2}(\lambda)R_{FBG1}(\lambda)\mathrm{d}\lambda =$$

$$\alpha I_0 R_{FBG1} \frac{\sqrt{\pi}}{2\sqrt{\ln 2}}\Delta\lambda_{FBG2}\left\{1 - R_{FBG1}\frac{\Delta\lambda_{FBG1}}{(\Delta\lambda_{FBG2}^2+\Delta\lambda_{FBG1}^2)^{1/2}}\exp[-4\ln 2\frac{(\lambda_{FBG2}-\lambda_{FBG1})^2}{\Delta\lambda_{FBG2}^2+\Delta\lambda_{FBG1}^2}]\right\}$$

$$(5.5-23)$$

其中,α 为耦合器光能利用率。

　　式(5.5-23)中只含有两个变量 λ_{FBG2} 和 λ_{FBG1},环境温度的变化可以引起它们同时同方向改变,而应力的变化引起传感光纤相反变化。因此当一对光纤 Bragg 光栅位于同一温度场时,温度的变化引起光功率的变化被抵消了,于是只有应变的变化体现在系统光功率的变化上。解调仪将功率转换为电压显示出来。同时解调器还提供了应变片所测的应变。

　　这种方法又叫匹配光栅对解调法,实质上是将光纤光栅布拉格反射波长的变化用光强的变化来表示。该方法具有成本低,结构简单等优点。

　　(2)扫描滤波法

　　扫描滤波法又叫可调谐滤波法,也叫窄带光源调谐查询解调方法,其原理图如图 5.5-9 所示。宽带光源和扫描滤波器组成了一个窄带可调谐光源,并可以周期性的调制,通过耦合器进入布拉格光纤光栅,光纤光栅按照其反射谱对不同波长的窄带入射光进行反射,进入耦合器之后由探测器探测光强。扫描滤波器每改变一个波长,就可以得到一组 $(\lambda_0, P_{\lambda_0})$,其中 λ_0 为扫描滤波器中心波长(也即窄带光源中心波长),P_{λ_0} 为在 λ_0 处 FBG 的反射光强,再用描点法可最终得到 FBG 的反射谱(P-λ)曲线。测得 FBG 反射谱的中心波长也就代表了测得了外界物理量。也可以接成图 5.5-10 所示光路,其原理相同。

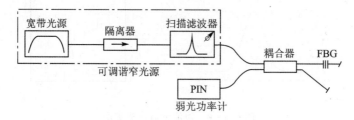

图 5.5-9　扫描滤波法测量光纤光栅反射谱原理图 1

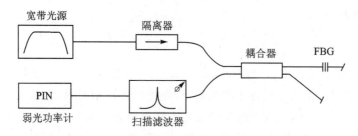

图 5.5-10　扫描滤波法测量光纤光栅反射谱原理图 2

　　这两种方法本质上是可调谐滤波器的输出谱和 FBG 输出光谱的卷积。当 FBG 输出谱和可调谐滤波器光谱完全匹配时卷积结果最大。测量的分辨率取决于 FBG 返回信号的信噪比,以及可调谐滤波器和 FBG 的带宽。这种方法具有较高的波长分辨率和较大的工作范围。

在本实验中,扫描滤波器由一个电控机械调谐的光纤光栅组成。扫描滤波法测量光纤光栅透射谱原理图如图 5.5 - 11 所示,其原理与测量反射谱相同,不再叙述。

图 5.5 - 11　扫描滤波法测量光纤光栅透射谱原理图

这种方法还是需要解调布拉格光纤光栅的波长,其优点是扫描范围大,可以用于解调多光纤光栅组成的传感网络。

(3) 可调 F - P 滤波器法

这种方法与之前介绍的扫描滤波法原理相同,区别是将图 5.5 - 11 中的扫描滤波器换成可调 F - P 滤波器。可调 F - P 滤波器的一个显著的特点是其工作范围较大,一般可达数十纳米甚至上百纳米,用三角波控制压电陶瓷调谐 F - P 滤波器,扫描频率可以做到 50 Hz～50 kHz.

目前工程上应用的主要是 F - P 滤波器,可以利用其大扫描范围及高扫描速度来解调分布式传感系统。

三、实验装置

本实验系统包括 1 550 nm 宽带光源、多功能悬臂梁、光纤光栅解调仪、隔离器、2×2 耦合器、跳线、法兰盘若干。可以完成扫描滤波法解调实验和边沿滤波法实验。

四、实验步骤

1. 光纤光栅光谱实验(建议实验中用 nW 挡位来做)

(1)反射谱特性实验

① 打开光纤光栅传感测试仪和宽带光源,预热 10 min。

② 按图 5.5 - 12 所示连接光路。宽带光源输出端接隔离器的输入端,隔离器的输出端接扫描滤波器的输入端(光纤光栅测试仪滤波输入端),扫描滤波器的输出(光纤光栅测试仪滤波反射端)接 2×2 耦合器的输入端,2×2 耦合器的输出端接一光栅,输出另一端悬空。2×2 耦合器输入另一端接弱光功率计输入端(光栅测试仪上的监测输入端)。

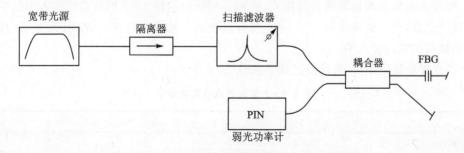

图 5.5 - 12　光纤光栅反射谱特性实验光路图

③ 调节光纤光栅测试仪的参数(扫描范围、扫描速度、扫描步长),具体参见光纤光栅测试

仪使用说明书。

④ 用自动或手动方式扫描,将数据记录于表 5.5 - 1 中。

表 5.5 - 1　光纤光栅光谱特性实验数据

	1	2	3	4	5	...
波长/nm						
光强/nW						

根据实验数据在坐标纸上描出光纤光栅的反射谱,并求出中心波长。

2. 透射谱特性实验

按照图 5.5 - 13 连接光路图,实验步骤与反射谱测量相同。

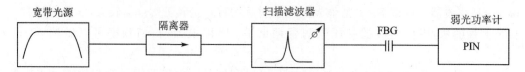

图 5.5 - 13　光纤光栅透射谱特性实验光路图

3. 边沿滤波法实验

(1) 微位移测量实验

① 打开光纤光栅传感测试仪,宽带光源,预热 10 min。

② 按照图 5.5 - 14 连接光路图,并将多功能悬臂梁的恒温罩盖好。

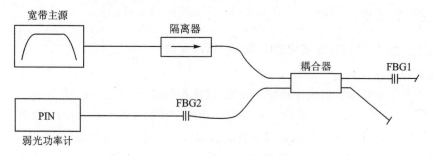

图 5.5 - 14　光纤光栅边沿法传感实验光路图

注:宽带光源输出端接隔离器的输入,隔离器的输出端接 2×2 耦合器的输入中的一端,输出端连接一光栅(另一输出端悬空),2×2 耦合器的另一输入端连接一光栅,此光栅的输出接到光栅测试仪的监测输入端。

③ 调节螺旋测微器,并将读数记录于表 5.5 - 2 中。

表 5.5 - 2　微位移传感实验数据

	1	2	3	4	5	...
位移/μm						
应变/V						
光强/nW						

④ 根据数据,在坐标纸上描出光强与微位移关系曲线,应变与微位移关系曲线。选取其中的线性段作为工作曲线。

⑤ 任意调节螺旋测微器到一个位置,根据测出的光强与微位移关系曲线以及应变与微位移关系曲线估算螺旋测微器的位置。

(2) 微载荷传感实验

① 打开光纤光栅传感测试仪和宽带光源,预热 10 min。

② 按照图 5.5-14 连接光路图,并将多功能悬臂梁的恒温罩盖好。

③ 用镊子轻轻夹取钢珠(小钢珠 0.25 g/粒,大钢珠 1.05 g/粒)放进托盘中,并将实验数据填入表 5.5-3 中。

④ 根据数据,在坐标纸上描出光强与微载荷关系曲线,应变与微载荷关系曲线。选取其中的线性段,作为工作曲线。

⑤ 放任意数目的钢珠在托盘中,根据测试出的光强与微载荷关系曲线以及应变与微载荷关系曲线估算托盘中钢珠的数量。

表 5.5-3　微载荷传感实验数据

	1	2	3	4	5	…
载荷/g						
应变/V						
光强/nW						

(3) 微应变传感实验

① 根据表 5.5-2 中的数据,代入电阻应变片传感系数 0.192 $\mu\varepsilon$/mV。

② 在坐标纸上描出应变与光强变化曲线,用以测试微应变。

(4) 边沿扫描法光谱实验

① 打开光纤光栅传感测试仪和宽带光源,预热 10 min。

② 按照图 5.5-15 连接光路图,并将多功能悬臂梁的恒温罩盖好。连接步骤参考以上实验接法。

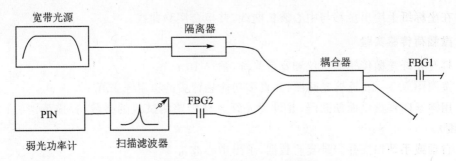

图 5.5-15　边沿扫描法光谱实验

③ 调节光纤光栅测试仪的参数(扫描范围、扫描速度、扫描步长)。

④ 调节螺旋测微器,用自动或手动方式进行扫描,并将数据记录于表 5.5-4 中。

表 5.5-4 边沿扫描法光谱实验数据

	1	2	3	4	5
波长/nm					
光强/nW					

⑤ 在坐标纸上描出波长与光强关系曲线,得到与图 5.5-8 相似的光谱图,理解边沿扫描法的工作原理。

4. 扫描滤波法实验

既可以用光纤光栅的反射光路也可以用光纤光栅的透射光路来进行实验。这里以反射光路(即测量反射谱)为例,透射光路的实验(即测量透射谱)请读者自行完成。

(1) 微位移测量实验

① 打开光纤光栅传感测试仪和宽带光源,预热 10min。

② 按照图 5.5-12 连接光路图,并将多功能悬臂梁的恒温罩盖好。

③ 调节螺旋测微器位置,并设置光纤光栅传感测试仪的参数(扫描范围、扫描步长、扫描速度)。具体参照光栅测试仪说明书。

④ 自动或手动扫描并将实验数据记录到表 5.5-5 中,求出中心波长填于表 5.5-5 中。

表 5.5-5 扫描滤波法微位移传感实验数据

	1		2		3		4		……
位移/μm									
中心波长/nm									
	波长/nm	光强/nW	波长/nm	光强/nW	波长/nm	光强/nW	波长/nm	光强/nW	
1									
2									
⋮									

⑤ 在坐标纸上绘出位移与中心波长曲线,并拟合实验曲线。

5. 微载荷传感实验

① 打开光纤光栅传感测试仪和宽带光源,预热 10 min。

② 按照图 5.5-15 连接光路图,并将多功能悬臂梁的恒温罩盖好。

③ 用镊子向秤盘里面加砝码,并设置光纤光栅传感测试仪的参数(扫描范围、扫描步长、扫描速度)。

④ 自动或手动扫描并记录实验数据,求出中心波长。

⑤ 在坐标纸上绘出载荷与中心波长曲线,并拟合实验曲线。

⑥ 任意调节螺旋测微器位置,根据拟合曲线求出载荷。

6. 应变传感实验

① 打开光纤光栅传感测试仪和宽带光源,预热 10 min。

② 按照图 5.5-15 连接光路图,并将多功能悬臂梁的恒温罩盖好。

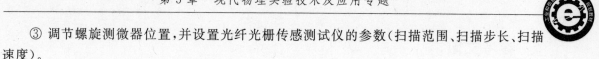

③ 调节螺旋测微器位置,并设置光纤光栅传感测试仪的参数(扫描范围、扫描步长、扫描速度)。

④ 自动或手动扫描,并记录实验数据,求出中心波长,其中应变 $\Delta\varepsilon = 0.192 \times \Delta U_{o}$。($\Delta U_{o}$ 为应变电压,单位为 mV;$\Delta\varepsilon$ 为应变,单位为 $\mu\varepsilon$)。

⑤ 在坐标纸绘出微应变与中心波长曲线,并拟合实验曲线。

⑥ 任意调节螺旋测微器位置,根据拟合曲线求出微应变。

五、思考题

1. 图 5.5-7 中隔离器的作用是什么? 如果不加此隔离器会有什么影响?

2. 分析图 5.5-7 中光波经过各器件以后的光谱变化。

3. 图 5.5-7 中,如果 FBG1 和 FBG2 是完全相同的光纤光栅,并且调节悬臂梁使其中心波长重合,反射谱完全一致,这时光路中经过 FBG1 反射的光将会被 FBG2 完全反射回耦合器,探测器探测到的光强为 0,这种说法对么,为什么?

六、扩展实验

光纤光栅温度传感实验:

① 打开光纤光栅传感测试仪和宽带光源,预热 10 min。

② 将温度测试线放入恒温箱中,并光纤光栅温度传感器一块放入恒温箱中,设置温度恒温箱温度,等待其温度稳定。

③ 按照图 5.5-12 连接光路图,此时图中的 FBG 为恒温箱中的光纤光栅温度传感器。

④ 设置光纤光栅传感测试仪的参数(扫描范围、扫描步长、扫描速度)。

⑤ 自动或手动扫描,记录实验数据,并求出中心波长。改变温度,重复以上步骤。

七、研究实验

分布式光纤光栅传感实验:

① 打开光纤光栅传感测试仪和宽带光源,预热 10 min。

② 按照图 5.5-16 连接光路,其中 FBG1、FBG2 可以接悬臂梁上光纤光栅,FBG3 可以接温度传感用光纤光栅。

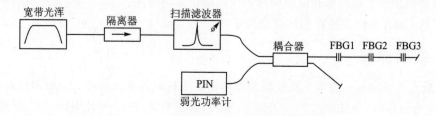

图 5.5-16　光纤光栅分布式传感实验光路图

③ 设置光纤光栅传感测试仪参数(扫描范围、扫描时间、扫描步长)。

④ 改变外界物理量(如温度、应变、位移或载荷)。

⑤ 进行手动或者自动扫描,记录数据。

⑥ 讨论分布式 FBG 传感器的应用领域。

参考文献

[1] 廖延彪. 光纤光学——原理与应用[M]. 北京:清华大学出版社,2011.

5.6 超巨磁阻(CMR)材料的交流磁化率测量

人们发现某些样品在磁场中的电阻会发生变化,这种效应称为磁阻效应。由此可以定义磁阻 MR(magnetoresistance),且 $MR=(R_H-R_0)/R_0$,其中,R_H 为有外场时的电阻,R_0 为无外场时的电阻。从定义可以看到,磁阻 MR 应该是一个无量纲的数。对于已知的所有样品,MR 一般不超过 20%,典型的如 $Fe_{20}Ni_{80}$ 薄膜,MR 为 2%。GMR(Giant Magnetoresistance)之所以加了 Giant 是因为具有巨磁阻效应的样品其 MR 值超过 10%。GMR 效应一般在铁磁-无磁-铁磁的多层膜结构中产生,它最先在 1988 年被观测到。1993 年 R. von Helmolt 等对类钙钛矿结构的 $La_{2/3}Ba_{1/3}MnO_3$ 铁磁薄膜在室温外场为 5 T 时测得磁电阻 MR 达到了 150%,从而引发了对磁性氧化物输运特性研究的热潮。1994 年 S. Jin 等在 $LaAlO_3$ 单晶基片上外延生长 $La_{1-x}Ca_xMnO_3$ 薄膜,在温度为 77 K,外场为 6 T 时测得 MR 为 1.27×10^5%,人们称之为超巨磁电阻(或庞磁阻)材料(Colossal Magnetoresistance,CMR),而且该种材料一般为钙钛矿结构。在这类材料中,电输运特性方面有绝缘到金属转变,磁特性方面有顺磁到铁磁转变,并且这两个转变温度一致。

一、实验要求与预习要点

1. 实验要求

① 学习使用锁相放大器进行有关电磁信号的测量。
② 学习交流磁化率及其测量技术。
③ 观测庞磁阻材料 $La_{2/3}Ba_{1/3}MnO_3$ 的铁磁性转变。
④ 学习使用变温及温控等测试技术。

2. 预习要点

① 了解超巨磁阻材料中铁磁转变的基本原理和实验方法,观测铁磁转变现象。
② 掌握锁相放大器测量超巨磁阻材料交流磁化率的方法。
③ 了解 CMR 的双交换作用的物理机理。

二、实验原理

人们最先使用 Zener 的双交换模型来理解庞磁阻材料的电磁特性。巨磁阻材料可以视为以 $LMnO_3$ 为母体(L 为 La^{3+},Pr^{3+},Nd^{3+},Sm^{3+} 等三价离子),向其中掺入二价离子 B(如 Ca^{2+},Sr^{2+},Ba^{2+},Pb^{2+})的结果,可以写为 $L_{1-x}B_xMnO_3$ 的形式。母体为绝缘体。图 5.6-1 所示是典型的钙钛矿结构。材料中 Mn 为磁性离子,其电子结构为 $3d^54s^2$,则 Mn^{3+} 的电子态为 $3d^4$,其能级图如图 5.6-2 所示。

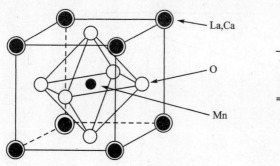

图 5.6-1　钙钛矿结构的晶格图

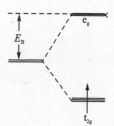

图 5.6-2　Mn 离子能级图

由于洪德定则，Mn^{3+} 能级分为自旋向上和向下的两条能带（图 5.6-3 中仅画出下面的一条，不妨设之为自旋向上）。洪德定则要求处于下能带的电子自旋要平行。同时由于晶体场（见图 5.6-1 Mn^{3+} 或 Mn^{4+} 在晶体中的位置），下能级又分裂为 3 重简并的 t_{2g} 能级和 2 重简并的 e_g 能级。双交换模型指出 Mn^{3+} 和 Mn^{4+} 可以通过中间氧的 2p 电子为中介交换电子，实现电子的转移。

如图 5.6-3 所示，Mn^{3+} 的 e_g 态电子跃迁至中间氧的 2p 态上，同时氧 2p 态上的另一个电子跃迁至 Mn^{4+} 的 e_g 上。跃迁过程中电子的自旋不反转。这里需要注意的是 Mn^{3+} 和 Mn^{4+} 的自旋方向。图 5.6-3 上排图画出的是自旋平行的情况，电子跃迁可以顺利进行，但是二者自旋反平行时的情况则如图 5.6-4 所示。

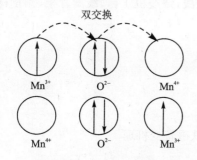

图 5.6-3　双交换模型

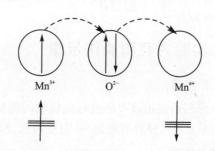

图 5.6-4　双交换作用中自旋反平行情况图

如前推理，Mn^{3+} 的 e_g 电子跃迁至氧上，由于泡利不相容原理，氧的与该电子自旋平行的 2p 电子将向 Mn^{4+} 上跃迁。此时再考察如前所述的 Mn^{4+} 能级图。由于洪德定则，此电子不能占据 Mn^{4+} 的 e_g 电子，只能占据 Mn^{4+} 中能量较高的能级（能级图未画出）。这就意味着这种跃迁难以发生。

综上，可以看出双交换作用中导电性和铁磁性是联系在一起的。铁磁性带来好的导电性，而顺磁性或反铁磁性则与绝缘性相关联，以上就是双交换模型对 CMR 的定性解释。另外还可以据此来理解温度变化引起的钙钛矿结构的铁磁金属相向顺磁或反铁磁绝缘体相转变。低温下 Mn 离子的自旋排列比较有序，接近铁磁排列。此时有利于 e_g 电子的巡游，样品处于铁磁金属相。但是随着温度的升高，磁矩排列趋向无序，不利于 e_g 电子的巡游运动，此时顺磁或反铁磁绝缘相出现。注意其中铁磁-顺磁或反铁磁转变和金属-绝缘体转变是同时发生的，如图 5.6-5 所示的温度曲线。

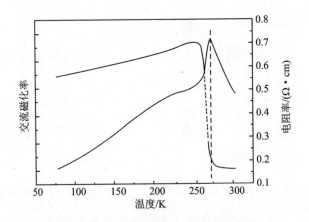

图 5.6 - 5　交流磁化率和电阻率随温度的变化

无论是导线电流(传导电流)还是磁铁都可以在自己周围空间里产生磁场,任意形状的电流回路在远区产生的磁场与磁偶极子的磁场相同,其二者可以认为在磁性方面是等效的。磁性材料在受磁场作用后将感应出磁矩。在磁场中定义磁化率 $\chi = M/H$,它是表示磁性物质在一定磁场下磁化难易程度的一个参量。在交变磁场中测到的磁化率称为交流磁化率,可以通过两个互感线圈的互感应测出。

三、实验装置

锁相放大器 1 台,温控仪 1 台,1 mm 铜芯漆包线,绕线机 1 台,线圈骨架,测量杆 1 根,待测量样品颗粒若干。

四、实验内容和操作步骤

1. 实验内容

① 学会利用锁相放大器进行磁信号的测量。

② 观察 CMR 材料的磁化率-温度曲线,理解铁磁转变机理。

2. 操作步骤

① 在掌握交流磁化率测量原理的基础上,在同一骨架手动绕制初级线圈和次级线圈,初级和次级线圈数之比为 1:3。

② 刮去初级和次级线圈的抽头上的油漆,并焊接到测量杆上。

③ 连接初级和次级的 NBC 接头到锁相放大器的输出接口和输入接口。

④ 在骨架中心放入待测样品颗粒(用少许棉花包裹)。

⑤ 把测量杆插入温控加热带,以 3 ℃/min 的速度缓慢加热试样,记下每个温度下锁相放大器上的电流大小,作出 $La_{2/3}Ba_{1/3}MnO_3$ 的交流磁化率随温度变化曲线,观测铁磁性转变及转变温度(居里温度)T_c。

五、思考题

1. 铁磁性转变应是怎样的曲线,陡峭与否与哪些因素有关?

2. 为什么必须缓慢加热试样?

六、扩展实验

观测 CMR 材料的铁磁转变曲线并实验分析信号频率特性。

七、研究实验

如何实现同步观测庞磁阻材料电和磁特性。

参考文献

[1] BAIBICH M N，BROTO J M，FERTA，et al. Giant Magnetoresistance of (001) Fe / (001) Cr Magnetic Superlattices [J]. Phys. Rev. Lett.，1988，61：2472 – 2475.

[2] BINASCH G，GRUNBERG P，SAURENBACH F，et al. Enhanced Magnetoresistance in Layered Magnetic Structures with Antiferromagnetic Interlayer Exchange [J]. Phys. Rev. B，1989，39：4828 – 4830.

[3] HELMOLT V R，WECKR J，HOLAZAPFEL B，et al. Giant Negative Magnetoresistance in Perovskite Like $La_{2/3}Ba_{1/3}MnO_x$ Ferromagnetic Films[J]. Phys. Rev. Lett.，1993，71：2331 – 2333.

[4] JIN S，TIEFEL T H，MCCORMACK M，et al. Thousansfoldchange in Resistivity in Magnetoresistive La-Ca-MnO Films[J]. Science，1994，264：413 – 415.

[5] COEY J M D，VIRET M，MOLAR S. Mixed-valence Manganites[J]. Adv in Phys，1997，48：167 – 293.

[6] ZENER C. Interaction between the d-shells in the Transition Metals [J]. Phys Rev，1951，82：403 – 405.

第6章　综合系列实验

真空获得、蒸发镀膜、物性表征及电子衍射实验

真空技术是建立一个低于大气压力的物理环境，并在此环境下进行工艺制作、物理测量和科学实验等所需的技术。随着真空获得技术的发展，它的应用已扩大到工业和科学研究的各个方面，如真空镀膜等。真空蒸发镀膜是现代常用的镀膜技术之一，它与其他真空镀膜相比具有较高的沉积速率，可镀制单质和不易热分解的化合物膜。因此对它们的实验技术和应用有必要了解和学习。

对于微观粒子的波粒二象性，在普朗克和爱因斯坦关于光的微粒性理论取得成功的基础上，德布罗意（L. de Broglie）于 1924 年在他的博士论文《量子理论研究》中提出了微观粒子也具有波粒二象性这个令人难以置信的大胆假设。戴维逊（C. J. Davission）和革末（L. H. Germer）于 1927 年在实验中观察到低速电子在晶体上的衍射现象，同年，汤姆森用高速电子获得电子衍射化样，这便在实验上证实了德布罗意的理论设想。为此，德布罗意、戴维逊和革末分别于 1929 年和 1937 年获得了诺贝尔物理学奖。目前，电子衍射技术已经发展成为一门新的晶体结构分析测试的先进技术，特别是对固体薄膜和表面层晶体结构的分析比 X 射线分析技术更具优势。

本实验将真空抽取和获得、蒸发镀膜、物性表征及电子衍射实验综合起来，培养综合实验能力。

一、实验要求与预习要点

1. 实验要求

① 熟悉和掌握真空技术的获得与测量。
② 学会真空蒸发镀膜技术以及电子衍射仪的调整和使用。
③ 掌握电子衍射运动学理论，观察电子衍射现象。

2. 预习要点

① 什么是德布罗意波长公式、加速电压和波长的关系式。
② 如何验证德布罗意波长公式？电子为什么在晶格上会产生衍射现象？
③ 公式 $\lambda = aR/L \sqrt{h^2 + k^2 + l^2}$ 中的各量代表什么含义？
④ 真空系统主要由哪几部分构成？

二、实验原理

1. 真空技术

真空是指低于大气压力的气体的给定空间。真空是相对于大气压来说的，并非空间没有物质存在。用现代抽气方法获得的最低压力，每立方厘米的空间里仍然会有数百个分子存在。

气体稀薄程度是对真空的一种客观量度,最直接的物理量度是单位体积中的气体分子数。气体分子密度越小,气体压力越低,真空就越高。通常是对特定的封闭空间抽气来获得真空,用来抽气的设备称为真空泵。随着真空获得技术的发展,真空应用扩大到工业和科学研究的各个方面。真空应用是指利用稀薄气体的物理环境完成某些特定任务。有些是利用这种环境制造产品或设备,如灯泡、电子管和加速器等。这些产品在使用期间始终保持真空,而另一些则仅把真空当作生产中的一个步骤,最后产品在大气环境下使用。如真空镀膜、真空干燥和真空浸渍等,真空技术已成为一个独立的学科。

2. 真空蒸发镀膜

所谓真空镀膜就是把待镀材料和被镀基板置于真空室内,采用一定方法加热待镀材料,使之蒸发或升华并飞溅到被镀基板表面凝聚成膜的工艺。通常真空蒸镀要求镀膜室内压力等于或小于 10^{-2} Pa。在真空条件下镀膜主要是因为可以减少蒸发材料的原子,分子在飞向基板过程中由于分子的碰撞,使气体中的活性分子和蒸发原材料间的化学反应(如氧化等)减弱,而且真空条件的成膜过程,气体分子进入薄膜中成为杂质的量减少,从而提高膜层的致密度、纯度、沉积速率和与基板的附着力。

真空蒸发镀膜就是通过加热蒸发某种物质使其沉积在固体表面,真空已成为现代常用镀膜技术之一。蒸发物质(如金属、化合物等)置于坩埚内或挂在热丝上作为蒸发源。待镀工件(如金属、陶瓷、塑料等)基片置于坩埚或热丝的前方。待系统抽至高真空后,加热坩埚或热丝使其中的物质蒸发。蒸发物质的原子或分子以冷凝方式沉积在基片表面。蒸发源通常选用三种:

① 电阻加热源,用难熔金属如钨、钽制成舟箔或丝状,通以电流,加热在它上方的或置于坩埚中的蒸发物质。电阻加热源主要用于蒸发 Cd、Pb、Ag、Al、Cu、Cr、Au、Ni 等材料。

② 高频感应加热源:用高频感应电流加热坩埚和蒸发物质。

③ 电子束加热源:适用于蒸发温度较高(不低于 2 000 ℃)的材料,即用电子束轰击材料使其蒸发。

在本实验中选用电阻加热源。蒸发镀膜与其他真空镀膜方法相比,具有较高的沉积速率,可镀制单质和不易热分解的化合物膜。对薄膜的厚度和形貌观察可用到精密轮廓扫描法(台阶法)、扫描电子显微法(SEM)和原子力显微镜法等,也可用 X 射线衍射进行晶体结构的研究。因此电子衍射实验是一个综合的大型实验,包括了真空技术、真空镀膜技术、电子衍射技术以及各种现代高技术测试手段。

3. 电子衍射

(1) 理论计算电子波长

1924 年德布罗意在光的波粒二象性的启发下,提出了微观粒子也像光子一样,具有波粒二象性的假设。即当一个微观实物粒子以速度 v 匀速运动时,它具有能量 E 和动量 p,从波动性方面来看,具有波长 λ 和频率 f。这些量之间的关系也应和光波的波长、频率与光子的能量、动量之间的关系一样,遵从下列公式:

$$p = mv = \frac{h}{\lambda}$$

$$E = mc^2 = hf = \hbar\omega$$

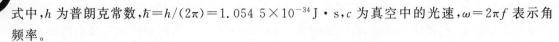

式中，h 为普朗克常数，$\hbar = h/(2\pi) = 1.0545 \times 10^{-34}$ J·s，c 为真空中的光速，$\omega = 2\pi f$ 表示角频率。

据以上关系，可得物质波的波长 λ 为

$$\lambda = \frac{h}{mv} \qquad (6.1-1)$$

为了得到这种物质波的更明确的概念，可以计算一下各种电压加速下电子的波长 λ。

由式(6.1-1)得知，欲求 λ，则必须求出在某一电压加速下的电子速度 v。假定一个电子从阴极飞向阳极，其电场力所做的功将转变为电子所获得的动能 E_k。但当加速电压足够大时，必须考虑到电子质量随速度变化的相对论效应，此时运动电子的质量和动能分别为

$$m = \frac{m_e}{\sqrt{1 - \dfrac{v^2}{c^2}}} \qquad (6.1-2)$$

$$E_k = mc^2 - m_e c^2 = m_e c^2 \left(\frac{1}{\sqrt{1 - \dfrac{v^2}{c^2}}} - 1 \right) \qquad (6.1-3)$$

其中，m_e 为静止电子质量。现在仍假定电子动能的改变完全由加速电场的加速电压 V 所决定，则有

$$E_k = m_e c^2 \left(\frac{1}{\sqrt{1 - \dfrac{v^2}{c^2}}} - 1 \right) = eV$$

由式(6.1-2)和式(6.1-3)可以得出

$$\lambda = \frac{h}{mv} = \frac{h}{m_e v} \sqrt{1 - \frac{v^2}{c^2}} \qquad (6.1-4)$$

$$v = \frac{c \sqrt{e^2 V^2 + 2 m_e c^2 eV}}{m_e c^2 + eV} \qquad (6.1-5)$$

则由式(6.1-4)和式(6.1-5)可得出

$$\lambda = \frac{h}{\sqrt{2 m_e eV \left(1 + \dfrac{eV}{2 m_e c^2} \right)}} \qquad (6.1-6)$$

将 $e = 1.602 \times 10^{-19} c$，$h = 6.626 \times 10^{-34}$ J·s，$m_e = 9.110 \times 10^{-31}$ kg，$c = 2.998 \times 10^8$ m/s 代入式(6.1-6)中，可得出

$$\lambda = \sqrt{\frac{150}{V(1 + 0.9783 \times 10^{-6} V)}} (\text{Å}) = \frac{1.225}{\sqrt{V(1 + 0.9783 \times 10^{-6} V)}} (\text{nm}) \qquad (6.1-7)$$

若已知加速电压 V，则由上式便可求出电子的波长 λ(nm)。

(2) 衍射实验测量电子的波长

由于电子具有波粒二象性，那么它就应具有衍射现象，电子波的波长一般在 $10^{-9} \sim 10^{-8}$ cm，因此要求光栅系数应具有这个数量级。通过对晶体结构的研究表明，构成晶体的原子具有规则的内部排列，相邻原子间的距离一般为 10^{-8} cm 的数量级，因此若一束电子穿过这

种晶体薄膜就会产生电子波的衍射现象。

原子在晶体中有规则地排列形成各种方向的平行面,每一簇平行面可用密勒指数(h,k,l)来表示,这使电子的弹性散射波可以在一定方向相互加强,除此之外的方向则很弱,因而产生电子衍射花样,各晶面的散射线干涉加强的条件是光程差应为波长的整数倍,即布拉格公式

$$2d\sin\theta = n\lambda$$

式中,d 为相邻晶面的距离,θ 为入射角,n 为整数。当该晶体薄膜为多晶薄膜时,如图 6.1-1 所示,在多晶薄膜内部的各个方向上均有电子入射线夹角为 θ 且满足布拉格公式的反射晶面,因此电子波的反射线形成以入射线为轴线,张角为 4θ 的衍射圆锥,如图 6.1-2 所示。在荧光屏上便可观察到一个衍射圆环。在多晶薄膜内部有许多平行晶簇(间距为 d_1,d_2,d_3,…,d_n)都满足布拉格公式(它们的反射角为 θ_1,θ_2,θ_3,…,θ_n),因此在荧光屏上可观察到一组同心衍射圆环,如图 6.1-3 所示。

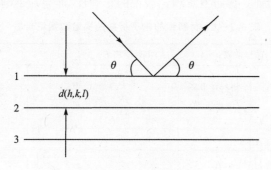

图 6.1-1　布拉格衍射

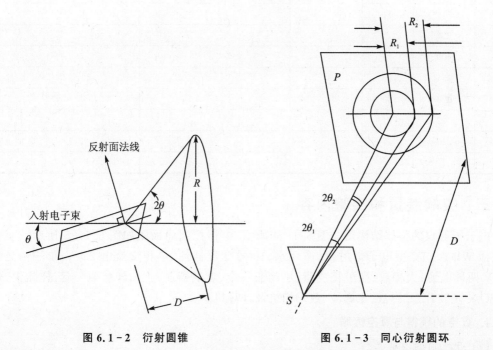

图 6.1-2　衍射圆锥　　　　　图 6.1-3　同心衍射圆环

在图 6.1-3 中,$\tan2\theta = R/D$,R 为衍射环半径,D 为衍射距离。一般情况下,θ 值很小,所以有 $\tan2\theta = 2\sin\theta = R/D$,因此 $\sin\theta = R/2D$。实验中采用的银晶体属于面心立方晶体结

构,相邻平行晶面间距为

$$d = a/\sqrt{h^2 + k^2 + l^2}$$

式中,a 为晶体的晶格常数,代入布拉格公式,可得

$$\frac{2aR}{2D}\sqrt{h^2 + k^2 + l^2} = n\lambda$$

取 $n=1$,即利用其第一级布拉格公式反射,便有

$$\lambda = \frac{aR}{D}\sqrt{h^2 + k^2 + l^2}$$

面心立方体的几何结构决定了只有密勒指数 (h,k,l) 全部为奇数,或者全部为偶数时的晶格平面才能发生衍射现象。这样,可根据表 6.1-1 得到电子波的波长,并可与理论计算的波长相比较。利用衍射实验测量得到的电子波长与利用德布罗意关系式理论计算出的电子波长进行比较,若相符则验证了德布罗意理论假说的正确性,即验证了电子具有波粒二象性。

表 6.1-1 材料银的电子衍射的实验数据记录表

材料:银;结构:面心立方;晶格常数 $a = 4.085\ 6$ Å;衍射距离 $L = 387$ mm					
编号	反射晶面 (h,k,l)	$h^2+k^2+l^2$	衍射环半径 (测量所得)	电子波长(实测) $\lambda_{测} = \dfrac{aR}{D}\sqrt{h^2+k^2+l^2}$	电子波长(理论计算) $\lambda_{理} = \dfrac{1.225}{\sqrt{V(1+0.978\ 3\times10^{-6}V)}}$ (nm)
1	111	3			
2	200	4			
3	220	8			
4	311	11			
5	222	12			
6	400	16			
7	331	19			
8	420	20			
9	422	24			
10	333	27			
⋮	⋮	⋮			

三、实验装置和实验内容

电子衍射仪的整体结构图如图 6.1-4 所示,电器控制面板图如图 6.1-5 所示。实验仪器包括 WDY-Ⅳ 型电子衍射仪、循环水、10 号变压器油、单相交流电 220 V 和三相交流电 380 V 两种电源、火棉胶、醋酸正戊脂、小滴瓶一个、玻璃器皿一个、样品架一套、样品银、烘干器、SO 特硬胶片、显影液、定影液、数码相机及计算机。

1. 真空的获得与真空镀膜

(1) 开机前的准备工作

① 将仪器接好地线。

② 接通冷却水,冷却水应先经挡油板,至扩散泵下端流进,最后由扩散泵上端流出,接反

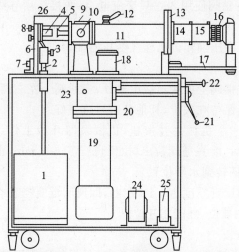

1—高压电源；2—高压引线；3—高压引线固紧螺母；4—阴极；5—阳极；
6—阴极支板；7—阴极支板固紧螺母；8—阴极定位螺杆；9—观察窗；10—样品台；
11—衍射管；12—快门；13—照像装置；14—荧光屏；15—遮光套筒；16—照相机及接圈；
17—照相机支架；18—镀膜装置；19—扩散泵；20—挡油板；21—蝶阀手柄；
22—三通阀；23—电离计规管；24—镀膜变压器；25—互感器；26—防护屏

图 6.1－4　仪器总体结构图

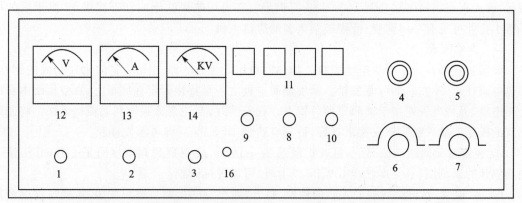

1—电源开关；2—扩散泵开关；3—高压开关；4—机械泵开；5—机械泵关；6—高压调节；
7—灯丝镀膜调节；8—灯丝镀膜转换；9—镀膜开关；10—灯丝开关；11—指示灯；12—灯丝电压；
13—镀膜电流；14—高压指示；15—高压保险（5A）

图 6.1－5　电器控制面板图

将造成扩散泵冷却不均。

③ 将各电器开关全部置关位，高压调节与灯丝电压调节两自耦变压器置零位。高压开关与高压调节旋钮应经常注意是否在关位和零位，否则，接通电源即有数万伏高压加于阴极与阳极间形成辉光放电，造成大量阴极铜分子溅射到玻璃管壁，当出现辉光放电时，若不能迅速关闭高压电源，将造成烧坏高压电源的事故。

④ 接通电源。本仪器使用单相交流电 220 V 和三相交流电 380 V 两种电源。其中单相 220 V 交流电作为高压电源、扩散泵电炉及控制电路的电源，总功率为 1.5 kW。三相交流电作为机械泵电动机电源总功率，为 0.6 kW。机械泵不能反转，在接通电机电源前应先将机械泵皮带取下，当观察到电机的转向正确后，再安上三角皮带，以免在机械泵反转时打坏叶片或

将泵油打入真空系统。电磁阀使用 380 V 交流电,将两接头用导线连接于机械泵三相电源的任意两相即可。

⑤ 仪器使用前,确定高压油箱内已注满变压器油。

（2）抽真空

① 先接好测量规管,蝶阀上的接口接电离计,三通阀上左右两侧各接热偶规管一个。

② 关好放气阀,蝶阀保持在关位,其他各密封口盖好。

③ 开电源开关。按一下机械泵开按钮,机械泵即开始工作(注意电磁放气阀是否被卡住)。开机械泵约 5 min 后,将三通阀拉出(拉位)抽气 1～2 min,再将三通阀推进(推位)抽气 1～2 min 后可开蝶阀(手柄转到水平位置)。

④ 打开热偶计,当测量真空度达 3 Pa 左右,即说明低真空符合要求,可开扩散泵。注意:开冷却水并保持三通阀在推位,蝶阀在开位。

（3）样品的制备与安装

① 样品架应用细砂纸打光,小孔处清除毛刺,然后依次用甲苯、丙酮、酒精进行清洗。

② 制底膜。将火棉胶用醋酸正戊酯稀释并装入小滴瓶中。其浓度可通过滴膜实验来确定。当一滴火棉胶液投落到水面上,所形成的膜成完整一片,但有皱纹时,其胶液太浓;若所成膜为零碎的小块时,则胶液太稀。一般火棉胶含量为 1‰。

当配好胶液并获得适当的火棉胶膜以后,则可将样品架从无膜处插入水中,从有膜处慢慢捞起,放入真空烘箱中加热到 100～120 ℃烘干。亦可用热风吹干或红外线烘干,烘干后的样品架小孔处可见有一层薄膜,薄膜破裂太多的应该重做。

（4）真空镀膜

镀膜装置如一台小型真空镀膜机。加热器是用 0.1 mm 厚、5 mm 宽的钼片制成的钼舟。加热电流在 40 A 左右即可蒸发银。蒸发器两电极之一是直接固定在底板上,真空机组本身即为一电极,另一电极连接于镀膜罩的外罩上。在安装时,要注意镀膜罩和底板的绝缘。将制好底膜的样品架插入镀膜罩支架上盖好,待真空达到 10^{-2} Pa 后即可蒸发镀膜。

① 在密封无问题的情况下,打开扩散泵 25 min 后,应观察到真空度明显上升,并很快达到热偶计的满刻度(真空度已在 0.1 Pa 以上时)可以进行镀膜。

② 将"镀膜—灯丝"转换开关转向镀膜,打开"镀膜"开关,调节镀膜调压器,使电流逐渐加至 40 A 左右(注意电表满刻度为 100 A),通过观察窗观察钼舟,当银粒开始熔化时,稍增大电流,当见到有机玻璃罩盖上已镀上一层银膜时,立即将电流降至零并关闭"镀膜"开关。镀膜完毕,按真空系统操作规程进行放气,取出样品架并移入样品台中,其余样品架放入玻璃器皿中保存。

③ 样品镀好以后,关闭电离计、蝶阀,三通阀保持在推位,打开放气阀放气,然后打开镀膜罩盖,取出样品架放到玻璃器皿内。

2. 物性表征及电子衍射观察

（1）电子衍射观察

① 打开样品台的后盖,可将样品插入样品推杆上,盖好后盖再盖好镀膜罩,关放气阀。将三通阀缓慢置拉位,将腔体部分抽空达 1 Pa(约 2 min),再将三通阀置推位,开蝶阀。扩散泵恢复工作,一般 5～10 min 可抽至 5×10^{-3} Pa 以上的真空度。

② 观察衍射环。先拧动样品推杆的平动螺旋,将样品架退离中心位置,打开灯丝开关,调

节灯丝电压到 120～150 V（每台仪器因灯丝长度不一，电压也不一致），此时灯丝已加热到白炽状态。开"高压"开关，调节"高压调节"手柄，将电压加到 15 kV 左右，此时在荧光屏上应能观察到一个电子束的中心亮点（若光点边缘严重不规整、多亮点或亮点很暗则需进行同轴调整）。然后再将样品移到中心位置，电压加到 20～30 kV 时，应可观察到衍射圆环。

利用扫描隧道显微镜、原子力显微镜等分析测试仪器，对所镀样品进行物理性质测量表征。

四、阴极的清洗与安装

电子枪部分是由底板、灯丝和栅套组成，灯丝烧断、阴极严重溅射和电子枪严重不同轴等情况，需要拆卸电子枪。拆卸过程如下：

① 将顶紧阴极底板的三个螺旋稍拧出，松开固定有机玻璃支板的两个大螺丝，将有机玻璃支板取下。

② 用手托住阴极底板和玻璃管，打开放气阀放气，因为阴极是借助大气压强连接于样品台上的，故放气后即可将阴极连同玻璃管一起取下。

③ 当更换灯丝、调整同轴或清洗完毕后，将玻璃管、阴极一起盖到样品台的胶皮圈上，注意将阴极、阳极尽量保证在一条轴线上，开动机械泵进行抽气。

④ 安装上有机玻璃支板，将上端三个螺旋轻轻拧至顶住阴极底板，即算安装完毕。

⑤ 阴极、阳极及玻璃管一般要进行严格的清洗。阴极和阳极锈蚀后要用布轮抛光，再依次用甲苯、丙酮、酒精进行超声清洗，安装前放入真空烘箱中加热到 100 ℃烘干。密封圈需要涂真空脂的地方，应尽量少涂，并避免过多的真空脂暴露在真空中。

五、注意事项

本仪器因考虑到作为学生实验仪器所要求的直观、简要、可动等特点，在设计上增加了许多可动半可动接口。这给获得真空和电子枪承受数万伏的电压造成了不少困难，因此本仪器要求严格遵守操作程序，并特别注意遵守以下注意事项：

① 为了提高实验的精确度，在仪器周围应避免有较强的磁场。

② 仪器必须接好地线。

③ 所有接触真空的部件，必须严格清洗。

④ 高压开关必须经常保持在关位，高压调节在零位，启动高压时应缓慢。在最初几次使用高压时，由于电子枪、阳极各部件的放气，很容易造成辉光放电，应分阶段加电压（10 kV、20 kV、30 kV、35 kV）要缓慢进行，不可一次连续升压。

⑤ 启动高压以后，操作者应尽量做到手不离高压开关，当电子枪部分出现辉光放电时，应做到迅速关闭高压开关，或将高压变压器拧至零位。一般应尽量缩短加高压的时间。

⑥ 直流高压部分置有一滤波电容。关高压电源以后需要接触高压部件时，应进行放电或稍等数分钟。

⑦ 本仪器电子枪部分有较强 X 射线，电子枪前方应放置铅玻璃板或采用其他防护措施。此外观察窗处也有一定强度 X 射线，在观察样品位置时，应关闭高压。

⑧ 停止实验或镀膜完毕、照像完毕对系统进行放气时，应注意先关闭高压、灯丝和电离计。

⑨ 整个系统必须经常保持真空,实验中应尽量缩短放入大气的时间。长期放置不用,应过一段时间开机械泵抽空一次。学生正式实验前,应开动扩散泵先抽空几次。

⑩ 为防止机械泵反油,当机械泵停止抽气时,安装在机械泵进气口一侧的电磁放气阀将自动向机械泵进气口一侧放气。但使用中放气阀弹簧过松或拉杆滑动不好而使气阀不能自动弹回,这样将造成机械泵油反入真空系统的事故。每次停止抽气时,应检查一下放气阀是否弹回。开机抽气时也应注意检查一下气阀是否被拉出。

⑪ 表面保护:本仪器的大部分零件均进行表面发黑处理,当进行去油清洁处理后,应尽快进行安装并抽真空,暴露于大气的零件表面应均匀地涂抹一层扩散泵油,使用中应定期擦洗。

六、电子衍射的其他应用

现代分析技术中,经常不是用单一的一种手段,而是将 X 射线分析技术、电子衍射、俄歇电子能谱等现代分析手段有机地结合起来,特别是运用现代电子计算机技术,可存储大量的数据、标准谱图;可以借助配合各台仪器的小型计算系统,处理专门的各类数据;可以进行图像复原。这些设备在现代分析测试技术中发挥了更大的作用,如测定晶格常数、进行图相鉴定和测定晶体取向等电子衍射最常使用的项目。由于单晶体和多晶体的电子衍射图像不同,在现代晶体生长的分子束外延设备中,常用电子衍射来控制生长过程。

七、思考题

1. 本实验证实了电子具有波动性,这个波动性是单个电子还是大量电子所具有的行为表现?如何解释?

2. 根据实验能否给出 $\lambda^2 - 1/V$ 曲线?若能,怎样由曲线测定普朗克常数 h 的值?

3. 加高压前为什么要先将电离真空计关掉?